广东绿肥

广东省农业环境与耕地质量保护中心

广东省良种引进服务公司

编著

中国农业科学技术出版社

图书在版编目（CIP）数据

广东绿肥 / 广东省农业环境与耕地质量保护中心，广东省良种引
进服务公司编著. --北京：中国农业科学技术出版社，2023.12
　　ISBN 978-7-5116-6596-6

　　Ⅰ.①广…　Ⅱ.①广…②广…　Ⅲ.①绿肥－农业技术－广东
Ⅳ.①S142

中国国家版本馆CIP数据核字（2023）第228996号

责任编辑	崔改泵
责任校对	李向荣
责任印制	姜义伟　王思文
封面设计	孙宝林　杨博文
出 版 者	中国农业科学技术出版社
	北京市中关村南大街12号　　邮编：100081
电　　话	（010）82109194（编辑室）　　（010）82109702（发行部）
	（010）82109709（读者服务部）
网　　址	https：// castp.caas.cn
经 销 者	各地新华书店
印 刷 者	北京地大彩印有限公司
开　　本	185 mm×260 mm　1/16
印　　张	17
字　　数	413千字
版　　次	2023年12月第1版　　2023年12月第1次印刷
定　　价	168.00元

前　言

Preface

　　全面推进农业绿色发展是实现农业现代化的应有之义。习近平总书记指出，良好的生态环境是农村最大优势和宝贵财富。我们要牢固树立和践行绿水青山就是金山银山的生态文明理念，加快发展方式绿色转型，健全资源环境要素市场化配置体系，推动形成绿色低碳的生产方式，发展绿色低碳产业，增加绿色优质农产品供给，实现保供给、保收入、保生态的协调统一。《全国高标准农田建设规划（2021—2030年）》中也明确要求：补齐耕地"绿色""生态"问题短板，通过种植绿肥作物、轮作休耕等方式，改善土壤结构和生物活性，防止土壤污染，促进土壤健康，实现农业生产与生态保护相协调，提升农业绿色可持续发展能力。

　　广东省种植绿肥历史悠久，经验丰富。粤北地区的冬绿肥紫云英、萝卜青等已有200多年的栽培历史；东北部梅州市的蚕豆、豌豆有300多年种植史；广东省中部、西部、南部地区种植的各种夏季绿肥（包括部分冬种兼用绿肥作物）历史亦特别长，具有较丰富的绿肥种植管理经验。一直以来，全省各地较好地传承了"用养结合"的农耕文明，在新型绿肥制度构建、绿肥品种培育、轻简化生产、耕地养育、化肥替代等方面也取得了系统性进步。创新和优化了适宜各农区、园地、经济林的绿肥种植利用方式，全面确证了绿肥在农田节肥、肥料增效、耕地养育、固碳减排、生态修复、产品提质等方面的作用，为广东省粮食安全提供了基础保障。

　　为更好地传承和发扬广东农业绿色种养的优良传统，保护生态，提升耕地质量。由广东省农业环境与耕地质量保护中心、广东省良种引进服务公司组织，广东省农业科学院果树研究所、深圳市现代农业装备研究院、华南农业大学农学院、华南农业大学资源环境学院、广东省农业科学院资源与环境研究所、龙门县农业农村综合服务中心参加编写的《广东绿肥》一书，较为系统地汇集了广东省绿肥种植的历史经验、做法、效果及研究成果等资料，目的在于指导广东省绿肥种植生产，助力农业绿色高质量发展。在本书编写过程中，得到了华南农业大学资源环境学院李永涛教授特色油料作物团队、吴启堂教授研究团队、广东省环境地质勘查院于波博士生态修复团队，清远市农业科技推广服务中心，龙川、连州、连南、阳山等（县、市）土肥站的大力支持，特此鸣谢。由于编者水平有限，书中错漏之处在所难免，恳请读者批评指正。

编　者

2023年7月

目　录

Contents

第一章

广东绿肥发展概况

第一节　发展简史

中国利用绿肥历史悠久，公元前200年以前，为锄草肥田时期；公元2世纪末以前，为养草肥田时期，指在空闲时，任杂草生长，适时犁入土中作肥料；公元3世纪初，开始栽培绿肥作物，当时已种苕子作稻田冬绿肥；公元5世纪以后，绿肥广泛栽培；到唐、宋、元代，绿肥的种类和面积都有较大发展，使用技术广泛传播；至明、清时期绿肥作物，粮、肥间/套种，绿肥种类已达10多种；20世纪30—40年代又引进毛叶苕子、箭舌豌豆、草木樨等，现在种植区域已遍及全国。

广东地区在隋唐时期就已经开始有绿肥利用。由于南方气温高、雨水多，各类植物生长茂盛，给利用绿肥带来了便利，其绿肥利用技术经验也更加丰富。

一、冬种绿肥

广东省气候温和、雨量充沛、霜期极短，四季常青，年平均温度17～27 ℃，年日照量1 450～2 900 h，年降水量1 500～2 000 mm，具有发展绿肥生产的优越条件。新中国成立以前，广东的连县、连南、乐昌、阳山、乳源等县有种植紫云英或萝卜青的习惯，连县种植紫云英有200多年的历史。清宣统元年（1909年）张石朋在《广东劝业报》第70期介绍紫云英的种植、施用和利用的几种方法。民国四年（1915年）广东全省农林试验场第四次报告介绍了蚕豆、豌豆、萝卜青、紫云英、大豆等开花和未开花时氮、磷、钾的养分含量。民国三十年（1941年）广东省农林局制订推广绿肥实施办法，这一年推广绿肥13万亩，民国三十一年（1942年）推广夏季绿肥15.85万亩。同年冬，南雄县组织中小学师生宣传发动农民种植冬种绿肥，当年全县种下豌豆、蚕豆、油菜、萝卜青44.12万亩。民国三十四年（1945年），全省冬种豆类、油菜、绿肥共434.99万亩。

新中国成立初期，广东发动群众种植粮肥兼收的豌豆、蚕豆。1952年从湖北、湖南、浙江、四川和广西等省（自治区）引进苕子、紫云英、蚕豆、萝卜青等绿肥种子，在54个县试验，面积3万多亩。1953年又从湖南引种苕子15 t试种。1954年全省冬种紫云英等专用绿肥76万亩（表1-1）。1955年因大旱，早稻歉收，冬季大种粮食作物，加上绿肥种子缺乏，当年只种冬季专用绿肥49.8万亩。1956年广东省委、省人委要求多种紫云英、苕子等绿肥，当年种植86.1万亩，1957年扩大到172万亩，比上年增加1倍。1958—1961年，各地热衷于搞土杂肥、细菌肥，绿肥发展缓慢。1962年，广东省委、省人委发文《关于把发展绿肥生产作为一项战略性措施来抓》，各地加强对绿肥生产的领导，建设肥效试验示范点100多个。1963年广东省人委公布绿肥种子收购政策，拨出专款和粮食指标发展专用绿肥。同年，原广东省农业厅在潮安县召开蚕豆生产现场会，会后聘请潮安、兴宁有经验的农民118人到惠阳、韶关、肇庆等地区42个县（市）指导种植蚕豆。1964年12月，原广东省农业厅召开全省绿肥工作会议，提出要实现稳产高产必须突出抓好肥料，而十分重要的措施是大范围种植绿肥，走以田养田、以山养田、以磷换氮的道路，贯彻冬季绿肥和夏季绿肥，水田绿肥和山坡绿肥，专用绿肥和兼用绿肥并举的方针。同时从浙江、江西、江苏、湖北、四川和广西等省（自治区）聘请种植

表1-1　1950—2018年广东绿肥种植面积　　　　　　　　　　　　单位：万亩

年份	播种面积	年份	播种面积	年份	播种面积	年份	播种面积	年份	播种面积
1949	70.00	1963	200.00	1977	527.60	1991	238.50	2005	83.60
1950	70.00	1964	300.00	1978	442.90	1992	81.48	2006	77.20
1951	70.00	1965	1084.50	1979	444.00	1993	48.50	2007	75.50
1952	76.50	1966	915.18	1980	276.00	1994	44.10	2008	71.90
1953	95.00	1967	859.90	1981	178.03	1995	61.50	2009	86.43
1954	76.00	1968	902.50	1982	98.10	1996	103.00	2010	95.70
1955	49.80	1969	781.00	1983	85.58	1997	111.50	2011	89.10
1956	86.00	1970	390.00	1984	35.00	1998	113.00	2012	79.80
1957	172.7	1971	624.50	1985	41.00	1999	115.00	2013	84.10
1958	182.7	1972	791.00	1986	74.50	2000	112.00	2014	96.30
1959	166.30	1973	780.00	1987	81.07	2001	102.50	2015	112.3
1960	105.30	1974	687.80	1988	95.60	2002	98.20	2016	120.00
1961	112.00	1975	443.50	1989	188.50	2003	79.83	2017	116.50
1962	123.00	1976	525.80	1990	263.40	2004	102.40	2018	121.70

绿肥经验丰富的农民590人进行指导,当年种下紫云英、苕子、黄花苜蓿、萝卜青等专用绿肥300万亩,一般亩产鲜草1 500~2 000 kg,最高的达5 000 kg,还种植蚕豆、豌豆、油菜等兼用绿肥308.5万亩。全省稻谷产量由未种绿肥前1963年的4 500万kg左右,提高到12 000万kg,亩产由144 kg提高到342.5 kg。1965年广东各级农业部门把绿肥生产作为中心工作,由一位原广东省农业厅副厅长专门抓落实,被誉为"绿肥厅长"。全省农业、供销、粮食等部门共派出600多名干部分赴鄂、湘、赣、苏、浙、皖、川、桂8个省(区)采购绿肥种子,调出粮食近2万t、化肥3 900 t和木材、耕畜、葵、藤等物资进行换购,共调进绿肥种子1.9万t。在播种季节前后,原广东省农业厅大部分技术干部下乡抓绿肥生产,地、县农业部门50%的干部专管绿肥生产,全省培训农民技术员约100万人次。韶关微生物实验厂生产根瘤菌剂200万瓶,也为发展绿肥生产提供了有利条件。这一年,共种下紫云英、苕子、黄花苜蓿、萝卜青等专用绿肥1 084多万亩,蚕豆、豌豆等兼用绿肥226多万亩,有力地促进了粮食增产。

20世纪70年代,由于紫云英适应性广,产量较稳定,成为广东种植的主要绿肥,形成"稻—稻—肥"耕作制。20世纪60年代中期至70年代初,在中南部地区推广利用早、晚稻茬口种田菁(后来田菁被红萍所代替),或育苗在早稻后期套种,或育苗在夏收后移植,因而"稻—稻—肥"耕作制发展成"两禾两肥制"取得改土增肥增产的效果,有力地促进了粮食增产。1979年以后,随着迟熟高产早稻品种种植面积扩大,夏收夏种时间紧迫和化学肥料的广泛应用,两稻两肥耕作制逐年减少。

1974年广东省开始推广"三花"(紫云英、萝卜青、油菜)绿肥混播,大大提高了绿肥产量,平均亩产鲜草4 160 kg,比单播紫云英增产40%以上。由于紫云英、苕子留种困难,加上1976年以后对冬种绿肥推广工作有所放松,播种面积有所下降。

20世纪80年代以后农村实行联产承包责任制,农民可自主安排种植,统一规划种植绿肥比较困难,影响绿肥种植的主要原因有:一是一些农民担心土地使用权不稳定,种上绿肥,肥了别人田;二是农村政策放宽搞活,农民收入增加,种植绿肥直接经济效益低,留种困难。由于上述原因,加上化肥供应逐步增加,绿肥面积不断减少。为了稳定冬种绿肥种植面积,1980—1989年,原广东省农业厅先后在信宜、龙川、高州、五华、揭西等县建立紫云英留种基地。1983—1984年,在连州、乐昌、封开、东莞等地推广紫云英喂猪,均取得一些效果,但仍无法扭转冬种绿肥下降趋势。到1984年冬全省绿肥统计面积仅为35万亩,为新中国成立以来最低谷。

1985年冬,原广东省农业厅提出"冬种绿肥要东山再起"。1986年春,在英德县大湾镇召开全省冬种绿肥现场会议,并派人员赴江西省参观学习。从1988年开始,原广东省农业厅认真贯彻《国务院关于重视和加强有机肥料工作的指示》,针对不同类型地区,采取多渠道、多途径来扶持冬种绿肥的恢复发展,对种植冬种绿肥补贴肥料,派出技术人员分别赴江西、安徽、浙江、湖北、湖南和广西、云南、贵州等省进行实地考察,并取回种子在不同类型地区进行紫云英、苕子的不同品种的比较试验,确定江西大叶紫云英和云南光叶紫花苕为比较适合全省种植的绿肥品种。1988—1991年,每年的调种旺季,原广东省农业厅派出人员常驻江西和云南,专门调运绿肥种子,1990年从江西调回紫云英种子60万kg。并制定《紫云英、苕子高产栽培与留种技术规程》,着手在连县、乐昌、信宜、高州、龙川、五华、罗定、东莞等地建设绿肥留种基地。

据河源市龙川县龙母土肥站老站长何帆同志回忆,20世纪60年代末期,时任东莞县委书记党向民同志在原东莞县农科所视察绿肥生长情况时,发现田间有1株紫云英(江西紫云英)长势特别,明显高于其他品种,交代农科所随行人员对此紫云英进行单株留种,经过多年培育留种,收获少量种子,并定名为"东莞种"。1989年9月,广东省土壤肥料总站赴龙母土肥站蹲点的同志,带了2.5 kg"东莞种"紫云英种子,要求龙川县土肥站培育并制种留种。1989年12月初,原广东省农业厅在龙川县召开全省绿肥现场工作会议,对广东省绿肥种植与管理工作进行总结和推广,并在中央电视台新闻频道进行了报道。"东莞种"紫云英由于没有滞冬期,高度和当时鲜草产量明显高于江西余江大叶种,受到与会代表的关注。为了加快"东莞种"的繁育,鉴于广东紫云英留种产量低的原因,广东省土壤肥料总站于1991—1992年连续2年委托河南省信阳市土肥站留种,为了保护种源,将"东莞种"暂命名为"粤肥二号"并沿用至今。经过多年的培育和提纯复壮,确定原东莞市农科所和连县分别培育出来的"粤肥二号"和高堆种可作为适合本省大多数地区种植的绿肥品种。1988年以后,在全省各地推广绿肥高产栽培技术,不少地方出现绿肥高产片,绿肥产量不断提升,1989年,广州市郊区神山镇种植紫云英鲜草亩产最高的达到6 500多kg,和平县达到6 046 kg,龙川县达到5 933 kg。从1986年英德会议后至1991年,原广东省农业厅每年都召开冬绿肥现场会议,推广各地种植绿肥的好经验。至1990年冬,全省冬种绿肥达到了263.4万亩,比1984年冬的35万亩增加了228.4万亩。当时的清远连县多年来是全省绿肥面积最大的县,县委县政府重视冬种绿肥生产,由县政府印发关于抓好冬种绿肥生产的档,下达生产任务到各镇政府,把冬种绿肥列入各镇年度考核目标,作为镇领导班子政绩考核指标。在县财政十分困难的情况下,仍安排专项资金进行种子价格补贴,并建立冬种绿肥奖励机制。该县27万亩水旱田就有20万亩种植冬绿肥,占74%,在各镇的国道、省道公路两旁办好1个连片200亩以上的绿肥高产示范片,辐射带动全县建立10万亩绿肥高产示范区。各镇结合当地实际,制定了切实可行的"乡规民约",规定在每年11月至翌年3月底的"封田育肥"期间,严禁在田间放养禽畜,违者按"乡规民约"给予经济处罚,各村纷纷成立管护队伍。一系列的措施促使全县土壤有机质明显提高,七成水稻田有机质含量在3.0%左右,水稻播种面积亩产从1979年的294 kg上升到1995年的446 kg,从原来的中低产区变成广东高产县之一,实现地肥粮丰,节省化肥施用量,成效显著。

根瘤菌生产情况。1954年广东省农业试验场制出苕子、蚕豆、紫云英和花生根瘤菌剂,供一些县示范农场试用。1955年原广东省农业厅从外省调入一批根瘤菌剂进行试验,由于缺乏经验,只有少数有增产效果。1956年广东省供销社从外省购进花生、绿肥根瘤菌剂、固氮菌剂、丁酸菌剂等16 t,供各地使用,1958年增至1.13万t。同年,华南农学院、华南农业科学研究所和华南亚热带作物研究所也制成一批花生根瘤菌剂,由广东省农业厅分发至各地试验推广。华南农学院细菌肥料厂1958—1959年生产的花生根瘤菌剂可接种面积为1.5万亩，平均增产8.5%。

1963年广东发展绿肥，需要根瘤菌拌种，使用的紫云英、苕子根瘤菌主要由湖南省微生物厂供应，1964年购进5万瓶，次年又购进60万瓶，湛江地区部分社队则从广西农学院购买。绿肥经拌种后，根部结瘤多，长势旺，产量高，尤以新种植区更为显著。1965年，韶关建成微生物实验厂，日可产根瘤菌剂1.5万~2.0万瓶供应各地。20世纪70年代以后，广东各地使用的根瘤菌剂均自行解决。从化、揭西、清远、四会、兴宁、佛山、新会等县（市）先后都建成微生物厂或生物制品厂，生产根瘤菌剂。90年代以后，广东省紫云英种植需要根瘤菌基本由原梅州市微生物厂定量生产。

二、夏季绿肥

1. 田菁

民国时期，广东一些地方在田头地尾、村边河边种植一些田菁。1957年新会在早稻行间种田菁取得成功，随后珠江三角洲和潮汕地区广泛种植。1962年全省种植田菁2万亩，在大种绿肥的1965年发展到29.8万亩。田菁主要在早稻行间/套种，少数在沟边、路边或在花生、番薯、甘蔗地间种。夏收夏种时间短，积肥难。肥料缺时，田菁可作晚造基肥，且容易留种。1970年在各级人民政府的重视下，全省种植田菁303万亩，1975年达594万亩。以后随着早稻迟熟品种面积扩大，季节紧，可供田菁生长的时间缩短，面积逐年下降（表1-2）。

表1-2　1970—1985年广东田菁种植面积　　　　　　　　　　单位：万亩

年份	面积	年份	面积	年份	面积
1970	303.00	1976	291.00	1982	3.00
1971	261.40	1977	131.40	1983	3.00
1972	380.00	1978	94.10	1984	1.50
1973	565.00	1979	13.76	1985	0.50
1974	463.60	1980	5.00		
1975	594.00	1981	5.00		

2. 红萍

红萍，学名满江红，属槐叶萍目，满江红科，起源于晚白垩纪之前，是一种萍藻共生的古老蕨类植物，是一种生长快、产量高、肥效好的优良绿肥作物，并可作为水产、家畜和家禽的饲料。红萍浑身都是宝，也是功能性产品开发的优质原料。

20世纪50年代末,广东开始放养春萍(早稻插秧前在稻田放养红萍)。1965年,春萍面积20万亩,一般亩产1.5~3.0 t,70年代初发展稻底养萍(早稻插植后放养)和夏萍(夏收后至晚稻插植后放养)。原海南琼海县礼昌大队1971年开始,连年放养春萍,在其他条件大致相同的情况下,早稻连年增产。1974年该大队放养春萍1 600亩,占稻田面积的95%,平均亩产鲜萍3 t以上,早稻亩产486.5 kg,比1970年的103.5 kg增产3倍多。东莞中堂公社1971年开始放养夏萍1万亩,亩产鲜萍100多kg。开平1973年冬至1974年春放养红萍15.2万亩,其中稻底萍10.1万亩,占早稻面积的二成。夏季养红萍因气温高,病虫害多,放养面积很小。1975年8月,原广东省农业局在开平县召开红萍生产会议,推广开平市民强大队新和生产队的经验。1976年全省红萍养殖面积达857.4万亩,比1975年增加55%。70年代末期,广东引进美国红萍(细绿萍),该品种较耐寒、耐咸,繁殖快,产量高,结孢率高,虫害较少,萍体大,但抗热性较差。东莞1979年10月引种美国红萍650 kg,经过一个冬春,发展到6.7万亩。1980年原广东省农业科学院土壤肥料研究所对美国红萍有性繁殖研究取得成功,利用孢子果育苗,在新会、东莞等地推广1.6万亩。1980年和1981年,全省推广美国红萍分别达19.6万亩。20世纪80—90年代以后,由于农村体制变动,加上红萍越夏保种较困难,花工多,红萍面积也逐年下降(表1-3)。

表1-3　1974—1983年广东红萍放养面积　　　　　　　　　　单位:万亩

年份	面积	年份	面积	年份	面积
1974	123.04	1978	56.60	1982	5.00
1975	533.71	1979	10.19	1983	5.00
1976	857.39	1980	16.00		
1977	175.60	1981	19.60		

1978—1981年,广东省农业科学院原土壤肥料研究所张壮塔研究员团队,利用蕨状满江红有性繁殖特性,进行孢子果育苗,取得重大突破。该技术省略蕨状满江红以营养体越夏、越冬保种和繁种的生产环节,成功地解决采用孢子果育苗秋繁品种问题,1982年在广东、湖南、浙江稻田放萍利用面积36万亩。1983年,"蕨状满江红孢子果丰产及育苗技术"获国家发明奖三等奖。

三、其他绿肥

民国时期,广东一些地方在田边零星种植猪屎豆、太阳麻、木豆等旱坡地绿肥。20世纪60年代初,广东省还从国外引进山毛豆、毛蔓豆、铺地木蓝等旱地绿肥试种,取得成功。山毛豆、毛蔓豆多用作果、茶、旱粮种植前的前期作物,以熟化土壤、提高肥力。铺地木蓝主要种在梯田上，以保护梯坎。1961年华南植物园从东南亚引进大叶相思，1963年先后在省林科所、肇庆林科所等单位试种成功，1972年开始扩大栽培示范。大叶相思的叶子和嫩枝有一定的肥效，有机质含量高，是一种较好的木本绿肥。1980年省农业、林业、水利、交通等部门在徐闻、电白、惠阳、揭西等县共同营造大叶相思林，到1985年，全省累计种植大叶相思80万亩，利用其鲜茎叶施于水稻、番薯、花生、甘蔗等，获得显著增产效果，但因采集不便，未能广泛推广。

四、野生绿肥

广东四季常青，野生绿肥资源丰富。据调查，全省有野生绿肥300多种，其中质量较好的有120多种，农民常用的有布荆、鸭脚木、乌桕、苦楝、咸肤木、相思、文头木、白凡木、山芝麻、鬼灯笼、火筒公、胜红蓟（白花草）、辣蓼、决明、羊角扭、假茼蒿、假木豆、假芝麻、野慈姑、野葛藤、排钱草、飞机草等20多种。新中国成立以前，野生绿肥是农民积肥的重要来源。新中国成立后至20世纪60年代，农村社队仍广泛组织群众进行采集，或撒在牛栏猪舍垫沤，或投入厕所、粪坑浸沤，或直接压青田中。20世纪70年代至今，采集数量随着野生绿肥资源减少而下降。

五、豆科作物

（一）大豆

豆科植物是双子叶植物，通过较为发达的根部吸附的根瘤菌，将大气中的"氮气"转化为植物可吸收的"氨"，增加植物生长所需营养和土壤肥力，是天然的植物"固氮工厂"，也是广东省常见粮油和兼用绿肥作物。

大豆原产于中国，干籽粒中蛋白质含量在40%左右、脂肪含量在20%左右，古代称为菽，秦汉之后称大豆。因其种皮色泽不同，分别称黄豆、青豆、黑豆、褐（茶）豆、双色（花面）豆等。中国大豆专家王缓、吕世林认为，"距今2 000年前，华南即有豆菽"。《晋书·葛洪传》（646年）载，葛洪弃仕途，于咸和初上罗浮山，以大豆为食。宋代太宗淳化四年（993年）二月，朝廷下诏："岭南诸县令劝民种四：种豆及粟、大麦、荞麦，以备水旱……官给种与之，仍免其税，以官仓新贮粟、麦、黍、豆贷与之"。清初"雷州有四收豆，新安有三收豆"，番禺县有白豆（黄豆），2月种，4月收。民国三年（1914年）全省种植大豆31.74万亩，民国二十年（1931年）发展到65.2万亩，此后，长期停滞不前。抗日战争爆发，广东水稻主产区相继陷落，粮食紧缺，大豆生产有一定的发展。民国三十一年（1942年），全省大豆种植面积72万亩。

广东适合种植大豆，南部地区一年四季都可以种植。新中国成立初期，广东各地根据生产条件，仍沿用过去种植的老品种。在旱瘠的坡地，选用熟期偏早、对土地要求不严格的小荚小粒型品种，如黄毛仔、小粒黄、五月仔、黄豆仔、小青豆、青豆仔、坡青、小青皮、小黑豆、赤泥豆等，一般亩产50～60 kg。这类品种适应性广，抗逆性较强，产量相对稳定，至1987年仍是广东大部分旱坡地种植的主要品种。在地力较好、有一定灌溉条件的地区，多采用主茎较发达、中熟的中粒型品种，如大粒黄、大黄豆、六月黄、大青豆、大只青、大黑豆等，亩产100 kg左右，至1987年仍是这类地区种植的主要品种。西南沿海地区，冬种选用耐寒性较强的黑鼻青、矮仔卜、黄毛铁荚、长期豆、四季豆、白鼻仔、冬黄豆、大寒豆等。

据广东省农业科学院旱地作物研究所刘迪章等对大豆品种资源的考察研究，广东的野生大豆种源广泛分布于韶关地区的11个县69处生态群落，全省种植的大豆是从这一起源中心向省内其他地区扩展，并逐步衍生出其他新类型的。又据广东省农业科学院对全省230多份地方品种资源的鉴定分析，广东大豆栽培品种的特点是：适于加工、商品价值较高的品种种植面积大（黄豆占52%，黑豆占26%，青豆占18%，褐豆、双色豆等占4%）；对生产条件要求不高的品种种植面积大（粗放栽培的小粒种占68%，栽培管理要求较高的中粒种占29%，栽培管理要求更高的大粒种占3%）；适应多熟制栽培的品种种植面积大（感光性中弱至中强的品种占90%）。

按生态反应分2个类型。

春豆型（四季型）：可在不同季节栽培，早熟至中熟品种均有，适应性广，全省各地均有种植。主要品种有大粒黄、小粒黄、六月黄、小青豆等。春播或夏播生育期90～100 d，秋播80～90 d。

夏豆型：主产粤北地区，主要品种有蚁公苞、大青豆、九月黄、十月黄、冬黄豆等。春播不能正常结荚成熟，夏播全生育期125 d以上，秋播生育期100 d左右。

1995年，华南农业大学组建大豆研究课题组，并开始大豆资源收集与遗传性状研究，建立了大豆常规育种技术体系和分子育种技术体系。自2006年以来，广东审定的大豆品种均为华南农业大学选育而成，现已审定大豆品种28个，这些品种具有高产、优质、抗逆等多个优异性状，形成了间/套种、免耕、机械化种植等大豆高产栽培技术集成，累计推广种植面积在2 000万亩左右，平均单产达到2.6 t/hm^2，在全国名列前茅。

（二）花生

花生又名落花生，双子叶植物，叶脉为网状脉，种子由花生果皮包被。花生虽非起源于中国，但在中国已有600年以上的引进栽培历史，历史上曾叫长生果、地豆、落花参、落地松、长寿果、番豆、无花果、地果、唐人豆等。花生品种分蔓生型和丛生型2类，蔓生型又分龙生型和普通型，丛生型又分珍珠豆型和多粒型。国内学者认为，龙生型花生为中国固有，普通型和珍珠豆型在明万历年间，随航海贸易发展由南洋等地传入，先在福建、广东沿海地区种植，以后逐渐传布各地。清乾隆年间，高州、雷州、廉州、琼州多种花生，以"大牛车运之上海船，而货于中国"。乾隆之后，珠江三角洲等其他地区逐步种植花生。

花生是豆科作物，通过在生长盛花期到结荚期根瘤的固氮，增加土壤氮素含量。

新中国成立前，广东一年仅种一造春花生，且多种在旱地和坡地上，一般3年轮种1次，以减少青枯病。新中国成立后，随着推广狮头企等生育期较短的珍珠豆型品种，一些地方开始种植水田春花生，进行水旱轮作。20世纪50年代末，水田花生有10多万亩，对改良土壤和增加经济收入带来明显的好处。据广东省农业科学院与博罗县农科所试验，沙质低产稻田实行花生水稻轮作，花生亩产125.5 kg，晚造在花生迹地种植水稻，用鲜花生苗和花生秸回田，增产稻谷188 kg，比早晚造均种水稻还多收稻谷21.5 kg。经3年轮作后，土壤有机质由0.96%提高到1.37%，含氮量由0.066%提高到0.086%，土壤容重降低0.15 g/cm^3，孔隙增加5.7%，土壤团聚体（0.25 mm以上的）增加17.3%，结构破坏率降低15.7%。1975—1980年，由广东省农业科学院经济作物研究所郑广柔、黎秀英、叶明芳等从粤油551中选1052育出优良株系粤油551-116，其荚果较原种大，双仁果率、出仁率、含油率均比原种略高，抗倒、耐涝、耐锈病力亦较原种强，更加高产、稳产，平均比原种增产8.94%。1980年，"花生新品种粤油551-116"获广东省技术改进奖二等奖，1981年获农业农村部技术改进奖二等奖。1983年，该品种被列为农业农村部重点推广项目，成为20世纪80年代中后期南方各省花生主要推广良种之一。1982—2000年，该品种在省内外累计种植585.06万亩。1977—1986年，由广东省农业科学院经济作物研究所郑广柔、叶明芳、廖小妹等选育出花生新品种粤油92。1988年，"抗青枯病花生新品种粤油92的选育"获广东省科学技术进步奖二等奖。1985—2000年，该品种在广东累计推广种植115.12万亩。1982年，由汕头地区农科所育成花生新品种油油27。1988—1996年，该品种在全省累计推广种植1 641.2万亩，在省外推广种植517万亩。1997年，通过国家品种审定。1985—1999年，由广东省农业科学院作物研究所郑广柔、李一聪、梁炫强等选育出花生新品种粤油223。该品种比对照种粤油116增产12.48%，达到显著水平，高抗锈病，中抗青枯病，外观、质量优异，符合出口要求，耐瘠、耐旱、适应性广。该品种分别于1992年、1998年通过广东省和国家品种审定。1992—1999年，该品种在南方花生产区累计种植1 179.8万亩，创社会经济效益7.81亿元。2000年，"高产、抗锈病、优质、耐瘠花生新品种粤油223的选育及推广应用"获广东省科学技术奖一等奖。

（三）蚕豆

蚕豆又名胡豆。蚕豆除供食用外还可加工粉丝、豆酱、豆豉，根、茎、叶是优质的有机肥料。蚕豆种植面积最大的兴宁县，在明正德十五年（1520年）已有种植。蚕豆主要分布在梅县地区，龙川、揭阳、潮安也有一些种植，主要品种有勾豆、湖鳅豆、青豆。蚕豆全生育期120 d，11月中旬播种，次年3月下旬收获。一般选择排水较好的水田种植，晚稻收获后，即犁耙起畦、开穴，每穴播种2~3粒，亩播3 000~4 000株，一般采用草木灰或沤制好的农家肥盖种，清沟排渍，有的还注意中耕除草，摘心整枝。

新中国成立初期，广东鼓励发展冬种，蚕豆种植面积逐渐扩大，1957年种植面积万亩以上的有兴宁、普宁、梅县、五华、河源、连平6个县。1963年为了提高土壤肥力，积极发展蚕豆，原广东省农业厅在潮安县召开蚕豆生产现场会，并聘请兴宁、潮安蚕豆老农到省内42个县（市）指导蚕豆生产。1971—1974年，再次组织兴宁蚕豆老农到东莞、中山、增城、德庆、揭西等县传授蚕豆栽培技术。随后又调进茎秆较高的江西、湖南、四川和云南等省的蚕豆品种，积极介绍推广。20世纪80年代以后，作物布局大调整，蚕豆产值低，种植面积进一步减少。

（四）豌豆

豌豆又名麦豆、雪豆、红花豌豆，公元2世纪后中国已有栽培。豌豆的别支荷兰豆于清乾隆五十年（1785年）由荷兰传入广东。民国时期，广东每年植种80万~110多万亩。新中国成立后，20世纪50年代广东把豌豆当作粮肥兼收的冬种作物来推广，一般亩产约40 kg，1957年种植面积较大的有东莞、清远、连县、连南、英德、博罗、从化7个县（市），豌豆适应性广，耐寒力较强，黏土、壤土都可种植，全生育期90多天。一般在11月中旬播种，穴播，亩播5 kg，施些基肥，雨后清沟排渍，比较精细的还进行中耕除草、追肥。

（五）红豆

全省各地均有种植，以湛江、汕头和惠阳等地较多，基本上属于自给性生产，零星分散，多与番薯、花生间种。红豆粗生，适应性强，山地、旱坡地均可种植，在疏松肥沃的土壤生长最好。3—4月播种，7月上旬前后成熟，或在5月播种，10月上旬成熟，全生育期100~110 d，亩产50~70 kg。阳春县春湾是阳江市红豆的主产区，当地每亩播2~2.5 kg，株、行距为7 cm、30 cm，每穴播3~4粒，施灰粪作基肥，出苗后7~8 d间苗，在定苗和孕穗期追肥结合中耕培土，苗高0.5 m左右打顶。

（六）绿豆

广东种植的绿豆都是本省的地方品种。1985年广东省农业科学院旱地作物研究所参加亚洲蔬菜研究发展中心合作试验，从泰国引进品种中筛选出粤引1号和粤引3号，经省农作物品种审定委员会评为推广种。绿豆耐肥、耐旱，春、秋可种。春播在3月初，秋播在7月下旬，全生育期100 d左右，亩产40~50 kg。绿豆成片种植的很少，大多与番薯、木薯、黄豆、花生、玉米、甘蔗等间/套种，亩产20~30 kg。

（七）眉豆

眉豆又名饭豆、早白米豆、白豆等。据《广东通志》记载："豆五色皆具……乌眉豆、花眉豆，雷州有米豆"。眉豆在全省都有种植，湛江、肇庆和惠阳地区种植较多，亦零星分散。广东眉豆都是当地农家品种，生势强，耐肥抗病。一般在3—4月播种，7月上旬成熟，全生育期110~120 d，亩产25~30 kg。此外，广东还有狗爪豆、四稜豆、扁豆等，均零星分散种植。

六、油菜

油菜属于十字花科。在明代，广东已有油菜种植，清代，油菜有所扩展，"广肇多榨菜油。大菜花白，籽褐色、粒大、油味甘、气香，人馔最宜；小菜花黄、籽黑色，粒小、油腥，燃灯用之""惟下番禺诸乡早禾田两获之，余则蒔菜为油"。民国十七年（1928年）全省油菜收获面积43万亩，总产1.53万t。抗日战争期间，外地食油输入困难，广东食油紧缺，省政府提倡多种油菜，民国三十四年（1945年）油菜收获面积129.52万亩，总产11.10万t。

新中国成立后，20世纪50—60年代，广东油菜主产区逐渐发展花生，以解决食油问题，对油菜抱着有收则收、无收作肥的思想，管理粗放，加上经常受到冬季干旱，或早春阴雨连绵不良气候的影响，油菜生产停滞不前。1950—1969年，平均每年油菜收获面积26.81万亩，亩产11.15 kg，总产2 855.5 t，比1949年减产45.19%。70年代初，花生减产，食油供应紧张，为了增加食油，广东加强对油菜生产的指导，因地制宜采取相应的增产措施。1972年从四川、湖南、云南等省引进油菜良种试种，1973年从四川、云南、上海等省、市聘请对油菜生产经验丰富的农民120多人，在中山、四会、花都区、东莞、曲江等县进行技术指导，省、地农业科研部门开设课题，开展油菜试验研究，油菜种植面积迅速扩大。1974—1976年，全省年均油菜收获面积82.94万亩，总产1.12万t，比1973年分别增加43.97%和56.03%，个别地方还获得较高的产量。广东油菜主要分布在韶关地区，其中曲江县种植面积最大，梅县、高州、东莞等县也有种植习惯。70年代，油菜生产一度发展到全省71个县（市）。1987年韶关地区油菜面积25.99万亩，占全省的92.36%。过去，广东种植油菜实行一年轮作制，即早晚造种水稻，冬种油菜。除一年轮作制外，有的地方实行3年轮作制，即第1年早稻—番薯—油菜，第2年花生—晚稻—越冬薯套甘蔗，第3年甘蔗。有的地方在冬种作物间/套种油菜，如汕头地区在豌豆、过冬薯间种油菜，兴宁县在蚕豆间种油菜，始兴县在紫云英间种油菜，台山县秋植甘蔗间种油菜等。

七、绿肥饲料化

新中国成立前，农作物副产品水稻秸秆、番薯藤、花生苗、蔬菜茎叶、甘蔗叶等是广东栽培饲料的主要部分。民国十六年至二十三年（1927—1934年），中山大学、岭南大学和广东省农林局东陂酒壶岭畜牧场等单位，先后引进试种坚尼草、红顶草、狐尾草、鬼蜡烛、长叶草、黑麦草、阿茜菽草、深红花菽草、木豆、苜蓿等牧草，并进行青贮加工利用。20世纪40年代引进象草。由于战乱，经费缺乏，至1949年，全省种植的引进牧草和青贮草料很少。

新中国成立后，随着畜牧业的发展，广东不断开发新的青饲料。20世纪50年代中期，农业合作社广泛种植狗爪豆、木豆、君荙菜、椰菜、苦荬菜和养殖水浮莲等，从南美洲、马来西亚引进毛蔓豆、爪哇葛藤。一些地区推广种植苏丹草、牛仔草和象草。1956年全省养殖水浮莲6.5万亩，基本上达到乡乡有水浮莲。20世纪60—70年代，许多生产队继续利用鱼塘、河涌养殖水浮莲、假水仙、水花生和红萍等水生植物及在饲料地种植各种高产蔬菜作饲料，并进行青贮，有的生产队还把冬种绿肥紫云英作饲料。1966年冬春，四会县青贮各种栽培饲料146窖，有170多t。这一年，全省许多生产队购置了铡草机、切碎机和打浆机。1979年，原广东省农业局分别与华南农学院、广东省农业科学院、华南热带作物研究院合作，先后从澳大利亚、哥伦比亚、中国农业科学院等单位引进牧草品种119份，经多年多点试种，筛选出13个品种，其中糖蜜草耐旱、耐酸、耐瘠，广泛应用于山坡水土流失的整治工程。20世纪80年代，农村实行家庭联产承包责任制，农作物布局的调整，以及水面的开发利用，原有栽培饲料只为饲养少量畜禽的农民继续采用。为解决饲料不足问题，广东开始从发展人工种植饲料中找出路。1981年，广东从澳大利亚新南威尔士州引进牧草品种35个，在省内示范牧场试种，筛选出豆科大翼豆、西卡柱花草、格拉姆柱花草、有钩柱花草、库克柱花草和禾本科卡松古鲁狗尾草、棕籽雀稗、无芒虎尾草、糖蜜草、宽叶雀稗10个适种草种，并摸索出播种量、播种适期、间种、混播组合、地面处理、施肥量、病虫防治和豆科种子丸衣化等一系列栽培管理技术。为了解决粤北地区草种问题，1986年筹建粤北示范牧场时，又从澳大利亚引进草种进行试验，筛选出较适合当地生长的狗尾草、圆叶决明、细茎柱花草混播组合。到1987年先后建立了东莞板岭等6个牧草场，加上惠阳等县片种和林草、果草、茶草间种以及同经济作物套种面积，全省共种植牧草17.93万亩。这些牧草以鲜饲或晒干加工粉状配合饲料。据东方示范牧场测算，当年种植当年收割的豆科草类，干草产量3.0~6.3 t/hm^2、禾本科草类1.9~2.5 t/hm^2，载畜量由原生草地30亩养1头牛提高到8~10亩养1头，提高2.7倍，被称为"希望之草""致富之草"。

八、绿肥与耕作制度演变

广东重视水稻耕作制度的改革主要着眼于充分利用有限的土地资源，不断改革种植方式、种植结构，更新品种，改造中低产田和运用先进科学技术。20世纪50年代进行间作改连作，撒播改点播、条播或插秧，单造改双造和冬闲改冬种4个方面的改革，20世纪60年代推广稻肥轮作制，70年代中期推广稻—稻—麦为主的1年3熟制。到1987年，基本上形成双季稻，稻—薯（蔗、麻、烟）、稻—花（生）2熟轮作制和稻—稻—菜（薯、绿肥）三熟轮作制的三大类耕作制。

（一）稻田轮作制

1. 稻肥轮作制

广东把发展绿肥作为解决肥料、改良土壤的重要途径，进一步开展冬种绿肥试验示范。1965年全省绿肥大发展，大面积的稻田实行稻—稻—肥耕作制。"文化大革命"后，稻—稻—肥耕作制面积剧减，到1987年只有81万亩左右。20世纪60年代中期至70年代初期，广东中南部地区利用早晚稻茬口种植田菁或放养红萍，晚稻收获后播冬种绿肥，形成两稻两肥耕作制，对改土增肥发挥了重要作用。1979年以后，随着迟熟高产早稻品种种植面积扩大，夏收夏种时间紧迫和化学肥料的广泛应用，两稻两肥耕作制逐年减少。

2. 水稻花生轮作制

20世纪50年代初，广东总结推广群众稻田轮作花生增产经验。60年代初，广东省农业科学院组织专家到博罗、惠阳、东莞、增城等地进行试验示范，1965年全省推广水稻花生轮作160万亩。70年代初，由于片面强调水稻种植面积，水稻花生轮作受到限制。1979年以后，全省因地制宜调整农作物布局，水稻花生轮作制大面积推广。1980年全省水稻花生轮作面积365万亩，这一年水稻种植面积虽比1978年减少242万亩，但稻谷总产却增加200多万t，花生总产增加14.22万t，水稻与花生轮作是一个重要因素。到1987年，全省水稻花生轮作面积355万亩，约占早稻面积的14%。

3. 稻—稻—菜耕作制

在城市郊区，部分农民利用晚稻收获后的农田种植蔬菜。20世纪80年代以后，随着城镇经济的繁荣，稻—稻—菜耕作制逐步扩大。佛山、湛江和茂名地区利用交通便利的条件，发展北运蔬菜，稻—稻—菜耕作制迅速发展，1987年全省北运蔬菜种植面积81万多亩。此外，一些地方还有早春种烟，烟叶收获后插早稻的烟—稻轮作制。

（二）旱地轮作

新中国成立前后，广东旱粮、豆类面积较大，轮作方式较多，如大豆—玉米（或高粱、粟）、红（或绿、眉）豆，大豆—花生（或芝麻），大豆—秋番薯（或秋花生）的一年二熟或三熟轮作制；大豆—秋番薯，花生—秋旱粮或红（绿、眉）豆—甘蔗的四年轮作制等。20世纪60年代以后，高粱、粟、红（绿、眉）豆种植面积减少，旱地大豆轮作方式也就比较少了。20世纪80年代以后主要轮作方式有：春花生—夏大豆—冬番薯，见于南部地区。糖蔗（第1年）—糖蔗（第2年）—春（夏）大豆、秋薯（第3年），见于蔗糖产区。玉米—夏大豆—秋番薯，见于玉米产区。春大豆—玉米（或粟、高粱）—秋冬蔬菜，见于旱地多地区。

（三）间/套种制

新中国成立以前，广东已有间/套种大豆的习惯。"四月上旬于芋畦之旁种黄豆、黑豆，九月黄、黑豆可采，每亩可收黄、黑豆一石"［（清）赵天锡：《调查广州府新宁县实业情形报告》（1904年）］。

新中国成立后，大豆间/套种形式多样，主要有同甘蔗、番薯、果树、木薯间/套种等。珠江三角洲蔗区，利用新植蔗地间种大豆，6月下旬前后收获，每亩除可收豆40~50 kg外，还可抑制蔗田杂草，以及结合大培土用豆秆还田，促进甘蔗生长。潮汕和茂名地区，在番薯畦间种大豆，可抑制番薯苗过快生长，利于结薯，收豆后即行番薯大培土，薯长得快。1979年汕头地区番薯间种大豆70多万亩，每亩收豆40～50 kg。乐昌县北部山区，在中晚稻套种大豆，8月初前后种，11月初收获，亩产20～30 kg，该县林区还利用幼林地间种大豆。

韶关地区的曲江、南雄、始兴、仁化等县，种田基豆有100多年的历史。20世纪60年代，韶关地区规定社员种的田基豆一律交生产队，种植面积锐减。1979年恢复谁种谁收，田基豆迅速发展，并扩大到阳山、英德等县。1983年全区田基豆种植面积76.9万亩，总产3 965 t，占全区大豆总产的21.3%。惠阳、梅县和佛山地区也有一些地方种植田基豆，100 m长度田基可收豆30～40 kg。田基豆一般在6月种植。种前浸种催芽，铲净田基，薄铺一层田泥，待田泥晒干后打穴，施农家肥，放豆苗二三条，再用田泥压茎根，早稻收获后除草、培土、施肥。10月下旬收获。

第二节　绿肥品种的引进

据1978年出版的《广东农作物品种志》记载，广东省早期引进的主要绿肥品种如下。

一、紫云英品种

1. 连县紫云英4号

（1）品种来源。连县种植已久的农家品种。

（2）生产性能。一般每亩鲜茎叶1 t左右，高的可达4 t以上。1954年以来全省各地进行广泛试种和推广，一般表现早熟，能在稻田留种，但作绿肥用的鲜茎叶产量不高。目前大面积种植仍在连县及附近县，1975年韶关地区达80万亩以上，其他各地有少量种植。

（3）特征特性。全生育期147 d左右，是越年生半匍匐性的豆科作物。叶近圆形、羽毛状排列，蝶形花，紫红色，聚生在同一花梗上呈伞状。荚果黑色，中间腹逢凹陷分成两半，种子黄绿色，肾脏形。早熟，生长期短，在生长初期需荫蔽湿润环境，以利于发芽成苗。生长后期宜干燥，以利开花结实，故宜稻底撒播。

（4）栽培要点。一般用作稻底撒播，操作技术与苕子相同。

2. 连选2号紫云英

（1）品种来源。广东省农业科学院1969年从连县紫云英中通过集团选择法选育而成。

（2）生产性能。经过多年试种和生产鉴定，种子一般亩产25～30 kg，高的可达

91 kg，鲜茎叶一般亩产2～4 t，高的可达4.5 t以上。

（3）特征特性。全生育期140 d左右，比原种早熟7 d左右，属早熟种。一般于10月上旬播种，翌年1月上旬开花，3月上中旬成熟。株高75～80 cm，茎蔓粗大，分枝力中等，一般分枝4～8条。叶片稍宽，根系发达，根瘤多，冬前生长较茂盛，种子千粒重8.7 g。成熟早，留种容易，不误农时，有利于1年3熟改制的发展，适宜全省各种类型地区栽培推广。

（4）栽培要点。适当早播，早管理，早施肥。一般于9月底至10月初播种。割禾后及时开好排灌沟，早施磷肥，把好防虫关。紫云英花期常有蓟马为害，必须在初花、盛花期喷杀，以提高种子产量。生长前期土壤保持湿润，后期要干润。

3. 鄞县68号紫云英

（1）品种来源。原产于浙江省鄞县。1963年引进广东省试种。

（2）生产性能。经多年栽培鉴定，一般种子亩产20 kg左右，鲜茎叶亩产2.0～2.5 t。

（3）特征特性。全生育期140 d左右，比连县紫云英早熟7 d左右，属早熟种。一般在10月上旬播种，翌年1月中旬开花，8月中旬可以收获。株高80～90 cm，茎蔓粗大，分枝一般，每株分枝4～8条，叶鞘小而密，种子千粒重8.5 g左右。成熟早，可以耙田留种，有利于三熟制的发展，适宜广东省三熟地区推广种植。

（4）栽培要点。适当早播，早管理，早施肥。一般9月底至10月初播种为宜，割禾后及时开好排灌沟，早施磷肥，把好防虫关。紫云英花期一般都有蓟马为害，要注意喷杀，以提高种子产量。播种前要用根瘤菌拌种，要催芽，播种后要保持土壤湿润，但阳面要无渍水。

二、苕子品种

1. 油苕

（1）品种来源。原产于四川省，为当地的优良品种。1951年引入广东省试种，普遍表现良好。

（2）生产性能。一般鲜茎叶亩产1 000 kg左右，产量高的在4 300 kg以上。1961年曾在中山、新会、清远、新兴、曲江及沿海县份种植较多。

（3）特征特性。越年生豆科作物。蔓生，攀缘茎蔓细长，分枝较多。羽状复叶，叶片长椭圆形，先端略钝，不滑无毛，蝶形小花，小花排列成串，蓝色，荚果短，黄褐色，籽粒圆球形、深黑色、平滑，种脐白色明显。生长期较短，是早中熟种，留种容易，生长前期需湿润，开花结荚时喜干燥。

（4）栽培要点。选择排灌良好的砂质壤土或壤土种植。一般在9—11月播种，晚季稻收割后，立即犁田耙好，开行条播，行距27～34 cm，留种用则在40 cm以上，也可以稻底撒播，在收获前5 d左右，将种子直接撒播到稻底田上，每亩播种量

2.5～5.0 kg。稻底撒播，必须掌握好田水排灌，不宜过干过湿。

2. 糠苕

（1）品种来源。四川省优良的农家品种之一，1954年引入广东省试种。

（2）生产性能。一般表现较好，鲜茎叶产量高，亦能留种，亩产1.0～1.5 t，高的可达4 000 kg以上。各地均有小面积种植，沿海县份较多。

（3）特征特性。植株形态与特性与"油苕"大致相似，不同之处主要是茎蔓较长，分枝也多，叶鞘小、密而多，开花期比"油苕"略迟，仍是中熟型品种，籽粒比"油苕"小，种皮略粗糙带麻斑，浅黑色或近似灰褐色。

（4）栽培要点。一般同"油苕"，但由于熟期较迟，不宜在稻田留种，以免影响早造播种，可用单季稻田、晚造秧田或旱地进行留种繁殖，而利用鲜茎叶作绿肥用的，可以在一般稻田，并可用稻底播种的方法。

三、红萍品种

1. 红萍

（1）品种来源。红萍又名满江红、浮瓢、塘虱花。是浮水野生植物，常漂浮于水田、池塘、沼泽水面。

（2）生产性能。一般年亩产25～30 t，高的在40 t以上。全省各地均有分布，是优质高产的绿肥，也是家畜家禽的良好饲料。

（3）特征特性。多年生槐叶萍科浮水草本蕨类植物。萍体呈三角形或梅花形，枝叶着生紧密，根茎分枝。纤维根生于根茎下方，下垂水中，短而粗、白色。叶鳞片状，青绿有光泽，遇不良环境（寒冷或炎热天气）叶色变红，故名"红萍"，互生叶，排成2列，深裂为上下2片，下裂片沉入水中，管吸收作用。上裂片浮于水面，管光合作用，其内侧有空腔，通小口于外，腔有鱼腥藻类共生，是固氮蓝藻的一种，孢子着生于侧枝所生第一片叶的下裂片。红萍的繁殖力极强，尤其是在气温20～25 ℃时繁殖率最高，但耐寒性弱，气温在10 ℃以下，叶子发红，停止生长，耐热性也差，广东省炎热的天气要注意以水调温，搞好排灌，适当种植遮阴作物越夏。

（4）栽培要点。首先，选好萍种繁育，每年春、秋2季（4月中旬及8月中旬），选择在当地表现抗逆性强，颜色青绿有光泽，萍体大而厚，枝叶着生紧密，体形呈三角形或梅花形，根短而粗、色白，无病虫害的萍种进行繁殖。其次，密放萍种，适时分萍。一般亩放250～400 kg，刚铺满水面一薄层为宜。密放可减少浮动，便于施肥管理、除虫及抑制青苔以及杂萍生长，有利于保温，当萍面起褶皱，萍体已经重叠，亩产量约达到1 500 kg时，即应分萍。重施磷肥，适施基肥，勤施、薄施磷钾肥。再次，加强检查，及时防除虫害。最后，管好水层，防风防冻，防暴雨，冬季和夏季分别要注意萍种越冬和越夏的防寒防暑设备。

2. 三花萍

（1）品种来源。1966年从国外引入广东省的水生绿肥。

（2）生产性能。一般年亩产30～40 t，高的可达45 t以上。在湛江、佛山等地区大量繁殖放养。1976年全省放养面积有150万～200万亩。

（3）特征特性。具有繁殖快、产量高、营养丰富和管理容易的特点。既可作绿肥，又是猪、三乌和塘鱼的好饲料。每50 kg干萍含粗蛋白8 kg、脂肪1 kg、水溶性物质1.35 kg。在6.7 cm水深和气温20～25 ℃的环境中繁殖最快。过冷过熟生长受影响：气温在低于7 ℃或高于35 ℃时，生长缓慢；低于3 ℃或高于40 ℃，便停止生长繁殖；低于-3 ℃或高于43 ℃时就死亡。适宜广东省中南部地区全年放养。

（4）栽培要点。一是，建立萍种田，加强管理，加速繁殖萍种。浊水放萍，浅水养萍，深水捞萍。每亩大田可放200～300 kg萍种，一般保持水层8.3 cm，捞萍时灌至11.7 cm水。二是，增施碳肥，耙萍增殖。放萍后勤追混合磷肥，高产田每隔5 d施1次。每隔4～5 d用牛耙萍1次，促进侧枝脱离主茎，加速繁殖。三是，勤检查，及时做好防虫工作。主要虫害有萍螟、萍加螟、血丝虫等，可用敌百虫、六六六粉或滴滴涕喷杀。

四、田菁

1. 青茎田菁

（1）品种来源。原产于中国台湾省，又名大菁，1956年引入广东省。

（2）生产性能。一般鲜茎叶亩产1 250 kg左右，高的可达2 500 kg以上。是广东省大面积推广品种之一，其中以新会、中山县为多。

（3）特征特性。一年生豆科直立灌木，植株高大。茎皮青绿色，分枝位高、圆茎，叶小而密，对生羽状复叶，蝶形花、黄色，有细长花梗，荚果长，籽粒灰绿色，短圆柱形。耐涝耐碱性强，适合在沿江沿渠圳及沿海咸田生长，种子发芽率高，生长迅速，再生能力强，适用于短期和两稻夏闲绿肥种植。

（4）栽培要点。一般在3—6月播种。适应性广，无论在旱地、沟边堤岸，路边均可种植，最好先将土壤锄松施下基肥，点播或撒播，又可在早造稻田进行间/套种，当早稻乳熟期，撒播在稻底，生长期1个多月，就可以犁翻利用。另外可以先育成30～50 cm高的苗，在收早造前15～20 d，移植在稻行间，于晚造插秧前10 d左右，收获翻入土中作为绿肥。

2. 印度田菁

（1）品种来源。原产于印度，1958年引进广东省试种。

（2）生产性能。一般亩产1.0～1.5 t，高的可达2 500 kg以上。目前分布于珠江三角洲等地。

（3）特征特性。是一种极迟熟品种。形态性状均与一般田菁不同，植株极高大，分枝很小，茎秆粗壮，全株披生细而密的白色茸毛，叶色浅绿，托叶红色，弯曲如镰钩状，开深黄色、大蝶形花，旗瓣背面浅黄带黑色斑，结四棱褐色长条形荚，荚果扁，先端尖钩微弯，种子近方形，略黄色。

（4）栽培要点。宜在保水力较强的旱地栽培，用条播或开行点播，行距33 cm左右，成苗后及时追肥，并酌行割顶梢，以促进分枝，同时注意防病。

3. 华东田菁

（1）品种来源。又名小菁，原产于浙江省一带，1958年引入广东省。

（2）生产性能。一般鲜茎叶亩产500 kg左右，高的可达1.5 ~ 2.0 t，现全省各地均有少量种植。

（3）特征特性。植株形态大致与"青茎田菁"相似，花正面深黄，背面浅黄，有黑色小斑点，茎秆稍矮较粗，鲜茎叶产量不及"青茎田菁"高，结果较早而多，是早熟类型品种。耐旱耐湿性强，是广东省目前大面积栽培品种之一。

（4）栽培要点。同"青茎田菁"。

五、其他绿肥

1. 大菜仔

（1）品种来源。又名萝卜青。韶关地区栽培历史悠久的农家品种。在未推广紫云英以前，大菜仔是该区的主要冬种绿肥，20世纪50年代初期，该区种植面积20万 ~ 30万亩，1975年8个县统计共种植48 033亩，其中：连县25 442亩，阳山13 778亩，曲江4 303亩，连南3 025亩，南雄977亩，乳源728亩，始兴38亩，连山12亩。

（2）特征特性。越年生中熟型直立性草本，十字花科作物。生长壮旺，株高叶大，叶缘有缺刻。花四瓣，十字平散、白色。荚果肥壮空容大，先端稍尖锐，种子淡红、略带扁圆。根为直根不会膨大或少量膨大，支根数多。整个植株形态和种子形状与蔬菜种用"萝卜"相似，但后期常青，但不比"萝卜"提早枯黄，故称作萝卜青。根多耐旱，适应性强，茎叶柔软，纤维质少，肥效良好，是冬肥主要来源之一。

（3）栽培要点。①立冬前后犁耙碎土，开沟、起畦、开行，条播或点播，混以肥料同时施下，薄盖土。②可以与苕子和紫云英混种，先播苕子或紫云英，然后在晚稻收获前几天再播萝卜青。③作肥用的待部分已结荚，但青嫩花仍未全谢时，犁下作早稻绿肥最适。

2. 狗爪豆

（1）品种来源。又名富贵豆，农家品种，主要分布于乐昌、连县、乳源等地，梅县、惠阳地区各县亦有零星种植。

（2）特征特性。一年生豆科藤本植物。蔓长，分枝多，叶片密，每叶柄上着生大型叶三片，前期生长慢，后期生长快，蝶形花，白色，荚果扁硬、黑色，籽粒大，灰白色，形状似蚕豆。耐旱耐瘠，适应性广，无论任何山坡新垦地或荒地均可种植，是水土保持的覆盖作物，其鲜茎叶的成分中含N 0.56%、P_2O_5 0.13%、K_2O 0.43%。

（3）栽培要点。一般在3—4月播种，宜用穴播，可于任何山坡丘陵地、旱地、基围边和空隙地直接挖穴，施下少量腐熟堆肥，每穴播2粒，成苗后应酌情施追肥1次。

3. 蓝靛

（1）品种来源。又名蓝仔，是新会县农家品种。

（2）生产性能。一般鲜茎叶亩产1 200 ~ 1 500 kg。新会县崖西公社种植较多，其他各地均有少量种植。

（3）特征特性。多年生豆科作物。株高120 cm，茎粗1 ~ 3 cm。羽状复叶，叶片网状脉，每片复叶有13 ~ 15对小叶，复叶长13 cm、宽4 cm，小叶长33 cm、宽1.2 cm。根系发达，每株有根30条左右，有根瘤能起到固氮作用。每株结果15 kg，籽粒呈黑色小颗粒。粗生、俭肥、抗旱力强，适应性广，一般山岗、丘陵旱地均可种植。鲜茎叶可作肥，也可作染料。一般于清明播种，寒露开花，全生育期240 ~ 260 d。

（4）栽培要点。适期播种，合理密植。一般在清明播种，畦宽1 ~ 1.4 cm，每畦条播3 ~ 4行，每亩播种0.5 ~ 1.0 kg。每亩施混合肥50 ~ 100担作底肥，苗高10 ~ 16 cm时，薄追1次速效肥，该品种最好选择壤土地种植，产量更高。

4. 毛蔓豆

（1）品种来源。1952年在广东省试种，一般在旱坡地仍能生长良好。目前除海南岛较多外，大陆各地有少量种植。

（2）特征特性。一年生或多年生豆科草本植物。茎蔓长，匍匐于地面生长，有黄褐色茸毛，节间能产生不定根，分枝多，叶密而厚，蝶形花，蓝紫色略带灰白，荚果短扁被毛，成熟较迟，留种比较困难。耐旱、耐阴、耐瘠性很强，适应高旱的砂砾质土壤上生长。

（3）栽培要点。3—4月播种，上地耙后，开行距50 cm播种沟、施基肥，用条播或点播方式将种子播下，点播的株距33 cm。

5. 木豆

（1）品种来源。又名树黄豆、豆蓉，原产于广东省；分布于全省各地，以广州市郊区和番禺县较多。目前大面积栽培的品种有广州木豆、番花木豆、早熟花木豆、河源树黄豆等9个品系。

（2）特征特性。有几个品种，主要性状相近。广州木豆：多年生豆科小灌木。叶尖深绿色，3片叶同生于一叶柄上，底面均披绒状细毛。蝶形花，黄色带紫条纹，荚硬，褐色，籽粒圆形，微扁，淡黄色。根深，枝根发达，耐旱瘠，适宜在新垦坡地生长。番禺花木豆：从"广州木豆"选育出的中熟良种。植株高大，枝叶茂密匀称，根系亦比原种发达，鲜荚叶产量也高，种子富含淀粉，食味佳。适于栽植在道路两旁，以美化庭院环境。早熟花木豆：从番禺花木豆选出的早熟高产品种。开花期比一般木豆都早，结荚数比原品种多，分枝亦多，叶片也特别密，种子多为黑褐色带白花斑，是早熟丰产的品种。

（3）栽培要点。适于用穴播，普通在3—6月都可以播植，也可在山坡新垦地进行挖穴点播，穴径约33 cm，株行距67 cm×67 cm，穴内先施下少量基肥，每穴下种2～3粒，盖薄土，到成苗后，逐行中耕松土，结合追肥1～2次。

6. 铺地木蓝

（1）品种来源。原产于海南岛，是一种旱坡地最好的覆盖作物，既防水土流失，又可作绿肥，现主要分布于海南、湛江、广州、汕头等地。

（2）特征特性。多年生匍匐性豆科草本。叶片细小而密，倒卵形，排列成奇数羽状复叶，每年于11月下旬从叶腋抽出花梗，蝶形花，深红色，花期很长，直至次年1—2月才结小圆粒形的荚，粒细小、黄褐色，矩形。根群深而广，匍匐枝也能着地生根且多数有根瘤附生。耐旱耐瘠性极强，对保持水土、改良土地的理化性状效果显著，鲜茎叶产量也高，是新垦胶园、果园的覆盖作物，又可作绿肥、饲料之用。

（3）栽培要点。可用播种栽培，也可插条繁殖。种子繁殖一般在3—4月播，旱地经犁耙碎土后，开行距40～50 cm的播种沟，先施肥，然后播种覆土，如用插条可割取一年生的茎蔓，截短为23～27 cm，密排在预先开好的种植浅沟内，行距最小50 cm，苗斜放，覆土2/3，露出土外1/2，稍加压实，保持适当湿润，很快就可以发根成苗，以后酌情施追肥1～2次。

7. 山毛豆

（1）品种来源。原为广东省野生绿肥，近年来成为专种绿肥，现各地均有少量种植。

（2）特征特性。多年生直立豆科小灌木。分枝较多，株型较高大，茎上密披褐色茸毛，叶长圆形，羽状复叶，蝶形大花，白色，果荚长扁形，密生褐色毛，籽粒灰绿色，扁圆形，带黑色斑点。耐旱耐瘠性极强，适宜在红壤新垦地上生长，每年可割多次，每次亩产350 kg左右绿肥。

（3）栽培要点。条播、点播均可，一般在3—5月播种，先将土地犁耙平整，开宽50 cm距离的播沟，将种子混在基肥内一齐播下，山坡地可挖穴点播，株行距50 cm×50 cm，要施基肥，前期适当追肥，可用人粪尿堆沤成拌入硫酸铵等速数氮肥，以后每收割1次追肥1次。

8. 崖州扁豆

（1）品种来源。海南崖县农家品种，全省各地均有小面积种植。

（2）特征特性。生育期110～120 d。当地在秋分至霜降播种，大寒后成熟。株高

30～40 cm，分枝多，叶子小，呈卵形、绿色，每株分枝5～7条，蝶形花，白色略带淡黄，每株结荚50个左右，每荚结豆3～6粒，籽粒扁圆形，黄至褐色，种皮厚。生势强，耐寒、耐旱、耐肥，抗病虫害均强，喜高温多湿的气候环境，适于砂壤土种植。

（3）栽培要点。可以春植，也可以秋植，用作绿肥或覆盖作物的，宜在春季3—4月播种，收留种的可在秋季8—9月播种，一般都用条播，行距33 cm左右。

第三节　绿肥与土壤改良

一、中低产田改造

广东的中低产土壤有咸田、咸酸田、湖洋田、山坑冷底田、锈水田、石灰板结田、砂质浅脚田、炭质黑泥田、泥骨田、鸭屎泥田等类型，其低产主要是渍、旱、浅、瘦、黏、板、酸、咸、冷、毒、散、漏等一种或多种因素造成的。

1.20世纪50年代的土壤改良

新中国成立初期，各地针对土壤特点，采用改善排灌系统，增施有机肥料，犁冬晒白，绿肥轮作，挖塘抬田，加沙入泥等办法，改善土壤结构，培肥地力。1957年土壤改良的规模扩大，共改良湖洋田、砂质田、浅瘦田、反酸田等低产田500多万亩，一般每亩增产稻谷25～35 kg，高的达50～100 kg。

2.20世纪60年代的土壤改良

1960年开始，原广东省农业厅、广东省农业科学院、中国科学院中南土壤研究室等单位，利用第1次土壤普查成果资料，先后派出技术人员到四会、五华、吴川、新会等县蹲点，办培训班，搞改造低产田的样板。采取挖沟排渍水，增肥改土等措施，改造铁锈水田、烂湴田、黄泥田、咸酸田和渍水田，取得成效。当时的四会县清塘公社芙蓉大队是个水土流失严重的丘陵区，其中铁锈水田、黄泥田、积水深湴田等各种低产田2 700亩，水稻年亩产150 kg左右。1961年冬，该队开展治山、治水、治土改造低产田，在大搞农田基础设施同时增施有机质肥料和磷肥，以及实施犁冬晒白、水旱轮作、封山育林等措施，1962年全队水稻总产比1957年增产58%，1963年早造又比1962年同期增产35%，比未改前的1960年增产1.33倍。

1964年9月，广东省委、省人委发出《关于发展绿肥、改良土壤、改造低产田的指示》，指出改造低产田除兴修水利外，关键是大量种植绿肥，改良土壤，改造低产田应以水肥为中心，农林结合，因地制宜，综合改造。1965年全省大面积种植绿肥，增施土杂肥，推广农作物秸秆回田，治理山洪、冷泉为害，对改良土壤、提高农田产量起到重要作用。

3. 20世纪70年代的土壤改良

进入20世纪70年代，改造中低产田的内容有所发展，规模逐步扩大。1970年推广水田挖"三沟"（环山沟、环田沟、排灌沟），排"五水"（山洪水、黄泥水、冷泉水、铁锈水、内渍水），降低地下水位；旱地以建水平梯田，积肥改土，以改变跑水、跑土、跑肥的状况为主要内容的土肥建设，当年全省改造低产田300万亩。1972年对改造低产田提出6条标准：①旱涝保收，水利设施健全，排灌自如；②田面平整，田块大小适中，耕作层深、软、肥，厚18~22 cm，地下水位50 cm以下；③有机质含量2.5%~3.0%、含氮0.15%、酸碱度6.5~7，三砂七泥或四砂六泥；④每亩每季有土杂肥100担或绿肥1 250~1 500 kg或1头猪全年的粪肥；⑤沟、渠、路、林相配套，改土与培肥相结合；⑥土壤无咸、酸、铁锈水、冷泉水危害。六条标准的提出，使改造低产田有一个比较明确的目标。1973年10月，广东召开全省土肥建设现场会议，提出土肥建设要与农业发展相适应，产量较高的农田要提高抗灾能力和土壤肥力，中低产田要根据不同情况采取不同措施进行改造。1974年12月成立省农田基本建设指挥部，县、社建立相应机构和组织农田基本建设队伍。把土肥建设、改造低产田作为农田基建的重要内容，抓圈猪积肥和放养红萍，把治山、治水、治土结合起来。信宜市怀乡区方塘村，有渍水田65亩。1974年通过整治排灌系统，降低地下水位，平整土地，种植绿肥，增施有机肥。1975年亩产稻谷800 kg，比上年增产126.5 kg。1978年亩产超过1 000 kg，实现连年稳产高产。

4. 20世纪80年代的土壤改良

20世纪80年代以后，改造低产田贯彻有规划、有重点、适当集中、择优投放、签订合同、保证质量、讲究效益、定期验收的原则，继续采取种植绿肥、增施有机肥、水旱轮作，降低地下水位，治理水土流失等措施改造低产田。1980—1981年配合建设商品粮基地，以改造低沙田为重点，农田基本建设70%的资金投向粮产区；1982—1984年转以改造山区低产田为重点；1980—1987年全省共改造中低产田637.6万亩。1988年以后，全省加大改造中低产田的力度。1988年，全省稻谷亩产500 kg以下的低产田面积有1 000万亩，占稻田面积的36.21%；年亩产500~800 kg的中低产田1 601.22万亩，占稻田面积的51.12%。中低产田类型有渍害稻田型、质地不良型、浅瘦型和酸毒型。1988年年底，广东省委省政府在全省农村工作会议上提出，用3年左右的时间，把全省500 kg以下的1 000万亩中低产田改造一遍，省财政每年拨出专款1 500万~3 000万元。1990年12月，广东省政府在湛江和茂名召开全省农田基本建设现场会议，提出今后开展农田改低工作要做到按照建设高产稳产农田、吨粮田的标准要求，搞好农田基本建设，增加改低投入，实行综合治理，提高经济效益。1986—1989年，全省各级投入资金126960.3万元，累计改造中低产田495.89万亩，其中在改低面积中播种绿肥有112.33

万亩。通过综合治理，增产效果较显著，经过改造的农田年亩增产稻谷50 kg左右，有些增产100多kg。

5. 20世纪90年代的土壤改良

1995年开始，省财政每年拨款1 500万元农建改低专项资金，对改造中低产田项目实行项目管理制度。1995年1月，省八届人大常委会第十二次会议通过《广东省基本农田保护规划》，明确规定农建改低的目标是到2000年，搞好以治水、改土、增肥为重点的农田基本建设。1996年，省政府提出农田基本建设要达到"田园林网化，管道硬底化，耕作机械化，品种良种化，管理科学化"。1995年，原广东省农业厅制定《广东省"九五"期间低产田改良方案》，计划在5年内把全省基本农田保护区500 kg以下的低产田全部改造一遍，至2000年，基本消灭500 kg以下的低产田。据统计"九五"期间，全省共投入农建改低资金21亿多元，改造中低产田1 062.9万亩。根据总结以往经验和地力提升技术应用，归纳起来改造中低产田的措施主要有2条：一是工程措施，主要是修建三面光管道、机耕路、涵闸等；二是生物措施，在整治和改善耕作环境的同时，采取生物措施，种植绿肥，增施有机肥，提高地力，在改低示范片中种植专用绿肥107万亩、兼用绿肥254万亩、稻草覆盖冬作物193万亩，每亩施用农家肥1 t以上的农田有193万亩。通过增肥、改土、治水等综合措施，加上良种良法，取得显著成效。经过整治改造的1 062.9万亩中低产田，基本上建成"旱能灌、涝能排、渠相连、路相通、田成方、地力高"的高产稳产农田，抗御自然灾害的能力明显提高。"九五"期间，全省粮食平均产量2000年比1995年亩产增加稻谷37 kg，而经改造后的中低产田，平均增产50 kg/亩以上，"九五"期间共增产稻谷24.6万t，改造中低产田对粮食增产的贡献率为23%。

二、实施耕地保护与质量提升项目

广东省有相当一部分耕地由于有机质和养分含量低，耕作层浅薄，土壤结构不良，排灌不便，过酸过碱，或含有毒物质而成为中低产田。土壤改良的主要措施是种植绿肥、增施有机肥料，掺沙入泥，施用石灰或土壤调理剂调节土壤酸度。为贯彻落实中央1号文件和中央农村工作会议精神，从2008年起，原农业部、财政部在全国组织实施了土壤有机质提升补贴项目（后更名为耕地保护与质量提升项目）。通过技术物资补贴方式，鼓励和支持农民应用土壤改良、地力培肥技术，促进绿肥种植、秸秆还田等有机肥资源转化利用，提升耕地质量。据统计，2008—2015年，中央财政在广东投入项目资金2.458亿元。通过实施耕地保护与质量提升项目，全省冬种绿肥得到恢复，种植面积稳定在70万亩以上，项目区绿肥鲜草压青还田量达到1 500 kg以上。据调查，每翻压还田1 000 kg紫云英，相当于施用新鲜有机质约100 kg、氮（N）4 kg、磷（P_2O_5）0.4 kg、钾（K_2O）2.7 kg。实行绿肥翻压还田，能减少化肥施用量10%以上，水稻平均产量比对照区增产30 kg/亩以上，有机质平均提升2.0 g/kg以上，且稻米光泽度好、腹白减少。

三、酸化土壤改良

广东地处热带和亚热带地区，高温多雨，风化淋溶较强，容易形成酸性的自然土壤。此外，由于成土母质和人类活动等因素影响，广东省土壤多呈酸性。据全省213 380个样本化验结果pH值为3.8~7.9（标准差为0.59，变异系数为11.06%），全省以酸性（pH值4.5~5.5）、微酸性（pH值5.5~6.5）为主，两者合计占90.57%，中性占5.13%，碱性土壤所占比例只有0.11%。按面积计算，则全省耕地土壤pH值6.5~7.5的耕地面积47 472.7 hm²，占全省耕地面积1.83%；pH值5.5~6.5范围内的耕地面积1 080 459.3 hm²，占全省耕地面积的41.65%；pH值4.5~5.5范围内的耕地面积1 462 576.1 hm²，占全省耕地面积的56.38%；pH值<4.5的耕地面积3 631.9 hm²，占全省耕地面积0.14%。由此可见，广东省耕地土壤大多数为酸性、微酸性。

从2018年开始，针对广东省耕地土壤酸化较为明显的水稻、蔬菜和果树等主要作物种植区域的土壤酸化问题，省农业农村厅制定了《广东省耕地保护与质量提升项目实施方案》，集成推广调酸控酸等土壤改良综合技术模式，分别在龙川、五华、仁化等10个县建立25万亩以上土壤酸化耕地治理示范区。据统计，2018—2020年，全省共投入国家耕地保护与质量提升项目资金6 000万元，采取种植紫云英，增施土壤调理剂、有机肥等综合技术措施，建立示范面积75.9万亩，取得明显成效。据对项目区监测结果统计，项目实施前土壤pH值平均为5.76，绿肥还田后，平均提高了0.16（表1-4）。

表1-4　2018—2019年项目区紫云英还田对土壤pH值的影响

项目	实施前背景平均值	对照平均值	绿肥还田平均值	较基础值的增加值	较对照的增加值	较基础值的增加（%）	较对照的增加（%）	较基础值增加的调查点数量（%）	较对照增加的调查点数量（%）
pH值	5.76	5.70	5.86	0.1	0.16	1.7	2.9	83.3	83.3

第四节　绿肥与化肥减量增效

从1987年开始，全省农业土肥部门开展优化配方施肥技术的试验、示范和推广工作，俗称为"三配套"技术（即绿肥压青或稻草还田—杂优稻—优化配方施肥）。首先开展绿肥或稻草还田的肥效试验，摸清使用有机肥后的"氮效应"，充实"以田定产，以产定氮"数理模式法和"优化氮调法"中氮肥使用的有关参数，使优化配方施肥技术向纵深发展。1987—1990年对23个小区试验统计分析表明，紫云英的氮效应为0.002 8，即紫云英压青作早稻基肥，在沤田15 d的条件下，每1 000 kg的紫云英压青后在当造和2.8 kg纯氮（折合尿素6.1 kg）同效。在施用绿肥和稻草还田的条件下，进行优化配方施肥时就可以计算出化肥用量和节省的化肥，提高化肥利用率。1990年，全省123个实割点统计，实施绿肥"三配套"后（平均压绿肥1 600 kg），平均亩产稻谷468.9 kg，亩施化学纯氮8.31 kg，比同种杂优没有绿肥压青按习惯施肥的同等农田相比亩增稻谷51.2 kg，增产12.3%，节约纯氮4.93 kg，节氮率59.32%，信宜市42个试验示范点材料的统计结果，实行"三配套"后早造亩施化学肥料仅5.0～6.7 kg，比习惯施肥法平均减少施氮3.6 kg，增产稻谷68.21 kg，增产14.6%，且土壤有机质净增0.038%～0.046%，全氮净增0.009%～0.023%，碱解氮提高7.3～27.9 mg/kg，速效磷钾也有所增加，地力明显提高；稻谷米质也明显得到提高，整精米率提高3.1个百分点，垩白度减少6.5个百分点，蛋白质提高0.35个百分点。

2018—2021年全省利用中央财政农业资源及生态保护补助资金3.99亿元，以化肥减量增效、果菜茶有机肥替代化肥、绿色种养循环农业等项目为抓手，取得显著成效。据统计，2021年全省农用化肥施用量为212.87万t（折纯，下同），比2015年的238.17万t减少10.62%，自2017年以来连续5年实现负增长。全省主要农作物测土配方施肥技术覆盖率达到90%以上，肥料利用率达到40%以上，均完成了《到2020年化肥使用量零增长行动方案》的相关目标，有效减少了农业面源污染，推动了全省农业高质量发展。

第五节　广东绿肥留种

广东的绿肥以紫云英为主。要保证广东省绿肥面积稳定发展，其中一个重要问题就是解决种子。目前广东省各地播种的紫云英种子品种和来源比较多，有农民自己繁育的，有从外省调入的，有早熟种、中熟种、迟熟种等。20世纪80—90年代广东省曾经在东莞农科所（选育早熟紫云英留种）、连州（连州镇沙洲村紫云英留种）、乐昌（黄圃、九峰、两江、白石等9个乡镇紫云英留种）、龙川（龙母镇粤肥2号紫云英、上坪镇旱地紫云英留种）、罗定（分界镇粤肥2号紫云英留种）、兴宁（宁新镇洋里村柑园间种紫云英留种）、五华（县示范农场、转水镇等紫云英留种）、平远（泗水乡中造田紫云英留种）揭西（河婆镇营背寨紫云英留种）、电白（罗坑镇冬薯套种紫云英留种）、四会县（罗沅镇稻田菜肥混播紫云英留种）、惠东县（宅口、马山等2个乡镇紫云英留种）、博罗县（柏塘等3个乡镇紫云英留种）等地建立过绿肥繁种和品种评比试验基地，以解决广东省紫云英种子问题，但由于各种原因，终究未能如愿以偿，主要原因：一是种性与气候的矛盾。一般而言，最适合广东省种植品种为中熟种，但这些品种的结荚、收种期是在"清明"至"谷雨"这个时期，恰好是广东省梅雨季节，造成种子霉烂，有种难收；另外"清明"前后时段也是犁耙田、插秧、播种季节，中迟熟的绿肥留种田影响早造生产。二是目前广东省农村实行家庭联产承包制，农田承包到各家各户，较为分散难以规模化留种，经济价值较低，难以调动群众积极性。三是农村青壮年劳动力外出务工多，而且留种田管理强度比较大，无法对紫云英留种田进行科学管理。

20世纪90年代中期，广东省从外省引进多个绿肥品种进行试验，总的概况是：中迟熟品种大约在清明至谷雨季节盛花，鲜草产量和养分较高，比较适合广东省北部、东北部、西北部及中部等地区种植作为压青用肥，但留种则迟了1个月左右，在粤东大部分和雷州半岛，中迟熟的绿肥品种又显得太迟，这些地区春节前后就开始犁耙田，而这个时候的绿肥还没有开花，甚至还没有完成滞冬期生长，鲜草产量很低。从外省调入的早熟品种在广东省大部分地区出现早花、产量低的问题，这些品种在广东省留种，虽然不会影响早造生产季节，但推广价值不高。就广东省目前情况看，比较理想的种性是相对早熟、鲜草产量高的品种，这样的品种在广东省种植，既可压青作肥料，又能留种，不影响生产季节。据近年来广东省进行的绿肥品试和实践经验：从外省调入的品种以江西大叶青梗（中熟）种较好，适宜广东省大部分地区作鲜草压青种植，但不宜留种，与早造季节相矛盾；其次是安徽的戈江种和闽籽1号，这2个品种比江西种迟10~15 d开花，鲜草产量差不多，作为压青还是可以的。目前比较理想的品种是粤肥二号（暂编名），该品种是广东省经过多年提纯复壮选育出来的，其种性是早生快长，没有滞冬期，到春节可长至60~80 cm高，且再生能力强，鲜草30~45 t/hm²，高产的超过75 t/hm²，种子产量也高，一般为450~600 kg/hm²，高产的750 kg/hm²以上；春节期间开花，"清明"前可收获种子，不影响早造生产季节；留过种的迹地次年自然再萌生，鲜草产量依然可以达到1.5万~2.1万 kg/hm²，该品种在广东省各地都适宜种植。在雷州半岛和潮汕大部分地区，春节前后开始犁耙田时，该品种整株开花期，适宜压青作肥料。广东省中部、北部地区，该品种既可压青作肥，又可留种，于清明节前后收种，不会耽误农时。此外，该品种由于没有滞冬期，能速生快长，非常适宜作猪、鱼、牛的饲料，清远、河源等地有相当部分农民用该绿肥作饲料，鲜、干并用，很受欢迎。

有了适合广东省种植的优良绿肥品种，迫切需要解决如何在本省繁殖推广的问题。长期以来，广东省不少地方的农民有自繁自育绿肥种子的习惯，积累了很多经验。如清远连州市沙洲镇沙洲村农民，经过长期种植绿肥自繁自育了一个优良品种（当地人叫沙洲种），就是一个早熟高产，还可以当蔬菜食用的优良品种。当时的清新县和阳东县农民，就是多年来繁种种植粤肥2号，不但用于肥田提高地力，还用于喂猪、鱼、牛、禽等，收到显著效果，已经成为当地农民的一种习惯性耕作方式。龙川县农民也长期坚持繁种种植绿肥，特别是龙母镇，由于长期坚持自留种种植绿肥，地力较高，是该县最早实现吨谷的镇。上述这些地方或类似地区都是从本地需要出发而自留自用，但只能解决或部分解决当地绿肥种植的种源问题，难于以商品形式向全省其他地区提供种子。为了探索广东省商品自留紫云英种子生产模式，20世纪90年代广东省在河源龙川县建立了粤肥2号繁种基地，当时主要做法是：先确定种子的收购价格，然后发动农民繁种，县农业部门负责收购。由于种子收购价格定得比较符合实际，农民参与繁种积极性比较高。通过试点收购了种子2 000 kg，是上一年的10倍数量，如果按这种模式推广全省，还是可以解决当地的部分绿肥种源问题的，但还是满足不了全省对种子的需求量，这些现象是影响广东省绿肥种植发展亟待解决的问题。

第六节 绿肥学术活动

1965年9月17—21日，广东省粮油、土肥、植保和植物生理4个学会联合在佛山市召开"1965年广东省绿肥学术讨论会"。出席会议的有中山大学、华南农学院、华南师范学院、广东省科委、广东省农业厅、广东省农业科学院、国营葵潭农场，以及有关专家，县农业局、农科所、土肥站，公社农技站，大队科学实验小组等单位；到会代表包括教授、专家、科技人员和农民等共50余人；会议共收到学术论文60多篇。会议期间，广泛交流了经验，肯定了本省近年来大力开展绿肥科学试验的新成就。

2019年11月4—5日，由广东省农学会主办，耕地肥料总站提供技术支持，广东省农学会耕地肥料专业委员会、珠海市种业协会协办，广东省现代农业集团有限公司、广东省良种引进服务公司承办在珠海市举办"广东省绿肥种植及开发利用学术活动"。

广东省农业农村厅副厅长、广东省农学会会长黄斌民，华南农业大学副校长温小波，广东省耕地肥料总站副站长林日强，华南农业大学南方草业中心副主任、广东省草业工程技术研究中心推广部长、研究员卢小良，中国热带农业科学院热带作物品种资源研究院副研究员虞道耿等领导和专家出席了本次活动。

活动期间广东省良种引进服务公司在广良珠海农场展示了31个优良绿肥品种种子样品及21个品种的种植示范。通过实地观摩让与会者进一步提高对绿肥种植重要性的认识，积极扩大绿肥面积，为绿色生态农业打下基础，提高农业生产的经济效益。

活动中进行了学术研讨会。华南农业大学研究员卢小良分享了"绿肥作物在广东省绿色生态发展中的作用"，讲解了绿肥作物在广东的新功能。中国热带农科院热带作物品种资源研究所副研究员虞道耿作了"绿肥作物品种资源的研究"专题报告，介绍了"林（果）—草"复合经营模式。广东省良种引进服务公司高级农艺师杨俊岗则提出了在广东省开辟有机肥源，建立绿色和有机农产品生产基地，建立绿肥种子生产基地，加强农业结构调整，促进发展现代农业的建议。并提出"绿肥文化"概念，即指一种农业实践和农业文化，重点强调使用绿肥来改善土壤和促进可持续有机农业、绿色环境，同时传承农耕人类健康理念。

2020年11月20—22日，广东省土壤学会、中国土壤学会土壤环境和土壤化学专业委员会在广州联合召开了"土壤科学与绿色可持续发展高峰论坛暨广东省土壤学会2020学术研讨会"。会议由仲恺农业工程学院和华南理工大学共同承办，来自全国科研院所、高等院校、政府管理部门、企业等70多家单位350多名各界人士参加了会议，中国土壤学会副理事长朱永官、专职副秘书长严卫东出席会议。大会开幕式由广东省土壤学会副理事长党志主持，广东省土壤学会理事长、广东省科学院生态环境与土壤研究所所长李芳柏，仲恺农业工程学院校长程萍，广东省科学院副院长周舟宇分别致辞。中国科学院院士朱永官、国家自然科学基金委员会地球科学部三部处长刘羽研究员以及徐明岗、刘崇炫、赵秉强、丁维新、谭文锋、高彦征、周建斌、徐仁扣、巨晓棠、贾永锋、周顺桂、刘同旭、孙蔚旻等多位知名专家学者在"土壤科学与绿色可持续发展"高峰论坛上作了精彩纷呈的学术交流报告，涉及土壤健康与人群健康关系、环境地球科学学科发展战略与展望、污染物环境行为与风险效应、土壤—微生物界面反应、土壤有机质、土壤团聚体、土壤酸化、肥料创制与利用等多个土壤科学领域的研究主题。大会设有"土壤污染防控与产地环境安全""资源高效利用与绿色可持续发展""青年学者论坛暨广东省土壤学会第五届青年学者论坛""研究生论坛"4个分论坛，30多位专家学者、16位青年学生作了报告。会议同期还举办了广东省土壤学会第十一届五次理事暨常务理事会议，讨论了2021年的学会重点工作。

第七节　绿肥研究成果

1959年

广东省农业科学研究所编写《南方绿肥栽培》著作，由广东人民出版社出版。

1963年

孙醒东编写《重要绿肥作物栽培》著作，由科学出版社出版。

1965年

王松元"广东夏季绿肥作物之王——山毛豆"论文发表于《夏季绿肥参考资料（一）》广东省科技情报研究所。

1977年

广东省土壤肥料总站《绿肥留种总结（1962—1977）》。

1978年

韦仲新"国外胍尔豆研究综述"论文发表于《热带植物研究》。

1997年

广东省土壤肥料总站《红萍资料（1967—1997年）》。

1980年

广东省农业科学院土壤肥料研究所编写《田菁》著作，由农业出版社出版。

张壮塔、柯玉诗、凌德全等"细满江红有性繁殖在农业上应用研究"论文，发表于《土壤肥料科技资料汇编》广东省农业科学院土肥所。

凌绍淦、何云绮、俞志忠等"四倍体紫云英研究"论文，发表于《土壤肥料科技资料汇编》广东省农业科学院上肥所。

1981年

广东省土壤肥料总站《土壤普查资料（1979—1981年）》。

1982年

陈尚溶编写《黄豆栽培技术》《田菁》著作，由广东科技出版社出版。

华南师范大学生物学系固氮牧草研究组编写《旋扭山绿豆的生物特性和栽培》著作。

王松元编写《绿肥和土壤肥力的关系》著作，由广东省科技情报所出版。

广东省农业科学院土壤肥料研究所编写《土壤肥料科技资料汇编》著作。

1983年

张壮塔等"蕨状满江红孢子果丰产及育苗技术"获国家发明奖三等奖。

王松元编写《绿肥与农业稳产高产》著作，广东省农学会1983年年会学术论文。

1986年

广东省农业科学院土壤肥料所编写《土壤肥料科技资编》著作。

王松元、李本泉等编写《多用途绿肥》著作，由广东科技出版社出版。

1991年

广东省土壤肥料总站《关于紫云英、苕子留种及评比试验的总结（1988—1991）》。

1992年

广东省土壤肥料总站《关于紫云英喂猪试验总结及绿肥留种的报告（1986—1991年）》。

1994年

广东省土壤肥料总站"绿肥在现代农业中的地位——论广东绿肥的发展前景"论文发表于《热带亚热带土壤科学》。

1995年

广东省土壤肥料总站《土肥试验总结（1995）》。

1997年

叶细养"广东绿肥留种春归何处"论文发表于《热带亚热带土壤科学》。

陈三友"广东冬种黑麦草的现状与发展对策"论文发表于《中国草地》。

广东省土壤肥料总站《红萍资料（1967—1997年）》。

2008年

杨柳平"梅州市幼龄油茶园间种大豆高效种植模式"论文发表于《现代园艺》。

2011年

赵云云、郭秀兰、钟彩霞、马启彬、年海、杨存义"大豆抗镉污染低积累育种的研究进展"论文发表于《分子植物育种》。

2012年

姚河凤、杜军平、刘碧林、林建鑫"紫云英高产栽培技术"论文发表于《现代园艺》。

2013年

赵云云、钟彩霞、方小龙、马启彬、年海、杨存义"华南地区夏播大豆品种镉抗性和籽粒镉积累的差异"论文发表于《大豆科学》。

王彩环、李立颖、谢小林、朱红惠、姚青"两个柱花草品种根系构型差异及其对间作柑橘砧木实生苗磷营养的竞争"论文发表于《园艺学报》。

崔航、李立颖、谢小林、朱红惠、姚青"不同基因型柱花草的根系构型差异及其磷效率"论文发表于《草业学报》。

2014年

裴向阳、钟凤娣、张兵、陈颉颖、曾曙才"广东省3种典型经济林地土壤性状和养分储量研究"论文发表于《经济林研究》。

王朋、邓小娟、黄益安、方小龙、张杰、杨存义"大豆镉抗性和籽粒积累的根系基础的研究现状"论文发表于《大豆科学》。

赵云云、钟彩霞、方小龙、黄益安、马启彬、年海、杨存义"华南地区11个春播大豆品种耐镉性的差异"论文发表于《华南农业大学学报》。

朱娜、王富华、王琳、廖梦莎"绿肥对土壤的改良作用研究进展"论文发表于《农村经济与科技》。

柳勇、于雄胜、李芳柏、徐建明、楼骏、刘传平"紫云英水溶性有机物促进淹水土壤中五氯酚还原与铁还原"论文发表于《农业环境科学学报》。

2015年

林川、邹宝玲、郭晓燕等"广东丘陵山地果园机械化现状与发展思路——以龙门县为例"论文发表于《广东农业科学》。

罗银全、罗贱良"粤肥二号紫云英栽培及综合利用技术"论文发表于《现代农业科技》。

田卡、张丽、钟旭华、黄农荣、张卫建、潘俊峰"稻草还田和冬种绿肥对华南双季稻产量及稻田CH_4排放的影响"论文发表于《农业环境科学学报》。

2016年

张兵、储双双、林佳慧、高婕、曾曙才"广东3种典型种经济林的经营现状及效益分析"论文发表于《经济林研究》。

张少斌、梁开明、张殷、李妹娟、章家恩"水稻与水合欢间作对作物群体产量、氮素吸收及土壤氮素的影响"论文发表于《生态环境学报》。

张成兰、艾绍英、杨少海、宁建凤、王荣辉、李超"双季稻—绿肥种植系统下长期施肥对赤红壤性状的影响"论文发表于《水土保持学报》。

周晴、孙中宇、杨龙、温美丽"我国生态农业历史中利用植物辅助效应的实践"论文发表于《中国生态农业学报》。

李钦禄、王建、王法明、吴赞、柯春琼"粤西主要经济林土壤侵蚀特征与控制措施的研究"论文发表于《广东水利水电》。

张思毅、梁志权、谢真越、卓慕宁、郭太龙、廖义善、韦高玲、李定强"白三叶不同部位减沙效应及其对径流水动力学参数的影响"论文发表于《生态环境学报》。

李海渤、郑立军、武国星、刘波"粤北地区油菜采薹—绿肥—水稻种植模式研究"论文发表于《江西农业》。

2017年

丁迪云、王刚、陈卫东、刘志昌、张建国、陈三有、李品红"柱花草抗寒新品系耐寒能力比较研究"论文发表于《草学》。

林正眉、侯琼昭、罗刚跃、董川宏、麦荣臻、陈树耿"桉树林下套种对牧草糙毛假地豆的生长和林地土壤养分的影响"论文发表于《广东农业科学》。

曾宪录、韩飞、钟艳梅、骆均平、廖富林"紫云英、田菁及光叶苕子富集硒、锶能力研究"论文发表于《福建农业科技》。

李蕴智、李宁、周碧燕、胡志群"柱花草浸提液对柑橘幼苗生长的影响"论文发表于《中国南方果树》。

2018年

肖植雄编写《广东耕地》著作,由中国农业出版社出版。

林正眉、侯琼昭、罗刚跃、董川宏、麦荣臻、陈树耿"油茶林和桉树林下套种牧草的筛选"论文发表于《林业与环境科学》。

杨宇娴、林正眉、李莹莹"猪屎豆*Crotalaria pallida*的生物学特性及园林应用研究"论文发表于《广东园林》。

2019年

马锞和马会勤"广东无花果栽培现状及发展建议"论文发表于《中国热带农业》。

华南农业大学资源环境学院吴启堂教授团队"施用紫云英绿肥对土壤溶解性有机质及水溶性镉的影响"论文发表于《Environmental Science and Pollution Research》。

夏侯炳、盛玲玲、宋淑然等"山地果园机械化体系建设研究——以广东省山地果园为例"论文发表于《东北农业科学》。

张钰薇、何宏斌、程俊康、贾戊禹、杨衡荣、辛国荣"不同施肥管理对'多花黑麦草—水稻'轮作系统杂草防控效应的影响"论文发表于《生态环境学报》。

何宏斌、张钰薇、程俊康、张颖、李俊年、辛国荣"多花黑麦草—水稻轮作系统根茬养分释放规律"论文发表于《草业科学》。

何宏斌、张钰薇、程俊康、贾戌禹、辛国荣、陈卫国"冬闲期种植多花黑麦草对稻田土壤性状的影响"论文发表于《生态科学》。

黄军雄、冯才丽"生态栽培对油茶生长发育及生态环境的影响分析"论文发表于《南方农业》。

农秋连、杜盼"冬种绿肥紫云英高产栽培技术"论文发表于《农民致富之友》。

2020年

贾戌禹、程俊康、朱碧岩、王宇涛、辛国荣、陈卫国"粤北山区多花黑麦草腐解规律及养分释放"论文发表于《动态草学》。

田静、唐国建、彭建宗、阳成伟、张建国"旋扭山绿豆的营养成分及青贮发酵品质"论文发表于《草业科学》。

2021年

杨文、冷杨、周玉锋、王沅江、黎健龙、蒋太明、周泽宇"茶树—次生植物间作茶园生态系统构建的思考"论文发表于《茶叶通讯》。

2022年

郭雁君、吉前华、蒋惠、郭丽英、杨凤梅"万寿菊不同部位提取物制备及其对柑橘根线虫的毒杀影响"论文发表于《广西植保》。

李煦红、农红秋、蔡晓怡、邹俊红、黎书辉、罗永雄、农红艳"茶园间作广金钱草的综合评价"论文发表于《广东茶业》。

袁佳宁、夏闲、林芳源、周瑞泉、朱伟东、胡飞"广东观赏绿肥油菜与杂草的关系"论文发表于《科技通讯》。

许留兴、李万荣、王晓亚、李鑫琴、樊杨、武丹、张建国"冬闲田混播小麦与豆科牧草对饲草产量、品质和土壤特性的影响"论文发表于《中国草地学报》。

第八节　绿肥发展的现状与展望

一、绿肥发展的现状

绿肥是重要有机肥源之一，发展绿肥生产，对合理轮栽、增肥改土、促进农作物高产稳产有重要作用。根据广东省人多地少、农田一年多熟、复种指数较高的特点，主要发展绿肥生产的方向是充分利用冬闲田，实行肥—稻—稻轮作制。为提升耕地质量打下基础。同时，充分利用旱坡、果、桑园地，间种覆盖绿肥，也是广东省绿肥种植主要方式。广东绿肥种植面积从20世纪50年代初的70多万亩到60年代中期达1 000多万亩，

70年代，冬种绿肥面积仍保持在400～700万亩。1980年以来，广东省冬种绿肥面积大滑坡，其原因是复杂的，并不是因为广东不宜种绿肥，也不是农民不愿种绿肥，从长远看，造成这一状况的原因，既有农村经营制度改革不完善所带来的农户生产行为短期化，掠夺地力，忽视对农业土壤的保护，又有由计划经济向市场经济转换以及市场经济条件下对农用耕地保护以及管理上的缺失；从近期看，绿肥生产经济效益低，综合利用价值没有得到充分发挥，农户种植的积极性不高。主要表现在以下5个方面。

一是目前农村大量人员外出务工，农民种粮积极性不高，种植绿肥又没有直接经济效益，所以致使绿肥面积大为减弱。

二是由于种质资源有限、留种方式落后及产业效益比较低等多方面原因，广东省绿肥留种生产基地和种子经营企业寥寥无几，大量绿肥种需要从外省调入。

三是随着近几年有关绿肥种植补贴项目的集中安排和公开招标方式的政府采购形式客观上推动绿肥种子价格逐年上涨。紫云英种子成本从2009年的15元/kg左右涨到了2019年的30元/kg左右，加上绿肥种子经营渠道的堵塞，很多地方无人经营绿肥种子，致使农民和合作社想种绿肥也买不到种子。

四是随着农业机械化技术的普及，水稻的收割几乎全为机械化收割，往往会形成比较宽的深沟，并埋压很大一部分绿肥幼苗，导致绿肥田出苗不够，生长较差的现象，对绿肥的传统种植造成了极大的影响。

五是目前绿肥作物种植利用处于既缺乏优良品种，又缺乏适应于当前生产条件的栽培管理与利用技术的状况。特别是随着农业供给侧改革的推进，原来的大宗作物改种果园、蔬菜，很多人不知道要种什么绿肥品种。

二、绿肥发展的对策措施

（一）加快绿肥产业综合开发和利用

广东省发展绿肥种植及相关产业开发和利用的总体思路是：深入贯彻落实科学发展观，按照政府引导、市场运作、政策扶持、规模发展的思路，坚持优质、高效、安全、生态的可持续发展方向。

1. 开辟有机肥源，降低农业生产成本，促进广东省耕地质量提升，改善生态环境

实践证明，仅靠化肥不能实现耕地质量和农田环境的持续改善。绿肥作物的种植利用是用地与养地、培肥地力、改良中低产田、建设高标准农田、增加作物产量的有效途径。绿肥根系的穿透能力和团聚作用，能够使土壤疏松，保水保肥能力增强，耕性变好，有利于改善土壤的理化性状，促进土壤微生物活动，维持和促进土壤养分平衡。

绿肥只需少量种子和肥料，就地种植，就地施用，人工和运输比化肥成本低，豆科绿肥可以从空气中固定氮素75～150 kg/hm²，相当于施用尿素225 kg、钙镁磷肥105 kg、氯化钾150 kg，节省了化肥生产所消耗的煤、电，同时减少大量二氧化碳及二

氧化硫的排放。能加速农业生态中的氮素循环，改善生态环境，也降低农业投入成本。

绿肥也可作为生产有机肥的原料。

2. 建立绿色和有机农产品生产基地，提高广东农产品竞争力

绿肥不仅改良土壤，大量增加土壤有机质，而且具有明显改善产品质量的效果，我国家畜养殖过程中普遍在饲料中添加大量重金属和抗生素，导致粪便中重金属和抗生素含量超标，因此，传统有机肥已经不是洁净的肥料，很难在改善耕地质量和农田环境，以及保障粮食安全、农产品质量和农业可持续发展中担当重任。绿肥是清洁的有机肥，没有化肥和畜禽粪便中可能存在的重金属、抗生素、激素等残留物，同时绿肥适应性较强，生长迅速，可以利用荒山、荒地种植，还可以利用空茬地进行间作、套种、混种及插种，就地施用，克服了农家有机肥体积庞大、运输不便的缺点，减少运输费用。同时各种绿肥的幼嫩茎叶含有丰富的养分，一旦在土壤中腐解能大大提高土壤中有机质、氮、磷、钾、钙、镁和各种微量元素的含量，能为农作物生长提供各种营养元素。不仅降低了农业生产成本，而且有助于改善农产品品质。化验结果表明，绿肥与施用化学肥料的稻米相比，支链淀粉、蛋白质以及赖氨酸、胶稠度等含量和指标都有明显上升的趋势。同时，米饭香气大、口味好，具有较强的商品优势。

随着人民生活水平的不断提高和消费观念的改变，食品消费已由温饱型向优质型转变，有利于人们健康的无污染、安全、优质营养的绿色有机食品越来越受到青睐。

因此建立广东省绿色和有机稻米、蔬菜、水果、茶叶等农产品生产基地，创建"绿肥+"产业产品品牌提高广东农产品竞争力。

3. 建立景观农业基地，促进美丽乡村建设

很多绿肥品种都具有开花鲜艳的特点，具有极高的观赏价值。比如：紫云英叶色碧绿，冬春常青，花色艳丽、花期较长，大田种植与绿色小麦、黄色油菜花相映成趣。依据国内外休闲旅游市场需求趋势，充分利用广东境内自然生态、人文历史等资源优势，倡导公共绿地和家庭庭院种植紫云英，提高城市紫云英绿化比重，开发乡村景观旅游、休闲旅游、特色旅游项目等。把紫云英基地与广东山水生态、人文景观、风土人情融于一体；规划新农村社区时强化乡村旅游标准体系建设，推出一批以田园风光为主的乡村观光型产品、以农事体验为主的乡村体验型产品、以体验度假为主的休闲型产品、以民俗活动为主的乡村风情型产品，进一步延伸紫云英产业链条，探索发展休闲生态旅游模式，进一步提高产业综合效益。在广东省国道、省道、高速公路沿线和风景区、旅游区所涉及的县区种植紫云英，在春暖花开的季节形成一道美丽的风景线。建设魅力广东，助推美丽乡村建设。

4. 做好"种子工程"，建立绿肥种子生产基地，增强广东省优良绿肥种子供给能力

大力发展绿肥种植，助力广东省农业绿色发展的基础工作是绿肥种子的供给，没

有种子谈发展绿肥生产则是一句空话。目前绿肥种子因种种原因数量不足，且种子价格居高不下。因此，根据广东省气候、土壤条件推广应用产出率高、效益好、适宜当地种植的优良品种，进一步扩大优良绿肥良种繁殖规模。鼓励和支持科研育种单位和企业联合积极培育、扩繁和推广新品种，打造优良品种品牌，逐步实现产学研相结合、育繁推一体化的良种繁育体系，提高种子专业化生产水平和综合生产能力。做好"种子工程"，建立绿肥种子生产基地，才能增强广东省优良绿肥种子的供给能力。

一要对现有种质资源收集、整理、提纯、复壮与新品种引进选育。首先，需要开展广东省绿肥种植品种的调查，收集、整理出一些目前在生产上应用较广、农民欢迎的绿肥品种，通过各种现代育种手段培育出一些性状更加优良的绿肥新品种；其次，对目前广东省已经繁育的紫云英品种（如粤肥二号）进行进一步提纯、复壮和选育，培育出更具有优良特性的紫云英新品种；最后，由于绿肥育种时间长，广东省现有工作基础不多，为了加快全省绿肥事业的发展，可以考虑从国内外引进一些适合广东省气候条件种植的绿肥新品种。通过引进、选育，以尽快培育出一些在生产上有应用前景的绿肥新品种，并进行推广应用。

二要建立具有宏观调控繁种和用种机制。广东省不是每个地区或农民都能进行绿肥品种繁育的，这需要省相关部门制定绿肥种子繁育中长期规划，政府出台相关扶持政策，鼓励和支持种子企业和农民，因地制宜，建立繁育基地，生产出来的种子政府实行最低保护价及时足额收购，及时调剂到有种子需要的地区，最大限度满足各地绿肥种植生产。同时，积极探索将绿肥种子生产优先纳入农业保险，降低绿肥留种风险，保障绿肥生产有充足的优质种质资源。

三要建立绿肥种子生产流通体系。绿肥要发展必须有健全的种子生产基地和相应的种子生产流通体系。科研单位要有一定面积稳定的种质资源圃，推广应用单位要有相对稳定的试验、示范基地。成熟的绿肥品种要有留种基地和种子生产、加工的流通体系，要出台优惠政策，鼓励种子生产企业从事绿肥种子生产、加工和经营。

5. 发挥好绿肥是种植业与养殖业共同发展的纽带

绿肥是种植业与养殖业共同发展的纽带。绿肥作物茎叶养畜、根茬还田，一举两得，效益成倍增长。作饲料时，茎叶中30%左右的养分被家畜吸收转化为肉、奶等动物蛋白。据测定，苕子干糠含粗蛋白16.14%、粗脂肪3.32%、粗纤维25.17%、无氮浸出物42.29%。绿肥的综合利用能够达到畜旺肥多、粮丰果茂，农牧业共同发展。

6. 加强农业结构调整，促进发展广东省现代农业

绿肥产业涉及有机农业、观光农业、出口创汇、医药保健、畜禽养殖、花蜜加工、蔬菜食用等领域，产业链长，附加值高。加快推进绿肥及相关产业的发展，能够调整广东省农业结构，提升特色优势产业，推进品牌农业建设向更高层次迈进；是加快全省经济发展方式转变、实现可持续发展的必然选择；是创造广东省农业竞争优势的迫切需要；是发展现代农业的战略途径。

（二）发展广东省绿肥产业综合开发和利用工作的主要措施

1. 强化组织领导，健全工作机制

各级人民政府要切实把绿肥产业发展作为当前农业发展的一件大事来抓，强化组织，加强领导，健全工作机制，明确责任分工，狠抓落实。要加强对绿肥产业发展服务体系建设以及人才、队伍建设，为绿肥产业发展提供有力保障，促进绿肥产业发展。

2. 加强政府规划引导，强化企业带动，优化产业布局

充分发挥政府对绿肥及其相关产业的推动作用，在政策、体制机制等方面营造有利于产业发展的良好环境，为绿肥及其相关产业的发展建立良好的支撑平台。发挥市场配置资源的基础性作用，使企业真正成为技术创新和产业化发展的主体，带动大户集中连片种植。

3. 加大财政支持

积极争取国家和地方财政对绿肥产业的项目资金支持，进一步完善落实农机购置、购买良种补贴政策，提高补贴标准。制定出台扶持发展绿肥及相关产业补贴政策。

4. 加强金融信贷支持，促使企业良性循环

积极探索建立绿肥产业化融资担保机制，引导和鼓励融资性担保机构积极开展对龙头企业的担保服务。

5. 加强宣传培训

各地在开展宣传培训时要扩展宣传理念，采取政府购买服务等方式，结合农业供给侧结构性改革，开展"科学施肥进万家"主题宣传活动，与电信、广播、电视、报刊、互联网等媒体充分合作，营造科学施肥的良好氛围。结合新型职业农民培训工程、农村实用人才、带头人素质提升计划，加大新型经营主体培训力度，着力提高种植大户、家庭农场、专业合作社种植绿肥的技术水平。

6. 强化科技创新，发挥科技优势

广东省种植绿肥虽然历史悠久，农户、企业、相关单位积累了许多宝贵经验，但在科技进步日新月异的今天，要把绿肥相关产业发展成为特色产业、优势产业、富民产业，必须加大科技投入，强化科技创新，研究切实可行的，符合广东省实际需要的新技术、新办法、新模式。

一是绿肥优质高产种植管理研究。包括：各种绿肥品种的最佳播期、播种方法和栽培模式研究；不同品种绿肥的混播技术与效果研究；绿肥与粮食作物的合理轮作或套种技术研究；绿肥种植与农业机械化技术等。

二是绿肥综合利用研究。包括：绿肥改良土壤综合效应；绿肥与畜牧业协调发展；绿肥还田对土壤微生物群落变化的影响；绿肥生长和还田过程中对污染土壤有机、

无机、有毒物的吸收、固定、降解或转化的作用机制；绿肥在化肥减量推动农业绿色发展，绿肥对新垦耕地土壤培肥，绿肥对提高农产品产量和质量的作用等。

7. 稳定健全的绿肥科技推广网络

建设健全的绿肥成果推广应用网络是绿肥发展的组织保障。绿肥生产涉及的地区广、面积大、人员多，为了加快绿肥科研成果的转化，需要地方各级人民政府和各级农技推广部门的密切配合。地方各级农技推广部门要有从事绿肥技术推广应用的相应组织机构，并有相应工作经费维持组织机构的运转。只有这样才能提高绿肥科研成果的推广应用效率，促进广东省绿肥产业的做大做强。

8. 创新绿肥生产管理模式

由于绿肥种植是"三分种、七分管"，播种后的管护尤为关键。在广东省除了传统种植管理经验外，应积极探索在新时期下的绿肥管理推广模式。采取政府财政补贴，由专业队伍全程托管，包括整地、播种、开沟、施肥、防病、翻压等一条龙技术服务，确保绿肥种植一片成功一片，为提升耕地地力和粮食安全提供保障。

第二章

广东耕地与绿肥区划

第一节　广东耕地基本情况

广东省地处中国内陆的最南部，东邻福建，北接江西、湖南，西连广西，南临南海，珠江口东西两侧分别与香港、澳门特别行政区接壤，西南部雷州半岛隔琼州海峡与海南省相望。全境位于北纬20°09′~25°31′和东经109°45′~117°20′。东起南澳县南澎列岛的赤仔屿，西至雷州市纪家镇的良坡村，东西跨度约800 km；北自乐昌市白石镇上垇村，南至徐闻县角尾乡灯楼角，跨度约600 km。北回归线从南澳—从化—封开一线横贯广东。截至2020年底，全省耕地面积2 593 148.32 hm²，其中，水田1 645 063.54 hm²，占全省耕地面积的63.44%；水浇地112 753.76 hm²，占4.35%；旱地835 331.02 hm²，占32.21%（表2-1）。

表2-1　广东省不同地类耕地面积

地类名称	面积（hm²）	比例（%）
水田	1 645 063.54	63.44
水浇地	112 753.76	4.35
旱地	835 331.02	32.21
合计	2 593 148.32	100.00

注：面积数据来源于2021年广东农村统计年鉴，实为2018年度土地变更调查数。下同。

全省耕地分布具有明显的区域差异，耕地分布较多的地区是粤北地区和粤西地区，面积分别为895 092.90 hm²和841 123.62 hm²，分别占全省耕地总面积的34.52%和32.44%；其次是珠三角地区，面积为602 518.88 hm²，占全省耕地总面积的23.24%；粤东地区耕地分布最少，面积为254 412.92 hm²，仅占9.81%。

2020年度全省县域耕地质量等级评价结果表明，2020年末全省平均耕地质量等级为4.23等。从耕地质量分布来看，以中高产田为主，评价为1～3等的耕地面积为1 070 525.52 hm²，占全省耕地总面积的41.28%；评价为4～6等的耕地面积为1 062 735.63 hm²，占40.98%；评价为7～10等的耕地面积为459 887.18 hm²，占17.73%。从区域分布来看，珠三角地区耕地质量等级最高，平均等级为3.80等；其次是粤北地区和粤东地区，分别为4.07等和4.37等；粤西地区的耕地质量等级最低，为4.69等（表2-2）。

表2-2　广东省不同区域耕地面积

区域	面积（hm²）	比例（%）	平均耕地质量等级
珠三角地区	602 518.88	23.24	3.80
粤东地区	254 412.92	9.81	4.37
粤西地区	841 123.62	32.44	4.69
粤北地区	895 092.90	34.52	4.07
合计	2 593 148.32	100.00	4.23

注：平均耕地质量等级数值越小，质量越高。

一、水田基本情况

（一）面积及分布

2020年末，全省水田面积1 645 063.54 hm²，其中珠三角地区面积400 942.70 hm²，占全省水田面积的24.37%，主要分布在广州番禺区、南沙区、中山市、江门市、惠州东江、西枝江江岸狭小平原区。粤东地区面积187 478.10 hm²，占11.40%，主要分布在潮汕平原、汕尾市台地平原区。粤西地区面积452 746.39 hm²，占27.52%，主要分布在茂名的鉴江、小东江、袂花江中下游平原区、廉江市浅海沉积平原九洲江冲积平原以及雷州市东西运河小平原。粤北地区面积603 896.35 hm²，占36.71%，主要分布在南雄盆地、兴宁盆地、始兴墨江平原、仁化董塘至县城一带的岩溶盆地、乳源桂头镇—乳城镇的丘陵平原地区、清新区南部平原区、罗定盆地。

（二）耕地质量

全省水田耕地质量等级较高，平均等级为3.30等。以中高等级为主，评价为1～3等的耕地面积为972 966.33 hm²，占全省水田面积的59.14%；评价为4～6等的耕地面积为548 747.46 hm²，占全省水田面积的33.36%；评价为7～10等的耕地面积为123 349.75 hm²，仅占7.50%。

（三）土壤类型

水田的土壤类型为水稻土，主要由坡积物、残积物、洪积冲积物、宽谷冲积物、河流冲积物以及滨海、三角洲沉积物等母质发育而成。按其发展条件、水耕熟化程度和土壤特性不同，划分为淹育型、潴育型、渗育型、潜育型、漂洗型、咸酸型和盐渍型水稻土7个亚类，44个土属。

二、旱地基本情况

（一）面积及分布

2020年末，全省旱地面积835 331.02 hm²，其中珠三角地区面积124 946.36 hm²，占全省旱地面积的14.96%，主要分布在顺德、南海、番禺、中山等地的基水地，冲积平原和河谷的沙坝地。粤东地区面积572 25.16 hm²，占6.85%，主要分布在丘陵地区的缓坡地、沿海地区海滩地。粤西地区面积375 233.72 hm²，占44.92%，主要分布在低山丘陵区的坡地、雷州半岛的台地丘陵、沿海地区海滩地。粤北地区面积277 925.78 hm²，占33.27%，主要分布在低山的坡地、丘陵地区的缓坡、石灰岩地区的石窿地、河流冲积的沙坝地等。

（二）耕地质量

全省旱地耕地质量等级较低，平均等级为6.17等。以中低等级为主，评价为1～3等的耕地面积为33 362.08 hm²，占全省旱地面积的3.99%；评价为4～6等的耕地面积为473 421.66 hm²，占全省旱地面积的56.67%；评价为7～10等的耕地面积为328 547.28 hm²，占39.33%。

（三）土壤类型

旱地的成土母质主要有花岗岩、砂页岩、变质岩、红色砂砾岩、第四纪红色黏土以及玄武岩风化物、石灰岩风化物及其坡积物、古浅海沉积物、河流冲积物、三角洲沉积物及谷底冲积物等。土壤类型可划分为潮土、粗骨土、紫色土、黄壤、砖红壤、红壤、赤红壤、滨海砂土和石灰土9个土类，潮土、湿潮土、酸性粗骨土、酸性紫色土、碱性紫色土、黄壤、黄色砖红壤、砖红壤、红壤、赤红壤、固定砂土、黑色石灰土和红色石灰土13个亚类，27个土属。

第二节　广东绿肥区划

一、绿肥资源分布概况

广东省绿肥资源丰富、种类繁多，但在农业生产实际栽培的绿肥作物品种不多。粤北连州、连南冬种紫云英已有200多年历史，但全省大面积种植是在20世纪60年代中期开始的，苕子种植在新中国成立前还是空白，20世纪50年代才推广，在湛江打下较好基础。夏季绿肥田菁、太阳麻、猪屎豆、木豆等在粤西种植较多。1980年全省绿肥种植面积19.51万hm^2，其中冬绿肥有11.51万hm^2、红萍1.31万hm^2、田菁0.33万hm^2、其他6.36万hm^2，平均16.3 hm^2耕地才有1 hm^2绿肥。

冬绿肥是广东省栽培面积最大的绿肥作物，专用绿肥以紫云英为主，分布在韶关、清远地区最多，其次是梅州、惠州、肇庆、佛山等地区。苕子分布在粤西地区较多，全省种植面积不大，但近几年种植面积有所恢复。20世纪80年代，乐昌市从江苏引进箭筈豌豆，经试种结果，有粗生、耐旱、耐瘠、易留种、鲜草产量高等优点，是粤北旱地栽培很有前途的冬绿肥品种。

冬种兼用绿肥蚕豆，主要分布在梅州地区。近年来惠州、肇庆、汕头、湛江亦有部分地区种植。豌豆则以清远、新兴、台山、阳春等市县栽培较多，都以收豆为主，兼轮作改土作用。

夏季绿肥在生产上常用的有田菁、太阳麻、木豆、山毛豆、猪屎豆、金光菊等。覆盖绿肥有毛蔓豆、狗爪豆、蓝花豆、印度豇豆、爪哇葛藤、铺地木蓝、热带苜蓿等，以湛江等地的种植较多。胶园、果园中小苗间种绿肥已有一定面积，稻田间种田菁于20世纪60年代，曾在全省推广，1970年达20万hm^2，1972—1975年保持26.67万～33.33万hm^2。

水生绿肥有红萍、水葫芦、水浮莲等。在珠江三角洲地区，佛山各区，增城、东莞一带历来都有放养的习惯。20世纪60年代中期，红萍面积达2万hm^2，到70年代中期稻田春萍放养面积曾达到33.33万hm^2高峰，1978年开始逐渐减少。

野生绿肥资源在广东省从北到南分布甚广，农民有采集作肥的做法。常用的野生绿肥有布荆、辣蓼、野烟、臭草、野芋、葛藤、苦楝、乌桕、飞机草、鸭脚木等。珠江三角洲沿海平原地区有野慈菇、白花草、大草、茜草、水草等。

二、绿肥区划的原则和依据

广东绿肥区划，可为辖区合理安排种植业和肥料规划、调整农作物布局与结构、建立用地养地相结合的种植制度提供科学依据，本区划遵循以下原则。

（1）土壤肥力与自然条件（降水、温度、地貌等）相对的一致性。

（2）社会经济条件（人均耕地、单产水平、农林牧业结构、商品肥料等）相对的一致性。

（3）作物布局（各种作物比例、熟制、栽培制度和种植方式、耕作措施等）和发展方向相对的一致性。

（4）在区界走向上，除个别地方外，基本保持县级行政区界的完整。

全省绿肥区划分为二级，即主区和亚区。主区主要按自然特点、地形、气候地带和绿肥的主要种类为依据，尽可能按原地区县界划分。一般以地理位置、地形及主要绿肥名称顺序命名。亚区则根据大致相同的地形、气候、土壤、耕作条件、绿肥种类、品种划分，并以地理名称、地貌、绿肥种类或品种依次命名。

三、全省绿肥区划分区概述

全省绿肥区划共分5个主区，12个亚区（表2-3）。

（一）粤北山、丘冬绿肥区

本区位于广东省北部，包括韶关市、清远市18个县（市、区），总面积35 145 km²，山地丘陵面积占80%，耕地面积471 274.65 hm²，其中水田294 217.03 hm²，旱地169 531.19 hm²，水浇地7 526.43 hm²。绿肥面积21 284.07 hm²，占耕地面积的4.52%。

本区是广东省冬绿肥面积最大的地区，以紫云英最多，萝卜青次之。1963年以前紫云英只限于北部连州、连山、连南等县（市）种植，1964年全面推广。20世纪60—70年代，冬绿肥面积占水田面积的30%～40%。从本区情况看来，发展绿肥条件较好。规划绿肥面积占耕地面积的23%～30%，即108 393.17～141 382.40 hm²。

1. 北部山、丘稻田冬绿肥亚区

包括清远市连山、连州、连南、阳山，韶关市武江、浈江、曲江、乐昌、仁化、始兴、南雄、乳源等12个县（市、区）。耕地面积275 306.33 hm²，其中水田175 749.27 hm²，旱地96 006.10 hm²，水浇地3 550.96 hm²。绿肥面积13 513.63 hm²，占耕地面积的4.91%。绿肥品种比较单一，以紫云英为主，其次是萝卜青。

本亚区种植绿肥历史悠久，经验比较丰富，应着重稳定面积，提高单产，规划绿肥面积在82 591.90～110 122.53 hm²，占耕地面积的30%～40%。20世纪80年代，乐昌市引种箭筈豌豆，表现良好，可作北部山区冬绿肥搭配品种，扩大种植面积。此外，亦可种植油菜花、蚕豆、豌豆，增加粮肥兼收绿肥面积。

2. 南部山、丘稻田冬绿肥亚区

包括清远市清城、清新、英德、佛冈，韶关市翁源等5个县（市、区）。耕地面积195 968.32 hm²，其中水田118 467.76 hm²，旱地73 525.09 hm²，水浇地3 975.47 hm²。绿肥面积7 770.44 hm²，占耕地面积的3.97%。

本亚区主要绿肥亦为紫云英。南部清城、清新、英德等县（市、区）有栽培红花豌豆习惯，宜适当扩大兼用绿肥面积，亦可采用紫云英或箭筈豌豆与萝卜青混播提高绿肥产量。规划绿肥面积占耕地面积的15%～20%，即29 395.25～39 193.66 hm²。

（二）粤东山、丘、平原稻田冬绿肥区

本区位于广东省东江、韩江流域，包括惠州、河源、梅州、汕头、汕尾、潮州、揭阳等地市。耕地面积714 828.99 hm²，其中水田511 573.27 hm²，旱地175 929.02 hm²，水浇地27 326.70 hm²。绿肥面积17 436.33 hm²，占耕地面积的2.44%。

本区绿肥作物以粮肥兼用蚕豌豆种植面积较大，尤其以兴宁市栽培历史长、种植面积大，梅州地区蚕豌豆在1972年发展最高达3.6万 hm²，占水田面积的30%。东江流域河源龙川及潮汕地区潮阳、潮安也有一定栽培面积。

紫云英在20世纪60年代有过较大发展，梅州地区最高年份占水田面积的25%～30%；潮汕地区约占耕地面积的20%。早稻间种田菁亦为本区主要绿肥之一，东江流域各县1975年占水田面积的20%，潮汕地区70年代占水田面积的18%。

鉴于本区大部分丘陵山地土壤肥力差、低产田多的情况，规划绿肥面积占耕地面积的10%～18%，即71 482.90～128 669.22 hm²。

1. 东江山、丘稻田冬夏绿肥亚区

包括韶关市新丰，惠州市惠城、惠阳、博罗、惠东、龙门，河源市源城、紫金、龙川、连平、和平、东源等12个县（区）。耕地面积298 171.12 hm²，其中水田198 680.10 hm²，旱地86 129.51 hm²，水浇地13 361.51 hm²。绿肥面积6 306.59 hm²，占耕地面积的2.12%。

本亚区以紫云英冬绿肥较多，及蚕豌豆兼用绿肥。近年来部分地区种植油菜集观赏和培肥地力之用途。规划绿肥面积占耕地面积的10%～20%，即29 817.11～59 634.22 hm²。

2. 梅州山、丘稻田冬绿肥亚区

包括梅州市梅江、梅县、大埔、丰顺、五华、平远、蕉岭、兴宁等8个县（市、区）。耕地面积162 244.95 hm²，其中水田125 415.07 hm²，旱地32 574.35 hm²，水浇地4 255.53 hm²。绿肥面积8 059.71 hm²，占耕地面积的4.97%。

本亚区农民素有种植蚕豌豆兼用绿肥的习惯，20世纪60年代以来紫云英发展很快，1965—1974年间冬绿肥总面积为4.00万～5.33万 hm²，占水田面积的30%～50%，其中蚕豌豆1.33万～2.00万 hm²，近年来部分地区还种植油菜。

本亚区黄泥田多，土壤有机质少，水土流失严重，中低产田面积相对较大。为此，除积极恢复和稳定蚕豌豆面积外，部分中低产田种植紫云英、油菜。规划绿肥面积占耕地面积的20%～30%，即32 448.99～48 673.49 hm²。

3. 潮汕平原稻田冬绿肥亚区

包括汕头市、汕尾市、潮州市、揭阳市下辖19个县（市、区）。耕地面积254 412.92 hm²，其中水田187 478.10 hm²，旱地57 225.16 hm²，水浇地9 709.66 hm²。绿肥面积3 070.03 hm²，占耕地面积的1.21%。

本亚区人多耕地少，土壤比较肥沃，冬季需种植一部分粮食和经济作物。但亦还有一部分冬闲田可利用种植冬绿肥蚕豌豆或紫云英、油菜、苕子等。规划绿肥面积占耕地面积的5%～10%，即12 720.65～25 441.29 hm²。

（三）珠江三角洲冬、夏水生绿肥区

本区位于广东省中部，主要包括广州、佛山、东莞、深圳、中山、珠海以及江门蓬江、江海、新会等地区。耕地面积304172.97 hm²，其中水田206 604.06 hm²，旱地37 809.20 hm²，水浇地59 759.71 hm²。绿肥面积2 765.85 hm²，占耕地面积的0.91%。

绿肥生产在解放初期面积不大，20世纪60年代开始，冬绿肥首先推广紫云英，以及逐步发展苕子。夏绿肥品种主要有田菁、太阳麻、山毛豆等，其中田菁面积最大。20世纪60年代以来，早稻间种田菁发展很快，仅佛山地区在1975年已达13.8万hm²。红萍在珠江三角洲水网地区，有放养习惯，1976年达6.67多万hm²；其次水浮莲、水葫芦等水生植物，多作饲料肥料兼用，全区规划绿肥面积占耕地面积的12%～17%，即36 500.76～51 709.40 hm²。

1. 珠江东部丘稻冬、夏水生绿肥亚区

包括广州市花都、增城、从化以及深圳市、东莞市等市（县、区）。耕地面积61 414.01 hm²，其中水田33 714.56 hm²，旱地2 828.54 hm²，水浇地24 870.91 hm²。绿肥面积519.92 hm²，占耕地面积的0.85%。

绿肥生产冬绿肥以紫云英较多，夏绿肥以田菁为主。大面积推广早稻间种田菁，甘蔗地间种田菁和太阳麻。水生绿肥则以红萍为主，是广东省红萍生产老区之一。规划绿肥面积占耕地面积的10%～15%，即6 141.40～9 212.10 hm²。

2. 珠江沙围田冬、夏水生绿肥亚区

本亚区位于珠江三角洲平原沙围田水网地区，包括广州市白云、黄埔、番禺、南沙，佛山市禅城、南海、三水、顺德、江门市蓬江、江海、新会、中山市、珠海市的15个（县、区）。耕地面积107 497.01 hm²，其中水田66 348.91 hm²，旱地9 156.14 hm²，水浇地31 991.96 hm²。绿肥面积938.46 hm²，占耕地面积的0.87%。

本亚区为广东省水稻主产区，是重要的商品粮基地，也是蔗糖、蚕桑、水果、塘鱼的重要生产基地。绿肥生产基础比较薄弱，但水生绿肥比较普遍。自20世纪60年代以来，冬绿肥紫云英有所发展；夏绿肥田菁种植面积较大，"早稻间种田菁，晚稻套种紫云英"被称为"两禾两肥"耕作制，对培肥地力、水稻增产起到良好作用。规划绿肥面积占耕地面积的15%～20%，即16 124.55～21 499.40 hm²。

3. 珠江西部丘稻冬、夏水生绿肥亚区

包括江门市台山、开平、鹤山、恩平4个县级市。耕地面积135 261.95 hm²，其中水田106 540.59 hm²，旱地25 824.52 hm²，水浇地2 896.84 hm²。绿肥面积1 307.47 hm²，占耕地面积的0.97%。

本亚区多为平缓的低丘和岗地，生产潜力大，具有农、林、牧、副、渔全面发展条件。20世纪60年代的绿肥生产，紫云英、田菁有较大的发展；也有部分地区放养红萍，南部台山一带有种植豌豆及小面积冬大豆。规划绿肥面积占耕地面积的10%～15%，即

13 526.20 ~ 20 289.29 hm²。

（四）西江山、丘冬、夏绿肥区

本区位于广东省西北部，包括肇庆、云浮地区13个县（市、区）。耕地面积261 748.09 hm²，其中水田179 922.79 hm²，旱地76 827.89 hm²，水浇地4 997.41 hm²。绿肥面积6 980.60 hm²，占耕地面积的2.67%。

本区山地、丘陵占总土地面积的七成，水土流失严重，山坑田旱坡地较多。从20世纪60年代开始绿肥生产大力发展紫云英为主的专用冬绿肥，1966年达10.2万hm²；大多数年份保持6万 ~ 8万hm²，占耕地面积的20% ~ 30%。蚕豌豆面积最多的1977年达2.2万hm²，20世纪80年代每年一般在1万hm²左右。夏绿肥田菁发展以1975年最高，达1.67万hm²；1976年红萍达4.73万hm²。保持和恢复一定的绿肥面积、培肥地力，实为本区不可忽视的增产措施之一，发展重点应在冬闲田种植紫云英、油菜、苕子。北部蚕豆有新发展，南部豌豆、冬大豆，亦颇受欢迎。规划绿肥面积占耕地面积的12% ~ 17%，即31 409.77 ~ 44 497.18 hm²。

1. 西江北部山、丘稻田冬夏绿肥亚区

包括肇庆市广宁、怀集、封开、德庆、四会5个县（市）。耕地面积114 117.44 hm²，其中水田75 644.27 hm²，旱地36 250.28 hm²，水浇地2 222.89 hm²。绿肥面积3 601.13 hm²，占耕地面积的3.16%。

绿肥生产中，专用绿肥以紫云英、苕子为主；兼用绿肥蚕豆。规划绿肥面积占耕地面积的15% ~ 20%，即17 117.62 ~ 22 823.49 hm²。

2. 西江南部山、丘稻田冬夏绿肥亚区

包括佛山市高明，肇庆市端州、鼎湖、高要，云浮市云城、云安、新兴、郁南、罗定9个县（市、区）。耕地面积147 630.65 hm²，其中水田104 278.52 hm²，旱地40 577.61 hm²，水浇地2 774.52 hm²。绿肥面积3 379.47 hm²，占耕地面积的2.29%。

由于开荒，破坏植被，土壤肥力差、水土流失严重。冬绿肥紫云英较多，兼用豌豆面积也较大，冬大豆在罗定南部面积0.27多万hm²。规划绿肥面积占耕地面积的10% ~ 15%，即14 763.07 ~ 22 144.60 hm²。

（五）粤西山、丘夏冬绿肥区

本区包括湛江、茂名、阳江地区18个县（市、区）。耕地面积841 123.62 hm²，其中水田452 746.39 hm²，旱地375 233.72 hm²，水浇地13 143.51 hm²。绿肥面积3 211.07 hm²，占耕地面积的0.38%。

本区旱坡地比重大，土壤多为砂质土，有机质缺乏，绿肥改土效果显著，后备土壤资源丰富。夏季绿肥有田菁、太阳麻、木豆、蓝靛、猪屎豆等。可充分利用旱坡地及果、茶园间种。推广冬绿肥，北部除紫云英外，还有少量豌豆。南部及雷州半岛以苕子

较适宜，冬大豆在鉴江平原、漠阳江流域有种植习惯，但产量低而不稳。规划绿肥面积占耕地面积的8%～12%，即67 289.89～100 934.83 hm²（表2-3）。

1. 鉴、漠平原稻田夏、冬绿肥亚区

包括茂名市、阳江市以及湛江市吴川的10个县（市、区）。耕地面积404 314.91 hm²，其中水田284 615.16 hm²，旱地118 490.20 hm²，水浇地1 209.55 hm²。绿肥面积1 331.60 hm²，占耕地面积的0.33%。

绿肥生产推广紫云英、苕子。北部部分地区种植豌豆，冬大豆在这一地区历史上有栽培习惯，鉴江平原面积最大，夏绿肥田菁、太阳麻等有一定面积。规划绿肥面积占耕地面积的10%～15%，即40 431.49～60 647.24 hm²。

2. 雷州半岛台地稻田夏、冬绿肥亚区

包括湛江市赤坎、霞山、坡头、麻章、遂溪、徐闻、廉江、雷州8个县（市、区）。耕地面积436 808.71 hm²，其中水田168 131.23 hm²、旱地256 743.52 hm²、水浇地11 933.96 hm²。绿肥面积1 879.47 hm²，占耕地面积的0.43%。

本亚区除廉江中北部丘陵和雷州中部一部分冲积平原外，全部属于100 m的台地，蒸发量大于降水量，水源不足，是广东省较干旱农业区。夏季绿肥主要有田菁、木豆、山毛豆、太阳麻、蓝靛、毛蔓豆、豇豆等。亦有部分胶园间种覆盖绿肥爪哇葛藤、山毛豆等；冬大豆20世纪80年代逐步扩大种植面积。苕子在20世纪60年代试种效果良好，应逐步恢复种植。规划绿肥面积占耕地面积的5%～10%，即21 840.44～43 680.87 hm²。

表2-3 广东省绿肥区划分区耕地及绿肥面积

编号	分区、亚区名称	耕地面积（hm²）				2021年绿肥		规划绿肥	
		合计	水田	水浇地	旱地	面积（hm²）	占耕地（%）	面积（hm²）	占耕地（%）
一	粤北山、丘冬绿肥区	471 274.65	294 217.03	7 526.43	169 531.19	21 284.07	4.52	108 393.17～141 382.40	23～30
1	北部山、丘稻田冬绿肥亚区	275 306.33	175 749.27	3 550.96	96 006.10	13 513.63	4.91	82 591.90～110 122.53	30～40
2	南部山、丘稻田冬绿肥亚区	195 968.32	118 467.76	3 975.47	73 525.09	7 770.44	3.97	29 395.25～39 193.66	15～20
二	粤东山、丘、平原稻田冬绿肥区	714 828.99	511 573.27	27 326.70	175 929.02	17 436.33	2.44	71 482.90～128 669.22	10～18

（续表）

编号	分区、亚区名称	耕地面积（hm²）				2021年绿肥		规划绿肥	
		合计	水田	水浇地	旱地	面积（hm²）	占耕地（%）	面积（hm²）	占耕地（%）
1	东江山、丘稻田冬、夏绿肥亚区	298 171.12	198 680.10	13 361.51	86 129.51	6 306.59	2.12	29 817.11～59 634.22	10～20
2	梅州山、丘稻田冬绿肥亚区	162 244.95	125 415.07	4 255.53	32 574.35	8 059.71	4.97	32 448.99～48 673.49	20～30
3	潮汕平原稻田冬绿肥亚区	254 412.92	187 478.10	9 709.66	57 225.16	3 070.03	1.21	12 720.65～25 441.29	5～10
三	珠江三角洲冬、夏水生绿肥区	304 172.97	206 604.06	59 759.71	37 809.20	2 765.85	0.91	36 500.76～51 709.40	12～17
1	珠江东部丘稻冬、夏水生绿肥亚区	61 414.01	33 714.56	24 870.91	2 828.54	519.92	0.85	6 141.40～9 212.10	10～15
2	珠江沙围田冬、夏水生绿肥亚区	107 497.01	66 348.91	31 991.96	9 156.14	938.46	0.87	16 124.55～21 499.40	15～20
3	珠江西部丘稻冬、夏水生绿肥亚区	135 261.95	106 540.59	2 896.84	25 824.52	1 307.47	0.97	13 526.20～20 289.29	10～15
四	西江山、丘冬、夏绿肥区	261 748.09	179 922.79	4 997.41	76 827.89	6 980.60	2.67	31 409.77～44 497.18	12～17
1	西江北部山、丘稻田冬、夏绿肥亚区	114 117.44	75 644.27	2 222.89	36 250.28	3 601.13	3.16	17 117.62～22 823.49	15～20
2	西江南部山、丘稻田冬、夏绿肥亚区	147 630.65	104 278.52	2 774.52	40 577.61	3 379.47	2.29	14 763.07～22 144.60	10～15

（续表）

编号	分区、亚区名称	耕地面积（hm²）				2021年绿肥		规划绿肥	
		合计	水田	水浇地	旱地	面积（hm²）	占耕地（%）	面积（hm²）	占耕地（%）
五	粤西山、丘夏、冬绿肥区	841 123.62	452 746.39	13 143.51	375 233.72	3 211.07	0.38	67 289.89 ~ 100 934.83	8 ~ 12
1	鉴、漠平原稻田夏、冬绿肥亚区	404 314.91	284 615.16	1 209.55	118 490.20	1 331.60	0.33	40 431.49 ~ 6 0647.24	10 ~ 15
2	雷州半岛台地稻田夏、冬绿肥亚区	436 808.71	168 131.23	11 933.96	256 743.52	1 879.47	0.43	21 840.44 ~ 43 680.87	5 ~ 10
	合计	2 593 148.32	1 645 063.54	112 753.76	835 331.02	51 677.92	1.99	315 076.49 ~ 467 193.03	12.15 ~ 18.02

注：面积数据来源于2021年广东农村统计年鉴，数据为2018年度土地变更调查数。

第三章

绿肥作物的分类与应用

第一节 绿肥作物分类

利用栽培或野生的绿色植物体直接或间接作为肥料，这种植物体称为绿肥。绿肥的种类很多，根据分类原则不同，有下列各种类型的绿肥。

一、按绿肥作物来源

1. 栽培绿肥

指人工栽培的绿肥作物，如紫云英、苕子、油菜等，是绿肥的主体。

2. 野生绿肥

指非人工栽培的野生植物，如杂草、树叶、鲜嫩灌木等。

二、按植物学科

1. 豆科绿肥

其根部有根瘤，根瘤菌有固定空气中氮素的作用，如紫云英、黄豆、豌豆等。

2. 非豆科绿肥

指一切没有根瘤的，本身不能固定空气中氮素的植物。非豆科绿肥包括的科属很多，最常用的有禾本科，如黑麦草；十字花科，如肥田萝卜；菊科，如肿柄菊、小葵子；槐叶萍科，如满江红；雨久花科，如水葫芦；苋科，如水花生等。

三、按绿肥生长季节

1.冬季绿肥

指秋冬播种，第2年春夏收割的绿肥，它的整个生长期有一半以上是在冬季。例如紫云英、苕子、蚕豆等。

2.夏季绿肥

指春夏播种，夏秋收割的绿肥，如田菁、柽麻、竹豆、猪屎豆等。

3.春季绿肥

为早春播种，在仲夏前利用，它的生长期一半以上在春季。

4.秋季绿肥

指在夏季或早秋播种，冬前翻压利用，它的生长期主要在秋季。

四、按生长期长短

1.一年生或越年生绿肥

如柽麻、竹豆、豇豆、苕子等。

2.多年生绿肥

为栽种利用年限在一年以上的绿肥，又称为长期绿肥。常种在荒地、坡地、沟边、路边等农田隙地，如山毛豆、木豆、银合欢等。

3.短期绿肥

指生长期很短的绿肥，如绿豆、黄豆等。

五、按生态环境

1.水生绿肥

如水花生、水葫芦、水浮莲和绿萍。

2.旱生绿肥

指一切旱地栽培的绿肥。

3.稻底绿肥

指在水稻未收前种下的绿肥，如紫云英、苕子等。

六、按绿肥的用途

1. 肥用绿肥

根据所施对象可分为稻田、果、茶、桑园等绿肥。

2. 兼用绿肥

根据所兼用途，有覆盖绿肥、改土绿肥、防风固沙绿肥、遮阴绿肥及绿化净化环境绿肥等，此外还有肥、饲兼用，肥、粮兼用，肥、副兼用等。

第二节　种植方式

经过长期实践，广东绿肥种植模式是多样的，总结起来主要有以下种植模式。

一、单作绿肥

即在同一耕地上仅种植一种绿肥作物，而不同时种植其他作物。如在冬闲田或开荒地上先种一季或一年绿肥作物，以便增加肥力和土壤有机质，以利于后作。

二、间种绿肥

在同一块地上，同一季节内将绿肥作物与其他作物相间种植。如在玉米行间种黄豆、绿豆、豇豆，果树间种箭筈豌豆等。间种绿肥可以充分利用地力，做到用地养地，如果是间种豆科绿肥，可以增加主作物的氮素营养，减少杂草和病害。

三、套种绿肥

在主作物播种前或在收获前在其行间播种绿肥。如在晚稻乳熟期播种紫云英或苕子等。套种除有间种的作用外，还有使绿肥充分利用生长季节，延长生长时间，提高绿肥产量的作用。

四、混种绿肥

在同一块地里，同时混合播种2种以上的绿肥作物，例如红花草（即紫云英）、黄花油菜、萝卜青的三花混播，紫云英或苕子与油菜混播等。群众说："种子掺一掺，产量翻一番。"豆科绿肥与非豆科绿肥，蔓生与直立绿肥混种，使互相间能调节养分，蔓生茎可攀缘直立绿肥，使田间通风透光。所以混种产量较高，改良土壤效果较好。

五、复种绿肥

在作物收获后，利用短暂的空余生长季节种植1次短期绿肥作物，以供下季作物作基肥。一般是选用生长期短、生长迅速的绿肥品种，如绿豆、柽麻、绿萍等。这种方式的好处在于能充分利用土地及生长季节，方便管理，多收一季绿肥，解决下季作物的肥料来源。

第三节　适合广东种植的绿肥品种

绿肥是广东省传统农业的精华，是实现耕地用养结合、农业清洁生产的重要技术体系。绿肥作物在培养土壤肥力、提高作物产量、减少化肥使用量、固氮、吸碳、节能减耗等方面具有极大的优势。广东省气候条件优越，属热带、亚热带地区，亚热带地区的内陆绝大部分夏热冬凉，气温高，雨量多，植被种类繁多，四季常青，整年都宜种植各种绿肥作物。土地资源丰富，每年有大量冬闲田，可以利用种植各种冬、春季专用或兼用绿肥作物，有大块丘陵、荒地、荒山，可因地制宜充分利用种植各种绿肥、饲草作物，建立既是肥料又是饲料的永久性绿肥基地，还可利用果、茶、桑、蔗、药园的空隙土地间、套、混、轮、插种各种短（长）期专用或兼用绿肥饲料作物；还有沿海滩涂地种植耐盐绿肥饲草作物。固氮绿肥种类较多，长期生产实践证明，在广东省栽培的种类繁多的绿肥品种中，绝大多数属豆科绿肥作物。这些豆科绿肥作物是固氮的生物资源，可扬长避短、因地制宜地发挥优势，大力推广种植，为提供牲畜饲料和土壤发育与地力增长提供物质基础。

一、紫云英

紫云英（*Astragalus sinicus*）的别名、俗名很多，称为肥田草、肥田草子、红花菜、红花草、莲花草（俗称）、花草子、花草（宁波，绍兴）、草子（浙江）、翘摇等。属于黄芪属（*Astragalus*），又名紫云英属，在中国豆科植物中是一个大属（图3-1）。在世界上约有1 600种，主要分布于北温带，多在亚洲中部与西部。在俄罗斯境内有849种，200种见于北美洲、南美洲和澳大利亚，中国有130多种，广东的连州、连南2个县已有200多年栽培史，新中国成立后，2个县都常年保持20万亩左右，中南部地区，亦有20多年或更长的种植史。1965年全省种植1 084.5万亩左右，至目前仍为全省绿肥种植面积最大年份。

图3-1 紫云英

（一）生物学特性

冬种越年生豆科草本绿肥作物。性喜温暖、湿润，怕干旱、忌涝渍，尤其发芽后幼苗及后期不能受浸。苗期喜荫蔽环境，对土壤要求稍肥一些。其生长特点是春前生长慢、春后生长快，接根瘤菌拌磷、钾、钼，能促其生长壮旺（图3-1）。

在广东的生育期为170～190 d，10月播种，翌年3月中下旬可以收绿肥，4月中旬可收种子。一般亩产绿肥鲜草1.5～4.0 t，高的达3.0～3.5 t，甚至5 t以上。

（二）植物学形态

紫云英主根直下肥大，须根极发达。茎直立或匍匐塌在地上，茎高一般30～40 cm，中、迟熟种高达100 cm，或以分枝多，有毛。叶有长叶柄，奇数羽状复叶，具有7～13枚小叶，叶小，全缘，倒卵形，有椭圆形，顶部稍有缺刻，基部楔形，长5～15 mm，宽3～8 mm。叶表面有光泽，先端稍尖。单个伞状花序，腋生，有3～14朵花，簇生在花柄上，花排列成轮状，总状花梗长3.5～15.0 cm，翘然矗立。苞片三角卵形，被硬毛。萼钟状，外面被长硬毛，长6 mm，萼齿等于萼全长的1/2或不到1/2，花色为淡紫红至紫红，间中有白色。旗瓣倒心脏形，两侧外卷，中部有条纹，翼瓣白色，斜截形，龙骨瓣，较翼瓣为长而阔，子房、花柱与柱头都无毛。荚果长圆形，通常膨胀，稍弯，无毛，顶端有喙，基部有短子房柄，子房柄比萼稍短，无毛。果瓣有隆起的网脉，成熟时黑色，长1.2～2.0 cm，宽0.4 cm。每荚含种子4～5粒，多至7～10粒不等。籽实肾状，细小，种皮有光泽，黄绿至黑色。千粒重为3.4～3.7 g，每0.5 kg有13万～15万粒。

（三）综合利用

1. 作饲料利用

由表3-1可知，紫云英是一种优质的饲料作物。其体内含有的糖类、蛋白质、脂肪、维生素、矿物质等都是禽、塘鱼的优质青饲料。如改变绿肥传统翻压不够经济的单一利用方式，积极推广"过腹肥田"办法，先把绿肥转化为人类直接利用的畜产品，然后以畜粪肥田，做到既是肥料基地，又是饲料基地，走农牧结合、肥饲兼用道路。这是一种利用绿肥发展商品，搞活经济的好办法。据试验结果：紫云英喂猪后，从猪粪中还可回收氮、磷、钾分别为75.6%、86.2%、77.8%。把1 250 kg新鲜紫云英直接施用，亩增产稻谷38.9 kg。若先喂猪后施猪粪，亩增产稻谷为27.05 kg。施用猪粪比直接施用虽少收稻谷11.85 kg，但用1 250 kg紫云英喂三头肉猪，在2个星期内增重26 kg，如用晒干草粉喂猪，每1.9 kg干粉就长0.5 kg猪肉。由此可见，紫云英通过喂猪再肥田，比直接施用能够得到更大的经济效益。

表3-1　紫云英的饲料成分　　　　　　　　　　　　　　　　　　单位：%

项目	水分	粗蛋白	粗脂肪	粗纤维	无氮浸出物	灰分	钙	干物质
鲜料	86.60	3.19	0.90	2.19	6.04	1.08	0.30	13.40
干料	12.03	22.27	4.79	19.53	33.54	7.84	1.32	87.97

紫云英绿肥作饲料，可用鲜料生喂或熟喂，也可青贮、干贮或晒干制粉饲喂。

（1）生喂。紫云英幼嫩多汁、粗纤维少、适口性好，消化利用率高。可把鲜草割回并洗净铡碎晾干生喂猪（家禽）。这是目前全面推广多养猪（塘鱼）喂饲的好办法，且可节约燃料、降低成本。但小猪用量要少些，特别母猪在受孕前期2.5个月期间可喂用80%，以后逐渐减少，到产前、产后各20 d内应停止掺用，以防流产和发生乳房炎。中猪、肥猪可掺用40~70 kg/头。

（2）熟喂。把鲜草茎叶切碎（或用打浆机）后与其他饲料（如玉米糠等）一起煮熟喂饲。在养猪少的地区仍可采用。但不宜煮得过久，既耗燃料，又会变味，破坏营养。

（3）青贮。由于绿肥收割有季节性，为调剂淡旺季余缺，做到常年有料供饲，四季不断青料，应贮存一部分。即是将新鲜绿肥饲料直接封存起来，较长期地保持营养价值和多汁性。青贮窖的大小视原料多少而定，一般为直径1 m、深1 m的圆形窖，一家一户的也可用石制或陶制水缸贮存。具体要求是：

①窖址选择：应选择地势高，干燥向阳，地下水位低，土质坚实，离猪舍较近的地方。

②青料水分：选择晴天收割绿肥，晾晒至含水量65%~70%为宜。简易的鉴别方法是：用手握紧一把青料，手指缝间能见水珠而不滴正好。有水滴下为水分过多，应晾晒；见不到水珠就表示水分少，应洒水。

③青料切碎：要切成长6.7 cm以下，越短越好，汁液流出快，易压紧，有利于乳酸菌繁殖和牲畜采食、消化。切碎的青料应处理洁净，除去泥、石等杂物。

④适加食盐：每500 kg青料要加食盐2.5 kg，如水分含量超过79%，应加5%的玉

米糠。

⑤及时装窖：边装边压，压得越紧越好（包括窖壁和四角），装窖时当天踏实，待窖内自然下沉时，就继续加满踏实。这样可连续3～5 d，直至不下沉为止后覆盖塑料薄膜，封闭紧密，再加33 cm左右厚的土密封成凸顶，拍实打光滑。窖的四周要开好排水沟，以防雨水浸入。

⑥取用喂饲：绿肥青贮15 d左右，发酵成熟，颜色呈青绿或黄绿色，有酒香酸味，结构紧密而湿润，即可根据需要，开窖逐层取用，不可全窖乱翻，取后要及时封密。取出的青贮料，可搭配其他饲料直接按猪的吃量喂饲，当天吃完。一般不作其他加工处理。

（4）干贮

①自然干燥法：以棚架晾晒法最好，因为通风，阳光照射好，水分蒸发快，营养损失小，可使青料的含量很快由85%左右降到17%以下。

②地面晒干法：一定要选择大晴天收割，运回晒场摊成薄层，平铺，暴晒1 d，使水分降到40%左右，然后堆成小堆或扎成小把晾晒4～5 d后即可置于干燥通气处贮存，并要严防雨淋和受潮。

③晒干制粉：如天气条件好，可将紫云英晒干制成干粉当饲料。一般50 kg鲜草可晒制干粉5 kg左右，0.5 kg干粉可代玉米糠0.35 kg。

2. 作肥料利用

从表3-1数据可知紫云英是一种优质的有机肥料，作肥料使用时要注意以下几点。

在早稻田压青首先要适时，应掌握紫云英早、中、迟熟品种，在3月中下旬花盛开时期进行压青，鲜草产量最高，养分总量最丰富。具体压青时间，还要根据广东省早稻插秧前有10～15 d的沤田时间原则下，尽量做到盛花期收割压青。要使翻压后的养分腐解释放与早稻需肥时期相吻合，因紫云英的有机氮转化为铵态氮的高峰是在压青后15～30 d为最高积累量。并要结合土壤情况，如浅脚田、土质砂质、土温高、通气好、微生物活动旺盛，紫云英（嫩）分解快，可迟压青；土质黏、冷性大、土温低、通气不良，微生物活动不旺盛，紫云英分解较慢，应早压青。总之，压青过早或过迟均不宜。"过早（嫩）一泡水"，因缩短了绿肥田间生长期，产量肥效均低，特别是广东省春雨多，肥分容易流失；"过迟（老）一把渣"，绿肥老化，不易沤烂分解，造成土壤中的有效养分前期太少，而绿肥后期分解养分太多，容易使早稻前期迟发，后期猛发，会导致贪青倒伏，病害和秕粒增多，降低产量（表3-2）。

表3-2　紫云英的养分含量　　　　　　　　　　　　　　　　单位：%

项目	水分	氮（N）	磷（P_2O_5）	钾（K_2O）	有机质
鲜草（盛花期）	82.00	0.34～0.45	0.084～0.10	0.35～0.37	11～17
干草	16.70	2.67～2.75	0.50～0.66	1.91～2.00	65～76

（1）压青用量。根据广东省多地紫云英压青试验表明，水稻产量随紫云英压青量递增而提高，其中亩压青1 500 kg的试验区产量最高，超越这个界限的压青量的水稻产量不但不会递增，反而逐步下降，亩压2 500 kg试验区水稻产量最低，甚至比空白区还低。这就说明了紫云英压青量并不是越多越好，对一般土壤肥力的田块，亩用鲜草量为1.0～1.5 t比较适合，超过部分则割作饲料或实行"花草搬家"施于非绿肥田或用于"泡青沤肥"以扩大施肥面积，达到"一季绿肥两季用"的效益。但压青量还要看水稻品种特性、土质肥瘦、沙黏、耕层厚薄。翻压沤田时间长短和是否属绿肥田或晒冬田，而有所增减。对耐肥高产矮秆的中、迟熟水稻品种，在土质较瘦、质地黏重、耕层深厚时，翻压沤田时间可长些。晒冬田，可适当增加压青量，不耐肥的低产高秆品种，土质较肥，但土层浅薄，翻沤时间短或本身是绿肥田，压青量可以少些。

（2）压青方法。对稻田的压青方法，应把绿肥鲜草割下，铡成16～20 cm长，均匀撒铺田面，晒1～2 d，使绿肥失去1/5～1/4水分，用耙压下或用圆盘耙1～2次后机耕翻压。一般翻压深度为6～10 cm。压青后，待田水发黑时即可整田插秧。秧苗回青后，控制浅灌水并适当早露田，特别要注意早中耕、深中耕。

①适施石灰：为了提高绿肥肥效，中和酸性及缓和还原性有害物质的生成，一般每压鲜重500 kg紫云英需撒石灰15～25 kg，若增加鲜重250 kg要递增石灰7.5～10.0 kg。如土壤pH值在5.5以下或压青后有大量还原性物质生成，还应酌情增加石灰用量。

②配施氮磷钾：由于紫云英绿肥含氮较多，磷、钾较少，碳氮比少，纤维素少。因此，除插秧前应适量施用尿素2.5～4.0 kg作为面层肥，以提高绿肥的肥效外，需结合科学施肥进行氮素调控，亩施磷肥10～15 kg、钾肥5～10 kg，搭配混施非豆科绿肥的萝卜青、油菜，以及配施碳氮比值大的秸秆等有机肥料，可改善水稻对营养的平衡吸收，能调节水稻各期过多和过猛的氮素供应量。

3. 作蔬菜食用

不少地区有将紫云英作蔬菜食用的习惯。在初花之前摘其尾部10～16 cm嫩绿茎叶，炒食或煮瘦肉（鸡蛋）汤，风味甚佳。

4. 作蜜源利用

紫云英是主要蜜源植物之一，不仅栽培面积广生产量巨大，而且其蜜和花粉的质量也高。紫云英蜜销售价比一般蜜高25%。紫云英用作蜜源的成分：水分22.08%、果糖39.79%、葡萄糖35.19%、蔗糖0.76%、麦芽糖0.51%、淀粉酶值13.36、总酸度1.835、pH值3.83、蛋白质0.5%、维生素B_1 0.39 mg/kg、维生素B_2 0.03 mg/kg、维生素C 1.5 mg/kg、羟糖甲醛基1.6 mg/kg。紫云英花粉氨基酸含量：天门冬氨酸、苏氨酸、丝氨酸、谷氨酸、脯氨酸、甘氨酸、丙氨酸、胱氨酸、缬氨酸、甲硫氨酸、异亮氨酸、亮氨酸、酪氨酸、苯丙氨酸、组氨酸、赖氨酸、精氨酸的含量分别为29.42、11.46、11.96、29.04、49.29、12.54、14.44、1.95、15.24、6.48、13.38、21.71、9.56、12.94、6.20、13.79、12.98 g/kg。紫云英的花粉含有丰富的氨基酸和维生素，必需氨基酸含量约占总量的10%；其黄酮类物质含量也较普通花粉高（152.53 mg/kg），对降低胆固醇，抗动脉硬化和抗辐射均有良好作用。

5. 作观赏利用

紫云英碧绿的叶、紫红的花，能美化环境，有一定的观赏价值。昔日的中国江南春天，田野里以麦绿、菜黄、草红为标志。在城市紫云英可以种在保护性的草地，红花绿叶可保持数月之久。在日本，紫云英已被作为一种旅游资源或景观来开发利用。

6. 作药材利用

紫云英作为一种中草药。在明代李时珍所著《本草纲目》中载有"翘摇拾遗……辛、平、无毒，（主治）破血、止血生肌，利五脏，明耳目，去热风，令人轻健，长食不厌，甚益人；止热疟，活血平胃。"在《食疗本草》中也有紫云英药用的记载，说明人们当时对紫云英的认识是可食用，并有一定医药疗效。

紫云英的药物成分包括以下物质：全草含葫芦巴碱、紫云英苷、胆碱、腺嘌呤、脂肪、蛋白质、淀粉及多种维生素。花含紫云英苷、刀豆酸、刀豆氨酸、高丝氨酸。

（四）栽培技术要点

1. 选择田土

要选择排灌方便、冬季有水灌溉的田土种植。土壤最好是砂质壤土、壤土、黏壤土的中性至微酸性中上肥田。无旱、涝，有有毒物质的低产田种植，实行"肥田种绿肥，绿肥回瘦田"。如作留种田要选肥力中等以上的砂壤爽水并适当集中成片的田块，亦可提倡充分利用桑、果、茶园等空隙地和田边、地角、荒坡土坎留种，但不要选用连年留种的老绿肥田，以免生"留生苗"。

2. 选用良种

据广东省多年来种植实践表明，以选用广东粤肥2号、安徽青梗大叶、江西余江大叶种、萍乡种，浙江平湖大叶种，湖南常德、长沙益阳地区的中熟紫云英等品种，较为适合广东省推广种植。一般亩产鲜草2.0～2.5 t，高的达3.5～4.0 t，栽培管理抓得好的，可亩产5 000 kg以上的鲜草量。

3. 种子处理

播种前要晒种，以提高种子发芽率。因其种皮有蜡质层，应进行擦种，以促使种子吸水，加速发芽，出苗齐整。要用盐水、黄泥水或氯化钾水选种，清除菌核、秕粒、霉坏种子及杂质等，保证种子精壮。如用氯化钾水选种，即使种子沾有钾肥，剩余的氯化钾水仍可下田，一点不会浪费。

4. 接菌拌磷（钼）

接菌拌磷是新种紫云英地区的必要增产措施。0.5 kg根瘤菌可接种5亩的紫云英种子，先将菌剂加水调成糊状与催芽露白晾干的种子一起放在盆中充分搅拌，使每粒种子都沾上菌剂为止，然后拌磷肥，每亩种子拌磷肥2.5 kg（在磷肥中加入2 g钼酸铵更佳），种子与磷肥拌匀后立即在当天播完。如种子黏湿成团，要加干草木灰（或砂粒）使其松散不粘手才能撒播均匀（图3-2）。

图3-2　紫云英根瘤

5. 适时播种

（1）播种期。广东省稻底播种，一般以寒露（10月8日）左右为宜，条件可以的话力争早播，在秋分（9月23日）后播。但在生产实践中，10月稻田仍有积水，常根据稻田水层情况而定，尤其发芽后幼苗及后期不能受浸，当田间没有积水层后尽快播种。因为紫云英种子发芽适温为15～20 ℃，低于5 ℃或高于30 ℃发芽困难。15 ℃以下发芽显著减慢。

（2）播种量。要看种子发芽率高低、田土肥瘦、播种迟早、收绿肥或留种、是否属于混播等掌握用种量。一般亩播1.5～2.0 kg或多播些。作留种的亩播1～1.25 kg。与萝卜青、油菜混播的则播紫云英种子0.75～1.00 kg、萝卜青0.35 kg、油菜0.15 kg。

（3）田土水分。播种时要控制表土湿润而不烂泞，脚踏有浅印为适度。

6. 留高禾头

割禾时要留禾头20 cm左右或均匀撒禾衣铺盖田面。这样能创造幼苗期湿润、荫蔽、温暖的小型气候环境，达到防御冬旱（寒）的目的，以利幼苗生长发育，提高产量。

7. 开沟排灌

广东省长期实践证明：有收无收在于沟。排灌工作是鲜草、种子产量高低甚至成败的关键。因此，播种前必须开好环田沟、厢沟（纵沟、横沟），要使沟沟相通，呈"田"字形，"井"字形，上下相连。播种后、割禾后和下雨后，都要注意清沟及时排出积水，如遇干裂要及时灌"跑马水"，即灌即排。

8.合理施肥

增施肥料是提高紫云英产量的重要措施。施肥一般分为基肥、冬肥和春肥3个阶段。基肥亩施过磷酸钙25～30 kg，可以达到"以磷增氮"的效果。冬肥在"冬至"前后亩施复合肥8～10 kg，促进冬前壮苗，增强紫云英抗寒能力。春肥在"立春"以后，紫云英生长需要吸收较多的养分，可亩施尿素5～10 kg，达到"小肥换大肥、小氮换大氮、无机肥换有机"的目的。

9.防治病虫害

新种紫云英的地方，病虫害不很严重，种上几年后病虫害会增多。紫云英的病害主要是白粉病，在生长期（特别是留种田）如发现白粉病，可用多菌灵或托布津1 000倍喷雾，也可用0.4波美度石硫合剂喷雾；主要虫害有蚜虫、蓟马、潜叶蝇等，每亩可用吡虫啉10～20 g，或90%敌百虫150 g，加水30～50 kg喷雾。

二、苕子

苕子（*Vicia cracca*）为豆科巢菜属的一个种，越年生或多年生草本。中文学名广布野豌豆，别名蓝花草（湖南）、草藤（湖北）、肥田草（广西）、苕子、大苕（四川）、苕豆（江西），原产中国，越年生种主要分布在南方各省，尤以四川、云南、湖北、贵州等省较为普遍，栽培历史悠久，早在公元3世纪西晋郭义恭著的《广志》中记载"苕，草色青黄，紫华，12月稻下种之，蔓延殷盛"。在日本、苏联和美洲各国也有栽培（图3-3）。

图3-3 苕子

（一）生物学特性

主根入土深30～40 cm，侧、支根较少；茎四棱形，中空，有稀疏短柔毛，长0.6～2.0 m，基部有分枝3～10个，半匍匐生长；偶数羽状复叶，小叶4～12对，长1.5～2.5 cm、宽0.2～0.6 cm，淡绿色，有卷须；总状花序，有花7～15朵，萼齿5，上面2齿较长，花冠蓝色微带紫色。荚果矩圆形，淡黄褐色，长1.5～2.5 cm、宽0.4～0.6 cm，含种子3～8粒，种子球形，黑褐色，千粒重15～20 g。越年生的栽培种适于1月平均气温不低于3 ℃、绝对温度不低于5～8 ℃的地区。种子发芽适温为16～23 ℃，日平均气温10～17 ℃时生长较快，开花结荚适温为14～23 ℃。耐寒、耐旱、耐瘠性均不强，开花期之前较能耐阴、耐湿。宜在pH值5～8、质地为砂壤至黏壤、含盐量低于0.1%的土壤上种植（图3-3）。

播种适期在四川、湖北为8月上旬至9月中旬，广东、广西为10月上旬至10月下旬。播种量，收草或绿肥用为38～75 kg/hm^2，留种用为22～30 kg/hm^2。秋冬干旱时需要灌水。少病害，有蚜虫、蓟马的危害。始花期鲜草成分，干物质13.4%、粗蛋白质4.8%、粗脂肪0.7%、粗纤维2.3%、无氮浸出物4.6%、灰分1.0%，鲜草中含N 0.5%～0.55%、P$_2$O$_5$ 0.1%～0.15%、K$_2$O 0.2%～0.4%。

（二）植物学形态

植物学形态见表3-3。

表3-3　苕子的植物学形态

器官	毛叶苕子	光叶苕子	蓝花苕子
根	根很发达，主根粗壮，入土深1～2 m，侧根、支根较多，根部多姜状、扇形根瘤	根发达，主根粗壮，入土1.0～1.5 m，侧根、支根较多，根部多姜状、椭圆形根瘤	根部很发达，主根细，入土深30～40 cm，侧根、支根较少，根部多圆形、椭圆形根瘤
茎	茎上茸毛明显，生长点茸毛密集，呈灰白色，茎长2～3 m，方形中空，粗	有稀疏短茸毛，茎1.5～2.5 m，方形中空，较粗	有很稀疏短茸毛，茎1.5～2 m，方形中空，较细
叶	小叶长2～3.5 cm、宽0.8～1.2 cm有茸毛，背面多于正面，叶色深绿，托叶戟形，卷须5枚	小叶长2～3 cm、宽0.6～1.0 cm，茸毛稀疏，叶色深绿（比毛苕子浅），托叶戟形，卷须4～5枚	小叶长2～3 cm、宽0.5～1.0 cm，色绿略淡，叶背面有短茸毛，托叶戟形，卷须3枚
花	花梗长10～18 cm，每一花序有小花10～35朵，花色蓝紫色，萼斜钟状，有茸毛	花梗长8～16 cm，每一花序有小花20～40朵，花色红紫，萼斜钟状，有茸毛	花梗长10～16 cm，每一花序有小花10～20朵，花色紫蓝，萼斜钟状，有稀短茸毛
荚	荚长2.5～3.0 cm、宽0.8～1.0 cm，横断面扁圆	荚长2.3～2.8 cm、0.7～1.0 cm，横断面扁圆	荚长2～2.5 cm、宽0.4～0.6 cm，横断面较圆

（续表）

器官	毛叶苕子	光叶苕子	蓝花苕子
种子	粒大，每荚2~5粒，千粒重25~30 g，最重达40 g	粒较大，每荚2~8粒，一般为2~4粒，千粒重20~25 g，最高可达35 g左右	粒小，每荚3~8粒，千粒重15~20 g
分枝	分枝力强，地表10 cm左右的一次分枝15~25个，二次分枝10余个至100余个	分枝力强，地面10 cm左右有一次分枝20~30个，二次分枝可达10余个至100余个	分枝力不强，基部一次分枝1~10个，二次分枝较少

（三）综合利用

1. 肥料

各种苕子鲜草养分含量一般含氮0.45%~0.65%、磷酸0.08%~0.13%、氧化钾0.25%~0.43%，具有培肥土壤和节能、减排、增效作用（图3-4）。

2. 饲料

盛花期制成的干草，约含粗蛋白21%、粗脂肪40%、粗纤维26%、无氮浸出物31%、灰分10%，饲料价值较高。

图3-4 农机翻耕绿肥

（四）栽培技术要点

1. 播种

春、秋两季均可播种，春播以3月中旬至5月初为宜，秋播应在9月上旬以前。稻田秋播宜先浅耕灭茬，打碎土块，耙平地面，开沟条播。也可对地面进行除杂后免耕，直接穴播。也可稻底播种，即水稻收割前直接撒播。播种前宜擦破种皮或用温水浸泡24 h。收草地播种量为45~60 kg/hm²，条播行距20~30 cm。种子田播种量22.5~30 kg/hm²，条播行距40~50 cm，播种深度一般2~4 cm。播后镇压。可单播，也可以与其他绿肥混播，通常以1∶1为宜。

2. 管理

播前整地，耕深20 cm左右，并把糖平整。结合整地，施腐熟有机肥30~45 t/hm²或过磷酸钙300~400 kg/hm²作基肥，翻后及时耙地和镇压。春、秋干旱应及时灌水。返青后可追施磷肥1~2次。多雨地区要挖沟排水，以免茎叶腐烂、落花落荚。毛叶苕子常发生的病害主要是白粉病、锈病、炭疽病、霜霉病等，主要害虫有蚜虫、蓟马、叶蝉等，应注意防治。

三、大豆

大豆（*Glycine max*），又名黄豆、黑豆、青豆、白豆（广东通称）、黄卷、毛豆等。大豆是一年或越年生豆、粮、油、饲、肥兼收的豆科作物。

（一）品种和生物学特性

中国是大豆的原产地，被称为"大豆之乡"，是世界所公认的。大豆品种共有4个即：野生种、半野生种、羽叶大豆、栽培种。高州的四季黄豆、黑鼻青、白毛豆、蚁仔卜、春分黄豆等，郁南的两造青（又名青豆），韶关市翁源、南雄、乐昌等各地的八月黄（又名白毛豆、白豆、大粒黄、八月豆、霜降豆、大豆等），汕头普宁的龙眼槌，潮阳的菊黄，兴梅地区的大粒黄豆，英德、阳山一带的细青豆（又名蚁分豆、小青豆、分龙豆），电白的黄毛铁荚，粤北地区的蚁公苞（原产江西赣州一带），英德涫洸的扇形黄豆（新疆引进），南海农科所的穗选黄（原系上海市奉贤县地方种穗稻黄引进单株选育而成），南海的八月黄豆，顺德的玉绣辣、珍珠黄，东莞的白花豆、珠豆青、黑眼黄豆，中山的晚熟白豆，四会的白黄豆，湛江的花猫豆、大青豆、白大豆、花面黄、大黑豆、北京大豆、雷州黄豆、青豆434等。此外，韶关各县和罗定、郁南等地传统有田基黄豆（俗名"好婆豆"）都是适应当地区域性自然环境条件下生长的春、夏、秋、冬当家优良品种。

大豆适应性很强，耐湿亦耐旱，忌渍水，特别耐碱。种子发芽温度为15~25 ℃，幼苗期为15~18 ℃，花芽分化期为20 ℃左右，开花期日温为24~29 ℃、夜温为18~24 ℃。盛花结荚时，气温不宜太高。对土壤要求不严，除低洼渍水、湖洋烂湴田外，凡排水良好的各种水田、坡地土壤都可种植，土壤酸碱度以pH值6.5~7.5为适宜。

（二）植物学形态

大豆植株高0.5~1.0 m，蔓生者有2 m以上的。茎粗大，且多直立，叶多为卵形，毛茸灰色至褐色。有有限和无限2种结荚习性，荚大而宽，浅黄色至褐色。荚不容易爆裂。种子千粒重约200 g。种子形状椭圆至球形，种皮不硬，容易透水，发芽率高，正常的90%以上。种皮以黄色为主，并有其他颜色（黑色、淡青色、褐色等）。

（三）综合利用

1. 食用

大豆营养丰富，胜于其他农作物。在国民经济上用途极为广泛。其营养价值不亚于肉类蛋白质，因其价廉，特别适合人口众多的国家需要，它易消化，不易引起老年人血管粥样硬化、心血管病，是长寿营养品。

2. 饲料

由于大豆营养价值高，其鲜茎叶、种仁和大豆饼都是各种牲畜的优质饲料。

3. 肥料

大豆选作绿肥品种的（表3-4），应具有下列4条标准为宜：叶形大而多，茎枝粗壮者；上部叶绿素茂盛且干物质总量高者；生长期短的品种；属于无限结荚习性的。

各地可结合当地农家大豆品种选择或采用引种来试验推广作绿肥。种植冬大豆，培肥了土壤，提高了地力，促增水稻产量。如高州分界农场种了9.2亩冬大豆（不收豆）压青作早稻基肥（平均每亩产鲜茎叶750 kg），平均亩产稻谷532.7 kg，比不压青的对照田亩产402.7 kg，增产130 kg，增长了32.2%。冬大豆在豆荚黄熟前，最好先灌水1~2 d，促使其黄叶脱落田面，然后收获株荚。

表3-4 大豆的肥分含量　　　　　　　　　　　单位：%

生育期	鲜茎物				风干物			
	水分	氮	磷	钾	水分	氮	磷	钾
开花前	82.89	0.46	0.087	0.513	5.1	2.58	2.48	2.48
初花期	79.49	0.57	0.059	0.518	5.4	2.68	0.27	0.27
后花期	75.96	0.50	0.060	0.433	5.4	1.96	0.26	0.28

广东省不少地方历来有利用田基种植黄豆的习惯，为"田基豆"，以翁源、南雄、始兴、仁化、乐昌、乳源等地较普遍。田基种黄豆，不占耕地，花工少，成本低，潜力大，收成好，值得大力推广。广东省有2 000多万亩稻田，除部分低砂、低洼地带外，其余大部分田基都可栽种，这是增产更多豆类和增加农民收入的措施之一。

（四）栽培技术要点

1. 播种

大豆播种期因地区、品种、气候和耕作制度而有不同。广东省各地长期生产实践经验认为：春种在惊蛰至春分，夏种在芒种至夏至，秋种在大暑前后，冬种在大雪至冬至，播种比较适宜。也有些地方种"大寒豆"，即春大豆提前播种。要掌握气温在15～25℃，适于种子发芽和幼苗生长。如果过早播，若遇低温寒潮不能发芽，造成闷种时间长，容易烂种。

播种量要考虑品种特性、种粒大小、土壤肥瘦、播种迟早和单、间、套、混种，以及利用目的等而有所增减。单播一般亩用种量2.0～2.5 kg。据广东省各地经验，春种一般掌握每亩2万～3万苗，夏种约2万苗，秋种3万～4万苗，冬种4万～5万苗，比较适宜。但英德种植的"扇形黄豆"因植株繁茂，结荚多，夏种每亩6 000～8 000苗为宜，过密反而不好。大豆用点、条、撒播都可以，但以点、条播为宜。点播的株行距为20～27 cm，条播为27～34 cm。播种前要先整地开沟或挖穴，酌施堆肥混草木灰作基肥，然后每穴落种4～6粒，覆薄土略加压实，促其提早出苗。

2. 管理

苗高10～13 cm时，应中耕、松土、除草，保持土壤疏松和调节水分。幼苗期，根瘤未形成时，应适量施用速效氮肥，以促使早生快发。以收种为目的的，需施磷肥和石灰，其次氮、钾酌量施用；以采青为目的的，主要施用氮肥，促使茎叶繁茂，提高其绿色体。此外，要注意出苗时防治病虫害（特别是蝼蛄），过于干旱时要灌"跑马水"。

3. 收获

按栽培利用目的不同，适期收获：作绿肥用，以开花始期刈割为宜；作蔬菜用的，当种子饱满硕大，豆荚仍鲜绿为好；作青饲料和调制干草用的，自开花至嫩荚十分鲜绿时，都可收割；收种子用的，大豆成熟的特征，以叶片大部分干燥脱落，茎荚呈草枯色，种粒已与荚壁脱离，用手摇动植株时种粒在荚中有响声，种子已达半硬，而呈原来色泽，在这个时期的1周内，种荚尚未爆裂，即应及时收割。

四、豌豆

在栽培上豌豆分为两大类：一类是蔬菜豌豆（学名：*Pisum sativum*），亦为菜用豌豆或肉食豌豆，荚软可食，豆粒含糖分较多，花为白色，也有紫色的。另一类是粮用豌豆（学名：*Pisum arvense*），亦谷实豌豆或食核红花豆，群众称为麦豆（种皮麻褐色）、雪豆（种皮白色）、红花豌豆、冬豆等，荚硬韧不能食用，种子含淀粉较多，花多，是一种良好的冬季粮肥饲兼用作物，在广东省各地都可栽培。

（一）生物学特性

豌豆为越年生或一年生蔓生性草本的天然自花授粉豆科作物。性喜较凉爽而湿润的气候，种子发芽适温为12～15℃，生长期最适宜温度为5℃，开花结荚最适宜温度为20℃。其耐寒、耐瘠，抗旱能力和栽培区域都比蚕豆强，但不宜过分干旱。对土壤要求不严，大部分土壤都能生长，但以排水良好的中性砂质壤土或泥肉田最好。忌过湿、盐碱、强酸性土壤，特别忌连作，宜3～4年轮茬1次（图3-5）。

图3-5　豌豆

（二）植物学形态

圆锥状根系，侧支根发达。茎细长，圆形或方形，蔓生。矮生种能直立。叶为偶数羽状复叶，叶轴顶端有羽状分枝卷须，托叶比小叶大，下部边缘有细齿。花为总状花序，花冠紫色或白色。荚果长圆或扁形，易开裂，内有种子2～8粒。种子球形，有黄、麻褐、绿、灰、白等色。千粒重：白花种200 g左右，紫花种180 g左右。不同品种和不同收获期，千粒重差距极大，有的相差2～3倍。

（三）综合利用

豌豆经济价值高，用途很广。

1. 蔬菜

其嫩籽实和未熟的荚，以及初发的苗，都可供蔬菜用，味至甘美。特别是菜用豌豆的供应期很长。

2. 作食用和饲料

据分析，豌豆豆仁的粗蛋白为17.55%～26.63%、粗脂肪为1.21%～1.99%、粗淀粉为38.92%～50.10%，其籽实可和米煮粥饭或单煮食或炒食，将豌豆仁磨成面粉，可制各种糕饼和豆馅。广东省内种植一般亩收豆50多kg，高产的亩产100～150 kg。

3. 制造酱油或罐头用

可供酿造酱油的原料或利用其甜味的嫩籽实制作罐头，可经久储藏。在俄罗斯及欧美等国的豌豆罐头产业是非常重要的食品工业之一，有"植物肉"之称。

4. 作肥料、饲料

据分析，鲜茎叶含有机物为14%～16%、氮0.51%、磷0.15%、钾0.52%。且残留在土壤中的根瘤还有相当数量的氮素，可供作物吸收利用。青刈的茎叶，可作青饲料或肥料。一般亩产鲜茎叶重1.0 ~ 1.5 t，作豆、肥兼收的，除收豆外，还有茎叶近500 kg。

（四）栽培技术要点

1. 播种

粮用豌豆一般在晚稻收获后，深耕犁翻耙碎分厢起畦，畦高约20 cm、宽1.3 ~ 2 cm，便于排水，防止渍水，如属排水良好的疏松砂质土，可不起高畦，只起平畦，在田的四周及田内开排水沟便可。播种期一般在9月下旬至10月下旬，迟至11月上、中旬亦可。亩播种量4 ~ 5 kg，旱地需多播些。一般采用单种，也可以间作或套种，以提高土壤利用率，增加收入。可采用条播（开行）或点播法，播种前应先晒种2 ~ 3 d，以提高发芽率。作绿肥、饲料用的宜用条播，行距33 cm、株距5 cm，每穴播种1粒。点播的行距33 cm、株距16 ~ 20 cm，每穴播种3 ~ 4粒。播后覆盖细土3.3 cm左右。菜用豌豆须插枝架供攀爬，才能提高豆荚和茎叶产量。

2. 施肥

豌豆在根系未形成根瘤前，生长发育较缓慢，故在播种时，一定要施足基肥，亩施有机肥200 ~ 250 kg，最好是配施一定数量的磷肥（10 ~ 15 kg）和钾肥（2.5 ~ 5.0 kg），待苗高16 ~ 20 cm时每亩追施硫铵2.5 ~ 4.0 kg。因豌豆的根瘤排泄物含有一种有机酸，会使土壤变酸，在结合中耕除草时，应适量施用石灰或土壤调理剂，亩用15 ~ 25 kg，以中和酸性。如属中性至碱性（pH值7 ~ 8）土壤，则可不施。

3. 管理

生长前期应保持土壤湿润，后期注意防渍、防旱。幼苗期常有地老虎（地蚕）咬苗，并有潜叶蝇为害，均要注意防治。中耕除草注意勿伤根。若遇春旱，应适当灌"跑马水"。开花期遇多雨季节，要及时排水。有条件的地区，在茎、叶渐次长大时，可搭架让茎蔓缠绕，这样可提高产量。

五、蚕豆

蚕豆（*Vicia faba*），又叫胡豆，是越年生豆科粮肥兼收绿肥作物。广东省种植蚕豆已有悠久历史，特别是兴梅州地区种植历史较长。一般是在晚稻收割后进行冬种。既收豆，又肥田，是利用冬闲田种植的一种"稻—稻—肥（粮）"耕作制的好形式。广东主要利用冬闲田种植蚕豆，主要品种有兴宁蚕豆，兴宁蚕豆有勾豆、青豆、胡鳅豆、铁荚豆、气鼓豆等5个品系，其中以勾豆的产量最高，青豆次之。引进的品种有江西种、云南种和湖南种。一般11月中旬播种，翌年3月下旬收获，全生育期120 d左右。2000年，全省蚕豆种植面积8.12万亩，总产10.33万t，主要在梅州、河源、韶关、清远、茂名等山区种植（图3-6）。

图3-6　蚕豆

（一）蚕豆的品种及其特征特性

广东省栽培蚕豆常见有2个品种，即兴宁蚕豆和云南蚕豆。云南蚕豆属迟熟种，生长期长，在双季稻田种植季节较紧，种植面积较小，而种植兴宁蚕豆则较普遍。

1. 兴宁蚕豆

兴宁市农家优良品种，适应性强，耐肥抗倒伏，如管理得好有较高产量（亩产能达到150～200 kg）。全生育期120～130 d，属中熟品种。株高80～90 cm，茎粗而直，中空，节间短，分枝中等，生势挺壮。叶肉较厚，叶宽卵形，羽状复叶。花白色，主茎开花期约有1个月，每株开花40～60朵，每个花梗上着生2～6朵，每株结荚10～20个，每荚有种子2～4粒，豆荚钩状，豆粒充实，双荚较多，籽粒较小，千粒重520～540 g，每0.5 kg种子有920～960粒，发芽率较高。

2. 云南蚕豆

广东省于1972年从云南省玉溪地区引进种植，属中粒迟熟品种，全生育期145～150 d，植株高大粗壮，一般株高130～150 cm，高的可达180 cm。根系发达，可深40～50 cm。分枝多，一般每株分枝3～5个，一托结荚2～3个，多的4个，每荚有种子1～3粒，籽粒大，扁平，长圆形，千粒重约1 200 g，每0.5 kg种子约有420粒。适应性广，对气温较敏感，以在12～20 ℃晴天生长较好，气温高于22 ℃时，易发生病害。耐肥高产，一般亩产干豆150～200 kg、鲜茎叶2.0～2.5 t，高的可达5 t。

（二）综合利用

蚕豆的经济价值较高，用途广，全身是宝。

1. 蔬菜和粮食

蚕豆营养丰富，据分析，籽粒含蛋白质22%～25%，比小麦、稻米和玉米等主粮还高。青蚕豆富含维生素，是很好的鲜蔬菜。蚕豆还含有丰富的淀粉和少量的脂肪，尤其是云南蚕豆，其美味可口，食用价值较高。

2. 绿肥

据分析：蚕豆鲜茎叶含氮0.50%~0.56%、磷0.12%、钾0.45%、有机质20%。500 kg鲜茎叶的肥分相当于硫酸铵14 kg、过磷酸钙3.5~5.0 kg、硫酸钾4.5 kg。用于稻田压青，既增加土壤有机质，又能培肥地力改良土壤。据信宜县土肥站在早造进行压青，兴宁蚕豆苗肥效试验，亩施鲜苗433 kg，比不施的对比田每亩增产105.95 kg，增产率为26.8%。

3. 饲料

蚕豆籽粒和加工后的余渣水料，是优良的养猪饲料，如：以前兴宁群众利用这些余料养猪已普遍形成习惯，养猪快大而且省本。

（三）栽培技术要点

1. 整地

蚕豆忌旱、怕渍水、耐肥，宜在深厚肥沃的沙壤土种植，不能在低洼渍水的地方种植。整地要细碎，要做到窄畦高垄深沟，以便能迅速排除渍水，遇旱能进行畦间渗灌，减少发病死苗，防止茎叶早衰，一般畦宽110~135 cm、高26~33 cm，砂质土和地势较高的田，畦可略低。畦沟一般宽33 cm、深26 cm，边沟宽40 cm、深33 cm。畦沟与边沟要相连，做到沟沟相通，以利迅速排水。蚕豆宜轮作不宜连作，以免发生病害。因此，选地种植时，宜选上年未种过蚕豆的田种植。

2. 播种

（1）播期。蚕豆过于早播会因气温过高而早花，迟播则生长期短，因此，一定要适时播种。兴宁蚕豆一般宜于立冬至小雪播种。兴宁蚕豆播期群众认为："立冬太早，大雪太迟，小雪前后最适宜"。但云南蚕豆因迟熟，生长期长，故应适当提早播期，一般在立冬前播下为宜，最迟不要超过小雪。

（2）种子处理。播种前种子要经过处理，发芽率才高。处理方法一般是晒种、浸种和拌种。晒种可选晴天把种子晒3~4 h，以消除部分病菌，增强种子吸水力；浸种可用1:1清水加腐熟人粪尿将种子浸一夜以促进发芽，浸过的种子要在当天播完，并保持土壤湿润，拌种可亩用蚕豆根瘤菌1.0~1.5 kg调成糊状，与种子拌匀后播种。如每亩加钙镁磷肥2.5 kg左右拌种则更佳。

（3）播种规格。株行距应视田土肥瘦而定，肥田可用（16.5×23）~（20×23.5）cm，瘦田（16.5×20）~（20×20）cm。一般采用穴播，可用锄头背打穴，深3~5 cm，边行每穴放种子3粒，畦中间每穴放2粒，播后种子要压实，并用细土盖种至平穴，每亩用种量11.0~12.5 kg。

3. 施肥

要施足基肥，早施追肥。基肥以农家肥和磷、钾肥为主，磷肥30~20 kg，钾肥

7.5～10.0 kg。追肥一般1～2次，第1次追壮苗肥，以氮肥为主，在苗高6～10 cm，有3～4片叶时施。第2次施花荚肥，在现蕾开花时施，如植株生长茂盛，叶色青绿正常，这次肥也可不施，以免徒长。故追肥要因地制宜，看苗施用。

4. 排灌

要实行畦间渗灌，不宜淹灌，水面最高只能至畦高的一半，绝不能淹过畦面。当渗灌至土壤湿透时，就要把水排掉，以防渍水。在水分管理上要做到前期湿润，后期干干湿湿。在整地播种前要灌1次跑马水湿润土壤。经验认为，蚕豆田排灌要做到"润苗、旱花、湿荚、防渍"。

5. 防治病虫害

蚕豆常见的病虫害有根腐病、锈病、赤斑病、褐斑病、蚜虫、蓟马等。其中以根腐病和锈病为害较重。为了防止病害，要做好种子消毒工作，如晒种、温水浸种等。生长期如发现病虫害，要及时喷药防治。

在管理上，除上述措施外，还要注意及时除草，后期摘心，除草宜拔不宜锄，以免伤根。摘心可于豆荚开始转褐色时进行，可使籽粒饱满，提高产量。

六、箭筈豌豆

箭筈豌豆（*Vicia sativa*），简称箭豌，又名巢菜、大巢菜、野豌豆、野绿豆等。为豆科巢菜属（图3-7）。原产地中海沿岸。1974年江苏省植物研究所自法国引进后，已在江苏、浙江、湖北、湖南、河北、四川、云南、贵州、黑龙江等十多省大面积推广种植。广东省乐昌于1976年引种，在粤北各县种植都表现良好，是一种越年生或一年生的粮、饲、肥兼收绿肥作物。

图3-7 箭筈豌豆

（一）生物学特性

箭筈豌豆适应性广，性喜群生，耐旱、耐寒、耐瘠、耐盐碱、耐阴。具有播种期长，早发性好，固氮能力强，种子产量高和病虫害少等优点。种子发芽适温为20～25℃，发芽最低温为4℃。可在多种土壤类型的水、旱、坡地种植。单种或在果、茶、桑、林地间（套）种均可。若与紫云英、萝卜青、苕子等混播，不仅可以增加透光性，还可以提高鲜草产量。

（二）植物学形态

主根较粗，侧根发达，茎柔嫩有条棱，半攀缘性，多分枝。叶为羽状复叶，小叶8对左右，顶端小叶退化成卷须，易攀缘，小叶倒卵形。花腋生，呈蝶形，紫红色。荚果细长，成熟后呈黄色，内有种子5～9粒。种子圆球形，棕色；千粒重55～75 g。箭筈豌豆的品种较多，根据生长期长短有早、中、晚熟3种类型。目前，生产上采用较多的品种中，以大荚箭筈豌豆（江苏）、6625（四川）、西牧879、西牧333、西牧324等表现较好。大荚箭筈豌豆千粒重为60～70 g，每0.5 kg种子约7.7万粒。

（三）综合利用

1. 食用饲料

由表3-5可知，箭筈豌豆茎叶、种子的营养成分是较高的，都是牲畜、家禽、塘鱼的好饲料。种子还可以食用，其出粉率为53.8%（湿粉），比蚕豆出粉率高8.2%，其粉可以制作粉丝、面条、馒头、烙饼等，残渣是很好的饲料。但箭筈豌豆的种子含有微量氰化物。据分析，每0.5 kg种子含氰化物49～60 mg，人畜不宜过量食用。

表3-5　箭筈豌豆茎叶和种子干物质的营养成分　　　　　　单位：%

器官	品种	粗蛋白	粗脂肪	粗淀粉	粗纤维	灰分
茎叶	6625	11.71	0.815	—	36.29	7.59
大荚	6625	22.8	—	—	38.84	2.90
种子	6625	29.77	0.957	38.06	—	2.82

2. 肥料

据分析（表3-6），箭筈豌豆鲜茎叶（盛花初荚期）含氮0.59%、磷0.13%、钾0.3%，是一种优质绿肥作物。适于果、桑、茶、林地间（套）种，也宜与秋、冬、春作物套（混）种，以提高经济效益。

表3-6　箭筈豌豆的风干物养分　　　　　　单位：%

部位	氮	磷	钾
茎叶	2.70～4.33	0.72～0.92	2.57～3.96
根系	1.42～2.09	0.23～0.43	1.82～1.52

（四）栽培技术要点

1. 播种

播种期宜在9月上旬至11月中旬，春播不宜迟于2月。应耕翻整地后播种。若在板田播种，则要注意保持土壤湿润。秋作绿肥的每亩播3～4 kg，留种则亩播1.5～2.0 kg。作为间、套、混播的播种量可以酌减。播种时，每亩应用磷肥10～15 kg与适量有机肥混合作基肥。

2. 管理

在现蕾期前后最好每亩追施氮肥5 kg，对促进花蕾发育、提高鲜草和产种量均有良好的作用。苗期、花蕾期最怕渍水，要注意清沟排水。生长期中如发现有蚜虫、潜叶蝇为害，要及时防治。

3. 收获

适时收青，应掌握在盛花期刈割作绿肥用。一般亩产鲜草1.5～3.0 t或更高。作种的植株则应掌握有80%的种荚变色时，在上午露水未干时进行，以免种荚脱落。收后运回晒场或就地摊晒，切忌雨淋，晴天及时脱粒，晒干后妥为保存，以免霉烂。一般亩产种子75～150 kg，高产的可达200多kg。

七、绿豆

绿豆（*Phasealus aureus*），因其颜色、早迟熟等关系，又名慕豆、官绿、抽绿、拔绿、摘绿、八重生、文绿等，是一年生豆科草本植物。原产印度，全世界约有150种，多数生长在热带和温带（图3-8）。中国栽培绿豆历史悠久，有15种，分布在各省。南北朝时期，已采用绿豆作绿肥，如"凡美田之法绿豆为上，小豆次之"。中国绿豆产区主要集中在黄河淮河流域的平原地带，华北一带为多，即豫、冀、鲁、皖最多，其次为鄂、陕、晋、辽、赣、黔、苏等省，湘、闽、浙等省也有零星种植。

图3-8　绿豆

（一）生物学特性

绿豆品种很多，有直立丛生型、半蔓生型、蔓生缠绕型。作绿豆的品种主要是直立丛生型。产量较高的，以晚熟或蔓生的品种，如江苏的东辛绿豆、安徽的摘绿、海南绿豆、潮安绿豆、陆丰绿豆、阳山绿豆、恩平绿豆、四会青豆等都是适合广东省种植的优良品种。

绿豆性喜温暖湿润环境，与大豆、小豆、菜豆相似，但抗霜力比大豆稍弱。生长期比大豆短，一般为70～110 d，耐旱、耐温、耐瘠性较强。气温在8～12 ℃就能开始发芽，但以15～20 ℃播种最好，生育期最适温为25～35 ℃。出苗快，生长迅速，容易栽培，覆盖良好，有红壤土先锋作物之称。除强酸性或盐碱性重的土壤外，各种土壤都能栽培，以石灰性冲积土壤、壤土和黏质土最好。适宜的pH值为5～8.5，能耐含盐量最高为0.2%的土壤。

（二）植物学形态

绿豆株高40～100 cm。为直根系，主根不发达，侧枝根细长，茎直立有毛，顶端略呈攀缘型，茎叶徒长时表现更为突出。三出复叶，长叶柄，小叶全缘，两面略有毛，呈卵圆形，有小托叶。总状花序，腋生，花冠色金黄，荚果细长而圆，有毛，老熟为黑褐色，每荚有种子6～18粒。种子细小通常绿色，有时黄褐色或蓝色，略呈球状或圆柱状，种脐白色，凸出，千粒重40～50 g。

（三）综合利用

1. 食用和药用

绿豆的经济用途因种子富含蛋白质、脂肪等仅次于黄豆，且含维生素C（表3-7）。净种一般亩产种子50～75 kg，种子作白粥、豆饭为粮食，可制豆酒、育豆芽（即芽菜），为蔬菜中佳品。或磨粉制豆糕、豆饼、粉丝、粉皮等食品。作为药用时，甘寒无毒、解毒、消积热、解暑止渴、养胃、消肿、利小便。主治风疹、治皮肤病、痢疾。因含维生素C，能促进创伤愈合。

表3-7　绿豆的营养成分　　　　　　　　　　　　　　　　单位：%

水分	粗蛋白质	粗脂肪	无氮浸出物	粗纤维	粗灰分	钙	磷
13.39	21.51	0.15	56.71	4.14	4.1	0.74	0.22

2. 肥料和饲料

绿豆生长迅速，再生力较强，植株柔软，容易腐烂，一般亩产鲜茎叶1.0～1.5 t，高的2 000 kg，鲜茎叶含氮0.59%、磷0.12%、钾0.93%，茎叶（风干物）含氮2.08%、磷0.52%、钾3.9%，是优质绿肥作物，并可作为动物饲料。

（四）栽培技术要点

1. 播种

播种期很长，一般在2月下旬至7月上旬，以3—4月为最好。播种量每亩1.5～2.0 kg，深度4～7 cm，株行距33～40 cm。可用点播、条播或撒播。如用点播，因绿豆根系细小，所占营养面积不大，应随挖穴，施少量有机肥再播种。绿豆约有10%种皮坚实，吸水力差，不易发芽，应选出用沙轻擦种皮，或用温水浸泡5～6 h，提高其发芽率。

绿豆可以单播，但特别适于间、套、混播在玉米、芝麻、木薯、甘薯、粟类、花生和果、茶、胶、蔗、桑、药园或广泛利用零星隙地播种，既可收豆又可收肥。并为主作物抑制杂草、保持水土和增加有机质的来源。揭阳、潮安、东莞等地农民用甘蔗地间种绿豆等豆类作物，都有成功的经验。

2. 管理

绿豆在生长初期应酌情施速效氮肥，并应施磷钾肥。不论点播、条播、撒播或间播、套播、混播，播种苗高13 cm后，须除草1～2次，并注意做好排水工作。绿豆的主要虫害有蚜虫、红蜘蛛，应注意检查防治。

3. 收获

绿豆收种，由于其成熟期不一致，又容易裂荚，必须分期、分批采摘。种荚晒干脱粒后清选储藏。储藏期间，最易发现豆象蛀虫，将豆粒蛀空，应在储藏前用药熏治或在储藏期间随时暴晒，可杀死蛀虫。纯粹作绿肥的，应在盛花时刈割，因此时鲜草产量高、肥效大。

八、四季绿豆

四季绿豆（*Phaseolus aureus*），又名大绿豆、番鬼绿豆。是一年生蝶形花科直立草本作物，植株茎粗比普通绿豆高大，株高达80～120 cm，冠幅75～95 cm，广东、广西等地都有栽培，是一种高产兼用绿肥或饲料。

（一）生物学特性

四季绿豆喜阳光，适宜于砂壤土生长，耐干旱和瘠薄土壤。种子发芽力强，出苗整齐，春、夏、秋都可播种，前期生长快，尤其在高温多雨季节生长甚为茂盛。但雨季落花落荚严重。花期长，花期为6—9月。荚果自9—12月陆续成熟，几乎是边生长，边开花，边结荚，边成熟。到结荚后期（11—12月）茎叶才枯黄脱落。秋播（7—8月）时，生长稍差，但后期（10—11月）雨水少、虫害少，有利开花结荚，种子产量一般亩收50 kg以上。四季绿豆比普通绿豆耐割，割后仍能抽芽、生长和开花结荚。所以，春、夏播的植株可割2～3次，以供绿肥或饲料用，待抽芽后，再行留种。

（二）植物学形态

四季绿豆茎粗而直立，每株分枝数3～5个。三出复叶，大而粗糙。总状花序，黄色，稍大，荚果圆柱形，稍弯，成熟时呈黑赤色，长8～11 cm，宽约0.5 cm，每荚有种子8～10颗。种子圆矩形，暗绿色，有褐色斑点，粒大，千粒重约55 g，每0.5 kg种子约9 000粒。根系发达，主要根系分布幅度为80 cm，深达30 cm。地上部分与地下部分重量比为3.7∶1，根瘤多而大，灰白色，每株有90～100个。

（三）综合利用

1. 肥料

春、夏播的鲜茎叶产量高，年可刈割2～3次，亩产达1.5～2.0 t。据测产，亩产鲜茎叶2 334 kg。据分析，鲜茎叶含氮量0.355%、磷0.054%、钾0.384%，作为各种农作物压青作基肥，效果很好。作绿肥一年四季都可播种，可作为短期轮作，间作绿肥。

2. 食用和饲料

茎叶可作牲畜饲料，种子可以食用。

（四）栽培技术要点

1. 播种

一年四季都可播种，以3—8月为宜。作绿肥、种子兼用时宜早播（3—5月），专作留种用，则宜5—6月播。株行距早播宜宽，秋播缩窄，控制在66 cm×100 cm或50 cm×66 cm为宜。肥地早播时，宜稀播；瘦地晚播宜密播。每穴播种3～4粒，亩播量0.50～0.75 kg。播深4～5 cm，盖土约2 cm。播种时每亩施磷肥5 kg，有机肥150 kg；播后3～5 d齐苗，半个月后应及时进行间苗，每穴留壮苗1～2株。前期应中耕除草松土，促其早生快发。

2. 管理

在开花结荚时，容易发生豇豆蚜螟和豆荚螟，应注意防治。

3. 采收

春、夏播后2～3个月，株高100～120 cm时，可进行第1次刈割，作绿肥或饲料。刈割高度距地面20～30 cm为宜。刈割后40～50 d，可割第2次。若兼作留种用，以割1次为宜，并在8月上旬刈割，晚割则会妨碍植株再抽芽生长，降低种子产量。

九、豇豆

豇豆（*Vigna sinensis*）种类很多，全世界有60余种，多数生长在热带地区。

（一）生物学特性

主要分布在广东、台湾、湖南、湖北、云南、四川等省。按其种子分类，可分为球形种和肾形种。但根据豇豆荚的长短及直垂生长的习惯，则应分为3个品种。

（1）长荚豇豆。又叫长豆角、码长豆、长豇豆。原产于亚洲南部，供作蔬菜、绿肥及牧草用。中国各地均有栽培。

（2）短荚豇豆。又叫豆（广州）、天竺豆、饭豇豆。原产于亚洲南部，作绿肥和牧草用，我国各省均有栽培。日本、朝鲜、美国也有栽培。

（3）豇豆。又叫豆角、饭豆、双豆、饲料豆、带豆（温州）。原产于热带，有说在亚洲，亦有说在非洲。可作蔬菜、绿肥及牧草用。因其含蛋白质高，为家畜瘦肉生产的珍贵饲料。中国各省均有栽培。

豇豆是一年生缠绕性豆科夏季绿肥作物，适应性很强；与玉米相同，能耐热，且能耐久旱，性喜温暖气候，在20～25 ℃气温生长最好，不耐寒并忌霜，10 ℃以下生长受抑制，当温度降至0 ℃以下，幼苗全部死亡。耐湿性较弱。适宜pH值为6.2～7，能耐土壤可溶性盐0.15%。适宜在排水良好的黏质土壤生长，在极瘦瘠的新垦地也能生长茂盛。对磷、钾要求较高。但砂质过多或过肥的土壤反为生长不良，管理粗放、生长迅速，由播种至收获只要60～90 d，也有100 d以上的迟熟品种（图3-9）。

图3-9 豇豆

（二）植物学形态

豇豆蔓长叶大，覆盖性很强，直根系，深达3 m以上，根群发达，根瘤多，每亩根瘤可达22.5～25.0 kg。长叶柄上生有三片叶，一般为斜卵形，荚长且厚。总状花序，着生3～6朵花，白色，青莲紫色或浅黄色。荚果长20～30 cm，下垂。种子球形或短肾形，褐色、黄色、白色、紫色、黑色等。6—7月开花，8月结荚，在广东4月播种，6月开花，7月收种。每荚含种子20～24粒，种子千粒重多数为100～120 g。

（三）综合利用

1. 食用

柔软的荚作蔬菜，成熟的豆营养丰富，白的可制豆沙馅，红的可制糕饵。种子能储藏代替粮食，故叫"饭豆"，并可作咖啡代用品。

2. 饲料

茎叶营养丰富，用作青饲或青贮喂牲畜都适宜。种子磨碎可喂鸡及小家禽（表3-8）。

表3-8　豇豆茎秆成熟期内的饲料成分　　　　　　　　　　　　　单位：%

成熟期	粗蛋白质	脂肪	纤维	无氮可溶物	灰分
开花旺盛期	17.86	4.04	18.39	52.28	7.43
成荚时期	19.93	3.06	19.52	50.58	7.91
完全成荚期	21.38	5.01	29.05	32.59	11.97

3. 肥料

由于其根系发达，根瘤多，对吸收空中游离氮素的能力比其他豆类根瘤为强，每亩能固定氮素6.375 kg。其茎叶含有机质很丰富。其茎叶（干物）含氮2.2%、磷0.88%、钾1.2%。可以改良土壤，为绿肥中的优良作物。如利用为轮作制栽培，对提高后作产量能起决定性作用。且相当耐阴，果、茶、桑、蔗、药园或与其他作物间、套种。因其茎叶繁茂，掩盖地面，可防止土壤板结作用。据试验结果：在栽培豇豆地上，刈割干草1 000 kg面积内，残留的氮素量（指根的氮素量计算）有4.29 kg之多。豇豆再生力亦很强，一般4月播种，6月初开花，7月初收种。收种后茎叶仍很青绿柔软，如收割第1次鲜草时，适度留蔓再生，酌施追肥，1个月后茎叶即可密盖地面，继续进行第2~3次收青，亩得鲜草1.5~2.0 t作肥料或饲料。

（四）栽培技术要点

1. 播种

播种期较长，春、秋2季都可播种，一般以4月上、中旬播种最好，点播、条播、撒播都可以，但以点播、条播较好。间、套种的，应用点播。播种前应犁耙整地，亩用石灰25~30 kg混适量有机肥作基肥，然后开行或挖穴。条播的株行距50 cm×67 cm，点播的33 cm×（33~150）cm。条播的播种量亩用2~3 kg，点播的可少些，每穴下种4~5粒，撒播的比条播的要多用1/3~1倍的种子量。

2. 管理

一般较粗放，出苗13 cm后中耕1~2次，结合间苗，点播的每穴留苗三株，应酌情施速效氮肥。豇豆生长后期容易患三病，即：锈病、枯萎病和根瘤病。后两种病多发现在砂质土壤，除注意防治、施用石灰中和酸性外，可采用轮作。

3. 收获

豇豆全年可刈割2～3次，可得鲜茎叶1.5～2.0 t作绿肥或饲草用。以盛花期刈割产量最高，肥效最大。

十、棱豆

棱豆（*Psophocarpus tetragonolobus*）因其荚果四面体棱状，棱边带翼，故国外叫翼豆（Wingdbean），中国南部叫四棱豆、四楞豆、四稔豆、杨桃豆、翅豆、四角豆（日本）、番鬼豆（广西）等。是一种地下长薯块、地上结豆荚，根、茎、叶、花、荚和种子含高蛋白的粮、油、菜、肥、饲兼用的多年生（通常表现为一年生）豆科藤本植物（图3-10）。据史料记载，广东的四棱豆是由华侨从马来西亚、新加坡、菲律宾等地带回，台山、珠海有种植，至少有100多年的栽培史。

（一）生物学特性

四棱豆适应性广，性喜潮湿暖热，由于它的固氮能力强，就是短日照，甚至海拔2 000 m处也能生长，凡是能灌溉的干旱地区都可生长（图3-10）。

图3-10　棱豆

（二）植物学形态

四棱豆为蔓生植物，株高3～4 m，从开花到成熟要40 d至3个月。品种很多，花的颜色和荚的大小各有不同。叶为三出复叶，蝶形花，较大，呈白、青、紫等颜色。荚一般有4个棱，带翼状边缘，荚长6～36 cm，长条形，每荚含5～20粒种子，小球状，比大豆圆一点，有光泽，颜色有黄色、白色、棕色、褐色、黑色或杂色等，每粒种重0.06 ~ 0.4 g。根瘤多而大，有的一株带有440个根瘤，直径最大可达1.2 cm。地表10 ~ 20 cm土层内，能长出薯状块茎，长10 cm以上，直径数厘米。

（三）综合利用

1. 食用和饲料

嫩芽、嫩叶、花、嫩荚、种子、块根等整个植物体均可作食用。叶、花、嫩荚作蔬菜，叶如蘑菇，一般8—9月盛花后，每隔3 ~ 5 d摘荚，每棵每次可收1.5 ~ 2.5 kg，直至小雪止，共可收嫩荚35 ~ 40 kg，少的也有20 ~ 25 kg。种子炒食，也可加工做豆制品，营养价值相当于黄豆的营养价值。块根加工做豆制品，营养价值相当于黄豆的营养价值（表3-9）。块根像木薯或马铃薯，肉质脆嫩，可煮熟食，味略同马铃薯，其蛋白质含量为马铃薯或木薯的10倍、甘薯的13倍，块根的大小重量与栽培年限有关。据调查，一棵一年生的鲜薯重1 kg以上，2年生的2.75 kg，8 ~ 9年生的30 ~ 20 kg。各部分的蛋白质含量都比其他植物相对应的部分高，叶的蛋白质含量高达百分之几。既是好食料，又是好饲料。

表3-9　四棱豆营养成分含量　　　　　　　　　　　　单位：%

部位		水分	粗蛋白质	脂肪	氮	磷	钾
种子		25.36	34.20	17.18	6.219	1.624	1.460
块茎		69.55	20.37	0.66	3.703	1.165	1.527
老藤条		77.40	18.00	0.46	3.273	0.747	2.295
老荚壳		22.40	10.68	0.49	1.942	0.472	2.598
茎叶	干物	—	—	—	5.002	1.027	1.674
	鲜物	—	—	—	0.900	0.815	0.296

注：以烘干物重计算。

2. 肥料

由于它的根瘤多而大，具有很高的固氮能力，比其他豆科植物都高，地上、地下部都含有一定数量的氮、磷、钾，枝叶繁茂，老藤条的含氮量很高，质地柔嫩易烂，用作绿肥尤为理想，亩产鲜茎叶1.0 ~ 1.5 t，折氮相当于硫酸铵近50 kg。

（四）栽培技术要点

1. 播种

由于蔓长，播距视利用目的、土壤肥瘦、间/套种或房前屋后、菜园而异。作绿肥、土地瘦、间套胶园或高粱地的宜密些，采用67 cm × 100 cm。种在房前屋后、菜园篱笆边作食料、饲料的应稀播，采用100 cm × 100 cm。应挖33 cm × 33 cm方穴，土壤要松软，进行点播，每穴播3~4粒种子，施少量有机肥覆薄土即可。

2. 管理

生长初期需进行除草、松土、施肥、培土，苗期最好施少量复合肥，促其早生快发。作为蔬菜栽培的应多施些有机肥，以利多收些种荚和块茎。遇干旱时须淋水，保持土壤湿润。

3. 收种荚

一般8—9月盛花时，即可摘嫩荚作蔬菜食，小雪过后，荚果逐渐成熟，由黄转褐色或棕色时，便可收获晒干脱粒。种子产量高，一般亩收100~150 kg干豆。

十一、瓜（胍）尔豆

瓜（胍）尔豆（*Cyamopsis tetragonoloba*），外形略似大豆，系豆科一年生直立草本植物。瓜尔豆除可作食用，也可作为饲料、绿肥。广东省在20世纪70年代徐闻县试种成功后，曾推广到一定面积。

（一）生物学特性

瓜尔豆的生育期一般为4~5个月，在此期间，其平均气温以20 ℃为限，最适宜气温为24~26 ℃，有效花的临界温度为21 ℃，如气温降到10 ℃，植株才显著受害。在生育期内，年降水量在1 000 mm以下地区，栽培效果较好。年降水量在1 000 mm以上地区，若年平均气温在21 ℃以上，冬季温暖，可避开高湿季节，进行秋种。瓜尔豆对土壤的适应性较强，具有粗生、耐旱、耐瘠、适于机耕和提高土壤肥力等优点。从砂土、壤土到壤质黏土，pH值5~8的范围均能生长良好。但为了获得良好产量，以中等肥力和排水良好的沙质壤土为最好，其对土壤肥力的要求与玉米、高粱相似。最好是适量地施用氮、磷肥，特别是施磷肥，可促使它对氮的吸收和提高固氮能力。

（二）植物学形态

株高一般1~2 m，营养生长因环境条件不同而有很大差异。湿热季节栽培的瓜尔豆营养生长特别旺盛，株高达2.0~2.4 m。每株分枝12~21个，一般距地面10~15 cm处即开始分枝，分枝长24~66 cm。叶互生，由三小叶组成，卵圆形，先端很尖，叶片有细小绒毛。花小浅红色，蝶形花，排成密集的腋生总状花序，长5~7 cm，花无柄，花序与分枝同时萌发，雄蕊10枚，连台为单体，花柱略长于雄蕊。荚果狭长略扁平，长5~7 cm，具棱角，每个豆荚有种子8~10粒，一般6~8粒，种子扁圆形，种子颜色因受水分条件影响而有较大变化，呈白色、黄色、灰色、黑色等，以灰白色或灰褐色最好，黑灰色次之。种子千粒重33~40 g。种子含胚乳38.0%~49.9%，种子含瓜尔胶33%~40%。

（三）综合利用

1. 食用和饲料

瓜尔豆可作食用，青嫩豆荚可作蔬菜。其种子含蛋白质34%、油脂40%，营养丰富，可代粮充饥。其鲜茎叶可作牧草用或制成干草粉作饲料。

2. 肥料

由表3-10可知，瓜尔豆是一种优良绿肥作物。一般可亩产鲜茎叶1 000 ~ 2 000 kg。其根瘤固氮能力很强，且因根系发达，据测定它能从底土层中把大部分磷素（52.67%）吸收转移到表土层供作物生长。此外，它还可与其他作物间作、轮作，如玉米、木薯、甘蔗、甘薯、马铃薯、果园、茶园等。既可充分利用地力，增加收入，又可培肥地力，改良土壤，一举多得。

表3-10　瓜尔豆茎叶干物质的养分含量　　　　　　　　　　单位：%

测定部位		N	P$_2$O$_5$	K$_2$O
茎	全株生长盛期	2.94	0.341	2.274
	开花结荚盛期	0.53	0.062	0.518
叶	全株生长盛期	4.95	0.249	2.102
	开花结荚盛期	3.56	0.234	1.142

（四）栽培技术要点

1. 播种

播种期要根据种植区气温条件而异，在广东省雷州半岛的播种期，春播以3—4月，秋播以7—8月为较适宜。播前要把种子浸水1 h后再以50 ℃温水处理0.5 h。选择中等肥力土壤，整地起宽1.3 ~ 1.7 m平畦。株行距视利用目的而异，以收种子为目的时，一般采用33 cm×67 cm较适宜，以收青饲料和绿肥为目的时，则采用50 cm×50 cm为宜。采用穴播，每穴播种4 ~ 5粒。亩施磷酸钙10 ~ 15 kg作基肥。一般3月底前播种的，8月中旬前可收获完毕。

2. 管理

苗高10 ~ 13.5 cm时进行间苗，每穴留2 ~ 3株，结合中耕进行除草、松土。当苗高60 ~ 100 cm时，初花现蕾至初荚期，结合除草、松土，每亩追施钾肥3 ~ 4 kg。在生长期中，如发现根腐病、枯萎病和叶斑病，要及时防治。

3. 收获

作青饲料或绿肥的，可在初花至盛花期收割。收种子的待豆荚成熟时可分2 ~ 3批采收（因成熟不一致）。

十二、田菁

田菁又名咸青、涝青、油皂子等。为田菁属豆科一（越）年生或多年生亚灌木状直立草本或灌木（图3-11）。原产热带或亚热带地区。此属约有20种，我国约有5种。

（1）普通田菁（*Sesbania cannabina*）。为一年生小灌木状草本，高1～2 m，属青茎种，分布最广，几乎全国大部分省区均有栽培，资源丰富，特别是福建、广东、海南更多。

（2）刺田菁（*Sesbania aculeata*）。为多年生灌木状草本，高1.5～2.0 m，属红茎种。枝叶略有细刺，多为野生。主要分布在福建、广东、广西、云南等省。

（3）沼生田菁（*Sesbania javanica*）。为一年生草本，高2～4 m。喜欢在沼泽地生长，旱地生长不良。形似普通田菁，多分布在华南及中南各省。

（4）埃及田菁（*Sesbania sesban*）。又名木田菁，植株似普通田菁，为多年生木质灌木乃至小乔木，高3～4 m，喜高温耐干旱。原产于东非洲和印度等地，新中国成立前传入我国海南西南部栽培。

图3-11 田菁

（5）大花田菁（*Sesbania grandiflora*）。又名红蝴蝶，为多年生小乔木，高4～10 m。原产印度至澳大利亚热带地区，我国云南西双版纳地区（为白花品种）、广东湛江及海南崖县（为红花品种）等地均有栽培。

（6）美丽田菁（*Sesbania* sp.）。又名印度田菁，为一年生草本，高达3～4 m，分枝少，全株披银白柔毛。植株、叶片、花果比普通田菁大，前期生长较慢，不耐涝。原产西印度群岛的瓜德罗普岛，广东于新中国成立后传入。

（一）生物学特性

田菁的物候期因品种和栽培地区不同而有一定差异，目前我国栽培的田菁品种较多，大致可分为三类。早熟品种，生长期100～120 d；中熟品种，生长期140～160 d；晚熟品种，生长期180 d以上。

田菁是一种能适应干旱、水淹、盐碱、酸性环境的夏季绿肥作物，在广东省春、夏、秋季均可种植。种子发芽所需要的温度一般在15 ℃以上，20 ~ 30 ℃时发芽生长最快，且齐整一致。对日照反应较敏感，因季节日照长，开花结荚期显著延迟，植株高大，鲜茎叶产量高。反之，则因日照短而早花低产。对土壤适应性很强，盐土、碱土、沙土、黄泥土、红壤土、淤土、河滩、海滩、堤围基等，pH值为5.5 ~ 9.0，均能生长，而以保水保肥较好的砂壤土或黏壤土最为适宜，酸碱过重的土壤生长较差。田菁的耐盐能力很强，一般土壤含盐量在0.4%以下的盐碱地，还能正常生长开花结实，故可作为盐垦地区的脱碱先锋作物。且具有耐湿耐涝特性，幼苗长出三片真叶后受涝受浸时，只要生长点不被淹，都能继续生长。故可利用早、晚稻田生长间隙，套、间种稻底田菁绿肥，这是以田养田、解决晚稻肥源的好办法。

（二）植物学形态

直立草本，株高2 ~ 4 m或更高，茎粗1 ~ 2 cm或更粗，分枝部位高。叶为偶数羽状复叶，叶长15 ~ 30 cm，小叶20 ~ 40对，小叶线状长圆形，长8 ~ 20 mm，先端钝而有小锐尖。总状花序，腋生，长3 ~ 10 cm，疏散，有花3 ~ 6朵，花黄色，旗瓣有无数紫色细点。荚果狭长线形稍弯，长15 ~ 20 cm，宽约3 mm，有尖喙，每荚有种子25 ~ 30粒。千粒重14.8 g，每0.5 kg种子约34 000粒。一般亩产种子50 kg以上。主要根系集中在表土层20 ~ 30 cm内，主根深达1 m，地上部与地下部比为4.3：1，根瘤大而多，集中于主根上部，灰白色。

（三）综合利用

1.肥料

据分析，田菁鲜茎叶含氮0.52%、磷0.07%、钾0.27%，是一种优质绿肥作物，一般亩产鲜茎叶2.0 ~ 2.5 t。

在盐碱地改良中，可以发挥其重要作用。据试验，种植田菁后在0 ~ 5 cm深的土层内，盐分下降0.156%，5 ~ 20 cm土层内下降0.074%（表3-11）。可见盐碱地种植田菁，对加速盐碱荒地的改良以及提早围垦滨海滩涂的脱盐有重要作用。由此可知，盐碱地种植田菁，以耕作层15 cm范围内的土壤含盐量下降最为显著，而在30 cm深处的变化已不大。

表3-11 种植田菁对土壤盐分含量的变化

深度（cm）	种植前（%）	种植后（%）	相差（%）	备注
0 ~ 5	0.394	0.238	0.156	
5 ~ 20	0.343	0.269	0.074	土壤盐分以氯盐含量表示
20 ~ 40	0.286	0.241	0.045	

2. 饲料

田菁的鲜嫩枝叶蛋白质含量为3.25%，可作为牲畜饲料晒干后喂猪，通常2份干田菁混4份其他饲料使用。

3. 蜜源

田菁花器官分泌的蜜源，是盐碱土地区养蜂业的主要蜜源。据试验：蜂群在田菁开花期间，每隔5～7 d就可摇蜜1次，整个花期可摇蜜3～4次，每箱蜂可产蜜20～25 kg。

4. 工业原料

田菁开花后茎秆易木质化，可把剥过皮的茎秆作为造纸原料，其纸浆质量相当于阔叶树木浆；田菁的茎皮富含韧皮纤维，可剥皮作麻料的代用品，用作绳索或麻袋，田菁纤维的拉力和耐酸、耐碱、耐盐的性能都比黄麻纤维更强。

（四）栽培技术要点

田菁的用途较为广泛，其栽培技术应根据不同用途和要求利用不同的植物部分而有所不同。以下主要介绍作为收鲜茎叶和收种子为目的的一般栽培技术要点。

1. 播种

播种期因品种和用途而不同。在广东春、夏、秋季均可播种，以1—5月为最宜。播种方法，撒、条、穴播及育苗插植（此法宜用于早稻套种）均可。条播株行距25 cm×30 cm或30 cm×50 cm，穴播或作留种的采用30 cm×（50～60）cm。播前沟内施些腐熟堆肥、草木灰等作基肥，最好混些过磷酸钙（经堆沤过），然后播种覆土。播后5～6 d出苗。苗高22～27 cm时，结合中耕、除草、松土施1次氮肥，亩施硫铵2.5～4.0 kg。播后3个月左右，株高1.7 m左右可进行第1次刈割青肥，隔25～30 d可割1次，一般亩收鲜茎叶2 000～3 000 kg，高产的达5 000 kg。每次刈割后要酌量施肥。

除利用荒地、旱坡地、水沟边、堤岸边、围田边、海滩围垦地以及房前屋后零星地种植外，还可利用早造稻田套种田菁、冬甘薯（四月薯），收获后迹地种植，或冬种甘薯地间种田菁。亦可充分利用果、茶、桑、蔗、胶、药园和木薯、玉米地等间作、套种田菁，以达到培肥地力、改良土壤的目的。

2. 管理

田菁虽属粗生、易种、速生作物，但长期不下雨，土壤过度干燥，要适当地进行灌溉。出苗后最好追施1次50 kg氮肥。作为留种的宜稀播，出苗后要除草、松土1～2次和打顶摘心，并要注意防治斜纹夜盗蛾、红头芫菁、地老虎、蚜虫、金龟子、粉蝶幼虫和卷叶虫为害。

3. 收获

用作绿肥的，株高1.7 cm左右即可进行第1次刈割作晚造稻田用肥。作收种的一般8—9月开花结荚，10月收获。当种荚变黄褐色枯干时，趁晨早露水未干时刻，将其梢头结荚部分割收晒干，使部分未充分成熟的豆荚后熟，然后晒在地上以板拍脱粒，风净晒干后储藏备用。一般亩产种子50～75 kg或更高。

十三、压草豆

压草豆（*Vigna sinensis*），又名海南豇豆、乌豇豆等，为豇豆属。是一年生半缠性草本豆科粮肥兼收绿肥作物。湛江市的徐闻县种植历史悠久。其种子、嫩荚、嫩芽可供食用，茎叶作绿肥。

（一）生物学特性

压草豆适应性强，耐旱、耐瘠、粗生，易种，对土壤要求不严，以排水良好的砂质土或砂壤土为宜，忌低洼渍水。生育期较短，产量较高。播种后60～70 d开花，花期较长，边开花，边生长，全生育期为100～120 d。最适宜在番薯、甘蔗、木薯、玉米、花生和各种旱地经济作物如果、茶园等间/套种，是不存在与粮油争耕地的较理想绿肥兼收作物。

（二）植物学形态

与印度豇豆不同的是茎蔓略短些，1.5～2.5 m，但分枝较多，每株分枝5～9条或以上，叶为三出复叶，叶片略呈三角形，长8 cm、宽6 cm左右，极似豆角叶，每株结荚35～40个果，长10～15 cm、宽6 cm左右，荚果黑褐色，表面光滑，每荚有种仁10～15粒，形似眉豆，千粒重56～70 g。粮肥兼收的，每亩可收种子25 kg、鲜茎叶1.0～1.5 t，以纯收种的可亩产50～75 kg，最高的达100 kg以上。

（三）综合利用

1.食用、饲料

压草豆的种子、嫩荚、嫩芽可供食用；茎叶可作牲畜饲料。

2.绿肥

凡是旱地种植的粮食和经济作物地里，都可以间/套种压草豆，既可充分培肥地力，又可抑制杂草，达到增肥改土和兼收的目的。据分析，压草豆盛花期的鲜茎叶养分含氮0.42%、磷0.037%、钾0.19%；风干物含氮、磷、钾分别为2.48%、0.216%、1.14%。它是一种较优良的粮肥兼收绿肥作物。

（四）栽培技术要点

1.播种

一般3—5月播种，种植的株行距（33～67）cm×（67～85）cm，留种的67 cm×100 cm，每穴播种3～4粒，亩播量0.75～1.00 kg。如作间、套种的播种量可酌量减少。一般6—7月开花，7—8月结荚，8月底至9月种子成熟。

2. 管理

徐闻等地播种压草豆一般不施肥，但其生长前期较慢，在根瘤未形成前应酌情施氮肥并混几斤磷肥促其早生快发。作为留种的除适当稀播外，应适当打顶叶，以提高种子产量。

3. 收获

作绿肥、饲料的，应在盛花期刈割。作留种的，种荚8月成熟时，即收获晒干脱粒。

十四、狗爪豆

狗爪豆（*Stizolobium cochinchinensis*）为黎豆属，有十多个品种，分布于热带、亚热带地区，不少种类在性状特性上与狗爪豆相似。狗爪豆又名富贵豆、虎爪豆、龙爪黎豆、白毛黎豆、猫儿豆、狗跨豆等。是一年生缠绕性草本蝶形花科肥、饲兼用的夏季绿肥作物。原产于亚洲南部，我国的广东、台湾、云南、广西、贵州、湖南等地均有栽培，作为佐膳豆类及养猪精饲料，尤以广东的连州、英德、阳山等石灰岩山地区栽培最多。台湾省则多用为甘蔗园短期绿肥。

（一）生物学特性

狗爪豆的优点是适应性很强，生长迅猛，茎蔓长，叶幅大，因其根系发达，故耐旱、耐瘠性极强，亦特别耐肥，但不耐霜。不择风土，不论在旱地、丘陵地、新垦地、园边隙地都能生长良好，又是倾斜坡地极好的覆盖作物。在坡地或石山丘陵下方掘穴，施少量腐熟堆肥作基肥，粗放播种后2～3个月其茎叶即覆盖地面岩面，对保护土壤、提高地力、调节石灰山气温具有相当功效。

（二）植物学形态

狗爪豆为蔓生草本，分枝多、叶面大，蔓长可达数丈，青色，圆形，基部带褐色。自茎部10～14 cm处分枝，能迅速形成高40～50 cm的大面覆盖层。小叶三片，顶端一枚较大，长卵形，长8～15 cm、宽4～10 cm，两面均薄，被白色疏毛。总状花序，长20 cm左右，串生花数朵，青白色，蝶形花冠。荚果长8～12 cm、宽1.5～2 cm，幼时肿胀，似指状，绿色，被淡褐色茸毛；成熟时荚干缩硬化而扁，黑色，表面有纵棱突起。荚内有种子4～7粒，种子扁，近肾形，似蚕豆，大小约为1.5 cm×1 cm或较小，种皮多种颜色，灰白且带黑色，白皮带黑斑。一般亩产种子量125～175 kg或更高，每0.5 kg种子400～500粒，千粒重近100 g。

（三）经济价值和利用

狗爪豆可作肥料、食料、饲料和绿肥覆盖作物。

1. 肥料

狗爪豆的绿色体部分，一般亩产1.5～3.0 t，据分析，其鲜茎叶含氮0.56%、磷0.13%、钾0.43%。是一种优质绿肥作物。在3月播种的，到大暑前正是盛花期，即可刈割作晚稻田基肥或甘蔗、甘薯的基肥。

2. 食物

主要是种子刚形成时的青嫩豆荚作为佐膳蔬菜，将豆荚煮熟，剥出内层木质皮，浸水一昼夜后配以豆豉、肉类等煮食。

3. 饲料

狗爪豆的干豆荚及种子是猪、牛的精饲料，可以浸水、煮熟或磨成干粉饲用。喂牛以不超过精饲料的一半为宜。据试验，狗爪豆粉的饲养效果比麦麸好，约相当于干棉籽饼的2/3。其鲜茎叶可作青饲料或制青贮料、干草以饲养牲畜（表3-12）。

表3-12　狗爪豆饲料干物质的成分含量　　　　　　　　单位：%

样样品	水分	粗蛋白	粗脂肪	粗纤维	无氮抽出物	灰分
种种子	12.1	23.7	44.5	6.2	49.5	4.0
叶（鲜物）	75.8	4.5	1.0	7.5	9.4	1.8
叶（干物）	8.9	22.4	7.9	22.8	33.3	4.7

4. 作绿肥覆盖作物

由于狗爪豆生长快，茎叶产量高，是一种速生的短期轮作绿肥。在红壤旱坡地上播种狗爪豆，3个月即可完全覆盖地面，不但对土壤有保护作用，且由于根部发达，根瘤旺盛，对地力的提高尤其对新垦地土壤的改良起到很大的作用。

（四）栽培技术要点

1. 播种一般在3—4月，掌握在雨季播种

由于它的蔓长叶密、叶多而大，故株行距视土壤肥瘦和利用目的而异，一般宜用67 cm×67 cm或67 cm×100 cm，进行点播，每穴播2～3粒，亩播4～5 kg。但肥地宜疏，瘦地可密些。作为短期轮作绿肥或收青饲料为目的的宜适当密些，作为留种的宜疏些。在山坡丘陵地上，不须经过开垦，可直接挖直径33 cm的穴，放入少量堆肥即可播种，覆盖3～6 cm土。但挖穴要比较深松，不可挖成低洼状，以防积水。广东农民有用狗爪豆与玉米间作、隔行或隔株播种，播期与玉米同时进行或稍迟，玉米收获后的残茎正好作为狗爪豆生长的支柱，可获得较高的种子产量，并能增加土壤肥力，是一种很好的栽培方式。可种植在菜园篱笆边，有支架攀绕，通风透光，产种量更高，特殊栽培的

单株，往往可收鲜豆荚几十千克。

2. 管理

茎叶在完全覆盖前，须进行除草、补苗、施肥、培土和一般田间管理。如遇茎基部有臭椿象和叶片有金龟子或斑点病，必须及时防治。开花结荚期间，如遇干旱，须酌量灌水。

3. 收获

白露后种荚便逐步由黄转黑成熟，但花期很长，一直到霜期以前，尚有继续开花结荚的，故种荚必须随熟随收，集中敲打破荚，再晒几天，处理干净储藏好。

十五、雀蛋豆

雀蛋豆（*Stizolobium deeringianum*）原产于亚洲南部。广东有2个品种：一种叫茸毛黎豆（即雀蛋豆），另一种叫黄毛黎豆或刚毛黎豆，亦叫花黄豆。雀蛋豆的正名称为绒毛黎豆、黄花黎豆，与狗爪豆同为蝶形花科，黎豆属。由于豆的种仁具有黑白或褐色构成的花斑与条纹，有如禾雀蛋色泽，故名雀蛋豆、禾必春等。

（一）生物学特性

雀蛋豆适应性强，性喜温暖湿润、粗生、易管、覆盖性强、产量高，是很有前途的夏季绿肥作物。不论旱地、山坡地、丘陵地、新垦地，生长都良好。在沙田地区的基围、"五边"隙地生长特别旺盛。

（二）植物学形态

雀蛋豆的茎匍行，很长，可达10 m以上，略披白色或短柔毛，小叶卵圆形，或菱卵形，全缘，叶下面有细毛，上面毛少些。花为一长而下垂的总状花序或聚伞圆锥花序，5～30朵花，单生或2～3朵簇生，紫色。荚果长5～7.5 cm，膨胀，有脊，密生近黑色细短绒毛。种子3～5粒，近圆球形，有黑色、白色或褐色构成的斑点与条纹。一般亩收种子150 kg，每0.5 kg种子约740粒，千粒重约650 g。

（三）综合利用

1. 食料

雀蛋豆主要食其种仁，可炒熟食或做豆腐食，风味比狗爪豆佳。但它与狗爪豆一样，种仁含有微量氰酸，故在食用前应先用水煮过或用水浸一些时间，否则食后会有点头昏。

2. 饲料

其种仁富含蛋白质和脂肪，是一种优质饲料，且其产种量高，一般亩产150 kg左右，菜园边肥地高产的一般可收湿荚20～30 kg。

3. 肥料

它是一种缠绕状藤本的茎蔓，枝叶繁茂，覆盖性强，产量高的植物。一般亩产鲜茎叶1.5～2.0 t，作为晚稻压青作基肥用，也很理想。

（四）栽培技术要点

雀蛋豆的栽培方法基本上与狗爪豆相同，因属粗壮的缠绕状藤本植物，3—5月播种，宜用点播法，株行距82 cm×100 cm为宜。丘陵山坡地不需全垦，可直接挖直径33～50 cm的穴，穴深33 cm。土壤要松软，不可积水。播前每穴施少量有机肥，每穴播种2～3粒，覆盖3～5 cm细土，每亩播种量1.50～1.75 kg。如在房前屋后隙地或菜地篱笆边缘种植，生长更繁茂。

播种后管理粗放，自然生长茂盛，密盖地面。播后50～60 d即可刈割1次鲜草，亩收鲜草500～750 kg，一般可刈割2次，作为晚稻基肥。因其再生力较弱，所以留茬要高些，割后适当追肥，促进其生长，为第2次收割打好基础。

十六、毛蔓豆

学名*Calopogonium mucunoides*，又名马来亚毛蔓豆、米兰豆、压草藤等。在热带地区为多年生缠绕性豆科覆盖绿肥作物。原产南美洲、印度尼西亚一带，对抑制杂草、保持水土、减少冲刷作用很大。生长盛期茎叶覆盖直径达70 cm，故有"覆盖之王"称号。

（一）生物学特性

毛蔓豆性喜温暖湿润，具有耐旱、耐瘠、耐阴特性，但怕积水，不耐霜冻，4～5 ℃生长受影响，2 ℃以下即冻死。在广州地区较难收到种子。对土壤要求不严，不论红壤坡地、荒地、果园、堤边轮歇地都可种植。但以排水良好、有机质较高的土地生长最好，在冲刷较严重地区，注意施些有机肥作基肥。毛蔓豆前期生长慢，后期生长快。

（二）植物学形态

毛蔓豆茸蔓细长，全身被黄褐色浓密短毛，茎匍匐蔓生于地面，又能攀绕，长达3～4 m。茎节着地即长根分枝，三出复叶，卵圆形，长6 cm、宽4 cm左右，叶脉不突出叶面，托叶箭头状，花小，淡蓝色，种荚细长黄褐色，长3 cm、宽3 mm，密被硬毛，种子小，青黄色，每荚4～8粒，千粒重12 g左右，每0.5 kg种子约4万粒。

（三）综合利用

1. 肥料

毛蔓豆生长到4—5月时，蔓长3～4 m，可刈割第1次，一年可刈割2次，亩产鲜茎叶2.0～2.5 t。据分析，鲜茎叶含水分81.8%、氮0.409%、磷0.055%、钾0.5%。干物含氮2.15%、磷0.288%、钾2.636%。作绿肥压青时，效果很好。由于毛蔓豆生长覆盖快，但耐阴性和宿根性弱，所以作为幼龄果园覆盖时，与蝴蝶豆、爪哇葛藤混播，可迅速形成较长期的良好覆盖面。

2. 饲料

毛蔓豆茎叶可作牲畜饲料，其营养价值比花生藤还高。鲜茎叶含水分73.3%、粗蛋白质4.096%（花生藤2.9%）、粗脂肪0.6%、无氮抽出物11.4%、粗纤维8.10%、灰分1.6%。种子可作精饲料，其养分含量为：粗蛋白36.38%、粗脂肪10.34%、粗纤维13.74%、无氮抽出物11.4%、灰分4.14%。亦可与禾本科牧草混种，提高牧草产量和质量。

（四）栽培技术要点

播种期以3—4月土壤湿润时为宜。因其种皮有角质，透水性差，播前应晒种，以砂擦种或用温水浸种10多分钟，再用冷水浸24 h后，晾干后播种。每亩播种量0.25 kg，株行距50 cm×50 cm或50 cm×83 cm，点播每穴5～6粒，盖土2～3 cm。

混播时通常与蝴蝶豆按1∶1或2∶1的比例混播，也可与蝴蝶豆和爪哇葛藤按5∶4∶1比例混播。

十七、崖州扁豆

崖州扁豆（*Amphicarpaea trisperma*），又名野毛扁豆、扁豆、三粒两型豆、崖县扁豆、小扁豆等（图3-12）。原分布于亚洲热带以至我国东北、朝鲜、日本、苏联等地，是豆科一年生缠绕性柔软草本夏季绿肥作物。

图3-12　崖州扁豆

（一）生物学特性

崖州扁豆是短日照作物，耐旱性很强，耐瘠、粗生、不择土壤，砂质土、黏壤土均可栽培，尤以近海边稍含石灰质的砂质土更好。但不耐霜雪，怕积水。它发芽快，生长迅速，叶蔓茂密，抑制杂草，是极好的覆盖性作物，对土壤保护、水分保持都有很好的效果。其茎叶质地柔软，作绿肥易腐烂分解，供作物吸收利用，猪、牛、羊也爱吃，无毒。

（二）植物学形态

具攀缘茎，长1.5 m左右，每叶柄上生小叶3片，卵形，先端略尖，中叶较大，两侧叶较小，从叶腋抽出花梗，开白色带淡黄的蝶形小花，排列成总状花序，花落后结扁形豆荚，每荚有扁形种子5~8粒，大约5 mm，黄褐灰色，久放则变红棕色，千粒重20 g左右，每0.5 kg有2.5万粒左右。根系发达，根细而多，有根瘤。

（三）综合利用

1. 食料

种子一般作食用，其粗蛋白质含量比大豆低，但比绿豆、豇豆、竹豆、木豆高，可以制作豆腐、豆酱、豆芽，也可作为糕点的馅，一般亩产种子量50 kg左右。

2. 鲜、干的茎叶和种子都是家畜的好饲料（表3-13）。

表3-13　崖州扁豆的干物质成分含量　　　　　　　　　　　　单位：%

部位	干物质	粗蛋白	粗脂肪	粗纤维	无氮抽出物	灰分
鲜茎叶（花期）	22.9	3.46	0.505	2.70	15.20	1.02
种子（风干物）	—	25.90	0.771	6.78	36.30	2.80

3. 肥料

据分析，崖州扁豆的鲜茎叶含氮0.411%、磷0.047%、钾0.226%。由于具有速生、粗生优点，可作为短期轮作、间作绿肥，一般亩产鲜草1 t左右。因其再生力强，整个生长期可刈割1~2次，单种亩产可提高。茎草易腐烂，分解快，对农作物生长初期吸收利用很有利。

（四）栽培技术要点

1. 播种

用作绿肥或覆盖作物的，宜春播，在3—4月播下，留种的适于秋播。由于其幼苗期耐旱力较弱，宜用条、撒播，使其茎叶很快密盖地面，既可减少杂草生长，又能保持水分，不受旱害。每亩播种量1.5~2.0 kg，行距35 cm。

2. 管理

一般较粗放，有条件的地方，苗高16~20 cm时进行松土，并施适量有机肥作追肥。如割青作绿肥或饲料时，留基部茎蔓16～20 cm，割后追些肥，促其植株生长。崖州扁豆容易发生豆荚螟，须注意防治。

3. 收获

3月播种，6月可刈割第1次鲜茎叶，7月底又可割第2次鲜茎叶。一般亩产量1 t左右。

十八、肥田萝卜

肥田萝卜（*Raphanus sativus*）是十字花科萝卜属的一个种类，为一年生或越年生草本植物。又名满园花、茹菜、大菜、萝卜青等（图3-13）。绿肥作物，也可作饲料。主要以冬绿肥栽培于长江以南的湖南、江西、广西、广东、福建、湖北和浙江西部地区。秋末冬初播种，翌年春末耕沤或刈割利用。与紫云英、苕子同地栽培比较，表现为生育期短、耐瘠性强、适播期长、耐迟播。所有栽培老区，都有相适应的地方优良品种。早中熟品种的植株比较矮，叶也小，但下部分枝多，根为直根系；晚熟品种的植株高，叶较宽大，但下部分枝少，根部膨大。耐旱性较强，所以在旱地、山坡、丘陵地区均能良好生长。在排水良好的水稻田，生长更为茂盛。耐酸性强，在pH值5左右的土壤上能够生长，并耐瘠薄，对土壤中难溶的磷酸盐有较好的吸取能力。鲜草含N 0.31%、P_2O_5 0.18%、K_2O 0.26%。由于它生长期短，再生力弱，所以不耐刈割。长江流域宜在10月播种，收获种子的方法与一般萝卜和油菜相似。作绿肥利用时，在初荚期耕翻。

图3-13　肥田萝卜

（一）植物学特性

肥田萝卜为一年生或越年生作物，苗期叶片簇生于短缩茎上，中肋粗大。现蕾抽薹后，渐次伸长为直立型单株。叶长椭圆形，疏生粗毛，缘有锯齿，柄粗长。茎粗壮直立，圆形或带棱角，色淡绿或微带青紫，株高60～100 cm，直立生长，分枝较多；老熟中空有髓，木质化程度增强。直根系，肉质，侧支根不发达，主根膨大程度和形状随品种与土壤质地等栽培条件而异。抽薹以后，各茎枝先端逐渐发育成总状花序，每一花序着花数10朵。花冠四瓣，呈十字形排列，色白或略带青紫；内含雄蕊六枚，雌蕊一枚；萼淡绿，四裂呈长条形。果角长圆肉质，长约4 cm，先端尖细，基部钝圆；老熟色黄白，种子间细缩，内填海绵质横隔；柄长1.5 cm左右。每角含种子3～6粒，不爆裂，也不易脱落。种子形状不一，多数为不规则扁圆形，夹杂少数圆锥形、多角形或心脏形；色红褐或黄褐；表面无光泽，有的现螺纹圈。种子千粒重随品种、地区环境与栽培条件的变化差异极大，一般为8～15 g，以栽培在质地疏松、排水良好、肥力中等土壤上的千粒重高。

（二）生物学特性

肥田萝卜喜温暖湿润气候。种子发芽最适温度15 ℃左右，最低温度4 ℃。全生育期所要求的最适温15～20 ℃，低于10 ℃，生长缓慢；高于25 ℃，对开花结实不利。苗期较耐低温，日平均气温短期下降至0 ℃，不显冻害；短期下降至-7～-5 ℃，有冻害出现，仍不致严重死苗。气温在15 ℃左右时，最适于肉质根的生长膨大。多数品种抽薹开花最适温度在18～20 ℃。对土壤要求不严，除渍水地和盐碱土外，各种土壤一般均能种植。对土壤酸碱度的适应范围为pH值4.8～7.5。由于它耐酸、耐瘠、生育期短，对土壤中难溶性磷、钾等养分利用能力稍强等特点，在我国红黄壤地区，栽培较广。稻田冬季种植，无论压青或收种，对晚稻接茬比较适时；对来年早稻适时插秧，影响较小。与现有其他冬季绿肥品种比较，耐渍、耐旱、耐低温与荫蔽等性能，均不如紫云英和苕子；对难溶性磷的利用能力，低于紫云英而强于苕子；对难溶性镁的利用能力，比两者均稍强。在同等栽培条件下，压青期土壤有效磷测定，种紫云英、光叶紫花苕子、蓝花苕子的耕层土壤，较之播种前均有所下降；而肥田萝卜的耕层土壤，却比播种前高出1.45倍。在稻田秋末耕地播种情况下，田间出苗率比较，紫云英一般为80%～90%，肥田萝卜为70%～80%。越冬前幼苗成活率：正常情况下，紫云英和肥田萝卜均可达出苗数的88%左右；若秋冬长期干旱，紫云英仍可以保持在80%左右，而肥田萝卜则下降为55%～60%。秋播全生育期，早、中熟品种180～200 d，迟熟品种在210 d以上。

（三）综合利用

肥田萝卜幼嫩时，可供食用与饲用。抽薹以后，其茎叶及肉质根均渐趋木质化。但结角期以前，仍可直接用作青饲料，或加工制成青贮饲料，适口性良好，家畜都喜食。它是冬春牲畜青饲料的可靠来源，而且供应时间比较长。

肥田萝卜的单位面积鲜草产量和氮、磷、钾总产量，以结角初期为最高，这时也是它的最适翻压期。由于植株高、茎枝多粗壮，耕沤之先必须截成小段，匀撒田面，以利深压入土。同时，耕沤期植株的纤维素和木质素含量高，水溶性物质含量较低，故翻压入土内分解较慢。南方双季稻田带水条件下耕沤，分解高峰常在耕沤后的1个月左右，比紫云英供肥慢。为了满足后茬水稻分蘖的养分要求，插秧以前，必须适量增施氮、磷速效肥，以利于水稻返青与分蘖。旱地耕沤，往往由于土壤水分不足，较难腐烂，更应重视短截深埋，不让绿色体裸露地面。肥田萝卜的肥效，在对后茬作物的供肥增产，或对土壤的培肥改土，无论稻田或果园，也无论单作或与其他绿肥混作，表现均极为明显。

（四）栽培技术要点

肥田萝卜可单作，也可和豆科、禾本科多种绿肥混作或间作。在耕耙整地播种情况下，混作或间作的鲜草产量与品质，一般优于单作的。

1. 单作

整地，要求深耕细耙，使耕层土壤疏松，水分含量干湿适度。播种后，种子能较快扎根出苗，是种好肥田萝卜的首要条件。质地较黏的土壤，精细整地更不容忽视。江西农谚有"九犁萝卜十犁瓜"，正说明群众对多耕多耙的重视。若整地粗放，对种子扎根、出苗和苗期生育均十分不利。播种时发芽所需的土壤水分不足，种子在土壤中停留时间稍长，即容易丧失发芽力。若土壤过湿，则幼苗长势弱，成苗率也低。双季连作稻田接着种肥田萝卜，整地时间紧迫，若土质黏结难于耕耙散碎时，犁翻以后，即可开沟作畦，任其晒伐。土伐晒透，按一定行穴距离，碎土开穴，并用稀薄粪尿点穴，播种后再覆土，既是抗旱播种的有效措施，又可收土壤晒伐、冻土的功效。

2. 混种

肥田萝卜可以同紫云英、金花菜、箭筈豌豆、苕子、黑麦草、大麦等绿肥混种。不同绿肥作物，地上部分和根系的生态各不相同，混种组合选择恰当，能较好地利用土壤，改良土壤；能较好地利用地面空间，提高鲜草产量。同时，不同绿肥植株的营养成分和碳、氮比也各不相同，混种绿肥翻压后，能调节分解速度，平衡和丰富对后茬作物的养分供应。此外，绿肥作物混种，对适应自然环境、抗御自然灾害也有利，是绿肥稳产高产的一项重要措施。

与肥田萝卜混种的常见组合，有肥田萝卜、紫云英（苕子、箭筈豌豆）；肥田萝卜、豌豆（蚕豆）；肥田萝卜、紫云英、大麦（黑麦草）；肥田萝卜、紫云英、大麦、油菜等。秋闲田地播种冬绿肥，有较充裕的时间耕耙整地，对多种混种组合一般都相适应。但这类田地的水利和土壤肥力条件多数较差，在混种组合中，应选用比较耐旱、耐瘠的品种。双季稻田接着种冬绿肥，水肥条件一般较好，但换茬时间紧，土壤多板实，多数地区的冬绿肥是采取稻底套播。因肥田萝卜的侧支根欠发达，稻底套播不易扎根成苗，故除少数疏松肥沃的冲积土稻田外，一般不宜采用肥田萝卜加入其他绿肥在稻底混种。同一混种组合中，要考虑各品种的生育习性和生育期。群众经验："肥田萝卜沤角，紫云英沤花，大麦沤芒。"若上述3种绿肥的品种组合恰当，则压青时，结角、盛花、齐穗3个生育期，将能相互遇合一致，发挥各自的生产潜力。混种绿肥的用种比例一般是：2种混播，采用各自单播用种量的1/2；3种绿肥混播，采用各自单播用种量的1/3。在这基础上，再根据混种的目的要求和品种的生育习性，斟酌增减。一般高矮草混种，高草可按上述用种量配比，保持应有的用种量，而矮草按上述配比，应适当加大用种量，则生产将更为有利。

（五）留种技术

肥田萝卜留种，多数在陆续收获萝卜作蔬菜后，将剩余植株留下采收种子，供下一年冬绿肥播种用，极少有专门留种栽培的。因而产种量不高，亩产一般60～80 kg，高产品种120 kg左右。为了提高肥田萝卜的产草量和肥效，应有计划地进行留种栽培。留种田必须选用优良品种，在中等肥力的砂壤土或黏壤土上种植。同时要求邻近较少有其他十字花科植物。留种栽培的0.3～0.4 kg种，要求保有2万左右苗，以后并分次除病去劣。播种方式，以条播或点播便于管理。条播行距35～40 cm；点播行的穴距40 cm×20 cm。在轻松肥沃杂草又少的地块播种，也可采用撒播。种子带磷肥、灰肥、腐熟有机肥下种，能促进生长，提高产量。红黄壤和缺磷土壤种植，磷肥拌种或作基肥，是一项必不可少的增产措施。缺磷土壤不施磷肥，幼苗生长瘦弱，越冬死苗严重，即使冬后残存株，亦枝少色黄，难以成角结籽。如气候干旱，土质轻松，覆土可稍厚；若天气多雨，土壤黏重湿润，覆土宜浅，或仅用灰肥、腐熟有机肥盖籽。

（六）管理

肥田萝卜整个生育过程中，都要求比较疏松的土壤环境。当幼苗出现2～3片真叶时，应锄草松土1次；抽薹前再锄1次，结合追肥与培土。花期要求每亩保留1 500～2 000株。如土质黏结，雨水频繁，或出苗前后土壤太湿，齐苗以后应提早松土，并增加次数。肥田萝卜耐瘠性虽稍强，但适量施用有机肥作基肥，播种时带磷肥和灰肥，苗期和薹期分次追施氮、钾肥，对提高产量仍有明显效应。肥田萝卜不耐渍，要求排水通畅，地面不渍水；但当表土过旱时，也应适时进行沟灌。开花结荚期需水较多，宜保持较高的土壤湿度。肥田萝卜主要虫害有卷心虫、蚜虫、猪叶虫等；主要病害有霜霉病、白锈病，应及时防治。在长期渍水情况下，还易发生根腐病，务须排除渍水和降低地下水位。

（七）收割

肥田萝卜收种期短，果序先端果角多数已饱满，中、下部果角呈黄色，即可收割。由于它没有裂角落粒现象，接茬条件许可时，适当迟收比提早收获更有利。植株刈割后，运至晒场摊放，不宜大堆堆积，待茎秆和果角现枯黄，即可选择晴天暴晒，用连枷或其他器械脱角脱粒，清除杂物，扬净晒干，储存于阴凉高燥处，防止受潮和虫、鼠为害。

十九、大叶相思

大叶相思（*Acacia auriculiformis*），又名耳叶相思、澳大利亚相思等。为相思属含羞草科常绿乔木树种。华南植物园1961年自东南亚引入广东省，经多年各地试种、示范、推广的实践证明：大叶相思是一种适应性广，喜暖热，好阳光，生长快速，三年成林，枝多叶茂，树冠浓密，郁闭度大的四季常青多年生树种。

（一）生物学特性

在北回归线以南热带、亚热带地区各种母质发育的干旱瘦瘠丘陵荒山红壤地、台地、潮砂地等类型土壤都能生长良好，特别是玄武岩母质发育的黏质砖红壤，花岗岩母质发育的赤红壤和滨海地区的湖沙滩生长尤佳。大叶相思的育苗适温要掌握在18 ℃以上，当幼苗遇到6 ℃以下的低温阴冷天气，易受冻害，15 ℃左右也会影响幼苗生长发育，故冬季寒潮期间不宜播种育苗。据统计，1985年年底广东省已种植了80多万亩大叶相思，为历史之最。

（二）植物学形态

树干比台湾相思直生，高可达30 m，干径60 cm，枝干无刺。幼苗具羽状复叶，长大后叶片退化，叶柄变为叶片状，披针形，革质，长12～15 cm，宽1.5～2.5 cm，叶的两端均较渐狭，有纵向的平行脉3～6条。穗状花序，腋生，长5～6 cm，花黄色，径约2 mm，萼5片裂；花瓣匙形，长2 mm，雄蕊占多数，长约3 mm，明显超出花冠之外，花柱约与雄蕊等长。荚果扁平，成熟时弯曲而旋卷，种粒结实处略膨大。种子椭圆形，较扁，长约5 mm；新鲜种子周围有一圈同脐连接很薄的黄色脐带，很易分离脱落。定植3年后可开花结荚，花期很长，荚果量较高，一般出种率仅为5%～10%，千粒重25 g，每0.5 kg种子2.3万粒左右，可种100～150亩，繁殖率很高。

（三）综合利用

大叶相思具有极其广泛的经济用途价值。

1. 养分较高，宜作肥料和饲料

大叶相思是优质绿肥树种。据分析，其鲜茎叶含氮1.32%、磷0.14%、钾0.43%。以其含氮计分别比山毛豆（0.904%）、田菁（0.52%）、紫云英（0.4%）的含氮量还要高。据在电白、徐闻、东莞、揭西等十多个县的不同土壤类型、不同作物种类，亩压青500～1 000 kg，进行多点、多次重复，作对比试验示范验证和科学施用方法，都获得较明显增产效果：对水稻、番薯、花生、甘蔗等的增产幅度为5%～25%。与紫云英、田菁、芸豆、花生藤、野生绿肥（苦楝、臭草、路边草、飞机草等）、猪粪、牛粪等各均以等量作对比施用，试验结果其肥效及产量除与花生藤相类似外，其余均有不同程度的增产效益。揭西县在稻田分别亩压大叶相思鲜茎叶500 kg、1 000 kg、1 500 kg作基肥的土壤养分变化结果，除速效氮外，有机质、有效磷、速效钾（3个压青量的平均值）对比压青前土壤养分含量分别提高0.026%、0.43 mg/kg、3.5 mg/kg。

据分析，其鲜茎叶营养成分亦较高，水分为65.4%、干物质34.6%，其中粗蛋白6.1%、粗脂肪2%、粗纤维7.4%、无氮浸出物18.3%、灰分1.8%、钙0.46%、磷0.04%。

叶嫩时，牛、羊比较喜欢吃，但革质化后，则适口性很差。

2. 保持生态平衡的先锋树种

由于大叶相思生长快速，属多年生，2～3年成林，枝多叶茂，树冠浓密，郁闭度大，四季常青，落叶量大，能发挥其保水、保土、保肥性能，是优良的植被防护树种，可以防风固沙、保持水土、改良土壤、净化空气、改善气候环境，从而起到保持生态良性平衡的作用。

（四）栽培技术要点

播种大叶相思，关键在于育苗技术，现简要介绍其栽培技术要点如下。

1. 育苗技术

（1）播育的适温季节。一般应掌握在18 ℃以上温度，约3月下旬起进行播种育苗。幼苗若遇到6 ℃以下低温凉冷天气，易受冻害，15 ℃左右也会影响幼苗生长发育。冬季寒潮期间一般不宜播种育苗。

（2）种子处理。大叶相思种粒硬实，种皮含蜡质，较难吸水发芽，必须用砂擦种和温水浸种，促其吸水催芽，提高发芽率和发芽势。

①用砂擦种：先将种子晒几小时，然后除去不实粒、杂质等约5%，再取种子1份，湿砂2份混合放入布袋，紧扎袋口，用手搓擦20 min，略损种皮，促使种子容易吸水发芽。

②温水浸种：一般要连续3次温水浸种处理（温水的温度由低至高）。第1次浸入60 ℃温水，把那些未十分老熟还带有青皮的种子先吸水膨胀捞出催芽露白播种；第2次用70～75 ℃温水处理余下的种子，将其吸水膨胀的种子再分离取出催芽露白播种；第3次用75～80 ℃温水处理那些粒小皮硬的种子（一般温水2.5 kg浸种0.5 kg），浸种时注意搅拌1～2次，浸10 h左右，膨胀后的种子要换清水再浸12 h，取出用清水洗净，将吸水膨胀的种子取出催芽露白播种。

经过这3次温水浸种处理后，如还有小粒皮硬无吸水的种子，可再用砂擦种再浸以温水，如法处理后再播种。

③苗床催芽：由于用温水处理后发芽还不能直接播到营养袋上，易"倒芽"或失苗，必须先插在催芽苗床上催芽，以保证幼苗生长整齐。要选择新开荒的或干净的河沙作健芽苗床，1 m²的苗床可播种子0.25 kg，播后用沙土覆盖过种子，并用木麻黄小枝条或松针等遮盖，播种后经常保持苗床湿润，种子发芽率达70%～80%便可揭草。

（3）营养苗的培育

①营养袋规格：如要培育20～30 cm高的幼苗一般使用8 cm×20 cm、不封底、袋壁穿孔的塑料薄膜袋育苗。一端紧贴地平面，各袋拼齐，排成宽130 cm的长方形畦形，以便水肥管理。每个袋装上八成满肥泥（肥泥混合5%过磷酸钙，并经过沤制腐熟）。

②移芽苗上袋：经催芽萌发出土，芽苗长约2 cm，即小叶张开且真叶和芽苗的主

根尚未出侧根，便要抓紧移芽苗上袋。拔芽苗时要避免用力过大而捏伤幼苗，要随拔随放入清水盆中。上杯前1 d要将营养袋里的营养土淋湿透，上苗时再淋1次。小芽苗移进插孔时，回土要压实，并随即淋水保湿，如遇阳光猛烈还要搭棚遮阴。

③幼苗的管理：初上袋的幼苗，每天早晚要淋水1次，如在沿海砂性土育苗，还要多淋1~2次，以保持土壤湿润，防止旱坏。在发生白粉病时，需用胶体硫1份配80份水喷洒，喷后0.5 h用清水淋洗即可。

2. 移栽定植

（1）苗木适植期。一般苗高达20 cm左右，即苗茎组织已由软变硬，在平原、台地、低丘陵地区，即可移栽定植。如在滨海潮沙滩地应培60 cm以上的苗木才能定植，即育苗期要适当延长。

（2）定植适宜期。一般应掌握气温在18 ℃以上，特别要注意选择有季风的4—7月暖热雨季天气定植，以提高其成活率。

（3）定植的规格。株行距可因利用目的和土地肥瘦不同作决定。作绿肥林、保持水土和过分干旱瘦瘠（或山腰以上）的土地应密些，可采用1.5 m×1.5 m种植规格，亩种约300株。

（4）适施基肥。在移栽定植前，应先填入表层熟土，然后每穴施有机肥2.0~2.5 kg、过磷酸钙0.25 kg，落肥后再回一些表土泥，将肥与泥混匀，以免肥分浓度高伤害幼苗嫩根。

（5）注意定植。定植时要注意把营养杯的塑料薄膜除去，把周围的松土层踩实，并淋定根水。

3. 加强管理

大叶相思定植后的管理，主要是注意死苗、缺株、牲畜践踏和防治病虫害。如发现缺株，应及时移苗补植，初植苗要防治白粉病、金龟子、蝗虫等。定植后1~2个月内，在根瘤未形成时应酌情施些速效氮。有条件的应做好除草、松土、培土等工作。

二十、山毛豆

山毛豆（*Tephrosia candida*），又名灰叶豆、白花灰叶豆、短萼灰叶豆、印度豆等。为灰叶属，系蝶形花科多年生小灌木。原产于亚洲热带地区。21世纪初以来，印度尼西亚、斯里兰卡等国作为胶、茶园的绿肥及覆盖作物，是世界热带地区的著名优良高产旱地多年生夏季绿肥。当时的华南农学院在抗战前曾从南洋引种试种，新中国成立后的1965年广东全省推广种植面积达75万亩。广西、福建南部地区种植亦不少。

（一）生物学特性

广东栽培的有白花、黄花、紫花和伏氏等4个灰叶豆品种，其中驯化种植历史最长（在广东有70多年的栽培历史）、面积最大的为白花灰叶豆（即山毛豆）。与山毛豆同属灰叶属（*Tephrosia*）的有以下几种。

（1）黄花（毛）灰叶。为株高1 m左右的亚灌木，全植株被黄色茸毛，枝条硬而多，叶量少，豆荚多，早熟，粗生耐旱。但作为绿肥利用价值不大（图3-14）。

（2）紫花灰叶。株高多在1 m左右，为多分枝的横展性坚硬草本。抗旱性强，较迟熟，较茂盛。据海南热带作物研究院分析其盛花期嫩枝叶含氮0.705%、磷0.088%、钾0.377%。

（3）伏氏灰叶。植株与山毛豆相似，但植株枝条、叶片、豆荚等均较大，褐色茸毛显著。原产于非洲热带，引入栽培作为土壤改良作物。据观察分析，枝条粗大，叶量较少，含氮量较低，植株易死，需要在较肥沃湿润的土壤栽培。

山毛豆适应性强，根系发达，根瘤多，深生，再生力强，生长快，分枝多，茎叶繁茂；性喜阳光、高温湿润环境，不耐浓荫。具有耐旱、耐瘠、耐酸、粗生、耐割，稍耐轻霜，冬季不落叶或半落叶，但一年中有周期性落叶。对土壤要求不严，凡是红黄壤、荒坡地和不渍水的空隙碎地都能种植，十分适合荒地种植的优良豆科绿肥作物，还可以间作、套种在果园、茶园，能起到保蓄水量、压制杂草、培肥地力、改善土壤结构的作用。

（二）植物学形态

以白花山毛豆为例，一般一年生植株高1.5～2.0 m，2～3年不割的可达3～4 m。分枝部位低，距地面20 cm开始，总分枝达30～50条或更多（图3-14）。各部位的形态如下。

图3-14　白花山毛豆

（1）根。主根深生达120 cm，根系分布幅度140～160 cm，主要根系集中在30 cm土层中。根皮黄褐色，须根较多而粗，根瘤形状不一，有圆形、肾形，多集中在细根和须根上，黄白色。

（2）茎。秆灰褐色，基部密布灰白色的突起皮孔，枝梢灰绿色，分枝多，嫩枝一般长着褐色绒毛，主茎和老枝呈淡棕色且带有白花斑点。

（3）叶。奇数羽状复叶，具短柄，主肋长16 cm左右，由小叶11～25片组成，小叶长圆形，长3～6 cm，先端钝，叶面灰绿色，叶背银灰色，里表密生茸毛，托叶刚毛状直立。

（4）花。总状花序，顶生或侧生，长15～20 cm，下部的较短，花白或淡红色，两性花，子房上位。花柄长6～10 mm，与萼同被淡黄色纤毛，萼长4～5 mm，裂齿圆形，短于萼管，花冠长约2 cm，旗瓣白花，密被纤毛。10—11月开花，常由下而上、由外面内开放。

（5）果荚。12月至翌年3月成熟，扁长稍弯曲，长7～10 cm，密被黄褐色茸毛，成熟果荚为棕褐色，荚内有种子8～15粒，通常8～12粒。

（6）种子。种粒扁肾形，呈淡褐色有黑斑纹，种皮坚硬，种脐突起而大，呈灰白色。每0.5 kg种子23 000粒左右，千粒重21～27 g，一般24 g左右。一般亩产种子20～25 kg，高者达50 kg或以上，留种1亩，可扩种300～400亩，繁殖系数很高。

（三）综合利用

1. 绿肥

山毛豆鲜茎叶所含的肥分见表3-14。

表3-14 山毛豆鲜茎叶的肥分含量　　　　　　　　单位：%

部位	N	P_2O_5	K_2O
开花前嫩茎、叶	0.815	0.894	0.474
开花前生长盛期全株	0.764	0.098	0.430
鲜茎叶	0.904	0.156	0.361

山毛豆的枝叶繁茂，鲜茎叶产量高，第1年亩产1 t左右，第2年以后亩产2.0～2.5 t或更高，因其肥分含量较高，是一种优质绿肥作物。据华南农业大学、原广州市增城区农科所等单位水稻田试验：鲜茎叶压青，每亩500 kg山毛豆绿肥可增产稻谷45～75 kg。增产效果比施同量的花生苗、田菁、木豆、猪屎豆、太阳麻、无刺含羞草、苕子等均高。

2. 饲料

由表3-15可知，毛豆鲜茎叶的营养价值相当高。每1 kg鲜茎叶约相当于0.19个饲料单位（比稻秆0.34～0.4个略低），但含有可消化蛋白质45 g（比稻秆高11～15 g）。可见在粗饲料中山毛豆是含丰富蛋白质的理想豆科粗饲料。

表3-15　山毛豆鲜茎叶营养成分分析　　　　单位：%

部位	水分	粗蛋白	粗脂肪	无氮抽出物	粗纤维	粗灰分	磷	钙	镁
鲜茎叶	62.70	8.10	2.30	8.50	12.90	1.50	0.148	0.52	0.21
种子	—	33.75	8.50	25.88	13.65	4.82	—	—	—

3. 保持水土、改良土壤

山毛豆根系发达，主根深入底土100～170 cm，茎叶繁茂，地面上空有树冠覆盖，又有周期性落叶层覆盖地表，均能降低土温，减少土壤蒸发及雨水冲刷，增加土壤有机质。故种山毛豆几年的土壤，肥力显著提高。据调查测定惠来县葵潭农场柑橘园间种山毛豆后土壤肥力和水分有显著的提高（表3-16）。

表3-16　柑橘园间种山毛豆地力提高效果　　　　单位：%

处理	N	P₂O₅	K₂O	土壤水分
间种山毛豆	0.25	0.10	0.35	16.6
未间种山毛豆	0.17	0.08	0.33	12.1
对比增长	47.1	25.0	6.0	37.2

广东农业科学院分析佛山高明对村茶场，连种山毛豆5年的土壤含有机质为1.63%、全氮0.13%，对比未种山毛豆的土壤含有机质0.69%、全氮0.064%，相差约1倍。

（四）栽培技术要点

1. 播种

播种期一般在3—5月。因山毛豆种子的种皮较坚硬，难吸水，播种前应擦种（0.5 kg种子、0.25 kg砂，擦15 min）或温水浸种（50 ℃温水浸0.5 h）。并应采用营养砖或营养杯的育苗法，待出苗高15 cm左右即可移植。种植株行距规格，视栽培目的、土质肥瘦、坡度大小，以及方便田间管理等作决定。留种的一般采用130 cm×170 cm或170 cm×170 cm，收肥的70 cm×100 cm或100 cm×100 cm。为便于管理、割青和收种，可采用双行植法，即大行距170 cm、小行距33 cm，株距不变，即170 cm×70 cm和170 cm×100 cm，植穴呈品字形交叉排列。在上述植距范围内，也要视土质肥瘦和坡度大小，适当增减。肥地、平地、缓坡、"五边"隙地、山腰以下的可疏些；瘦地、陡坡、山腰以上应密些。植穴的大小根据有无翻土而定，直接挖穴种植的要大些，宽40～50 cm、深13 cm；全面翻犁种植的可小些。要施足基肥，最好用有机肥和磷肥混合作基肥，每穴落1.0～1.5 kg，磷肥按每亩10～15 kg施用。种植适期的具体时间应选择阴雨天（4月左右），把适宜移植的株苗连同营养砖（杯）铲起（注意勿铲断根），移入穴内，每穴一株。要把植穴内泥土与营养砖（杯）紧密衔接，营养砖（杯）面稍低于穴口。有条件的地区，最好用草盖土，以保持水分。

2. 管理

田间管理着重苗期，在移植后至苗高50 cm以前，要认真做好除草、松土、培土、追肥、补苗等工作。特别天旱和雨后要进行松土。苗期因根瘤未普遍形成，生长细弱的要酌施速效氮肥（或化肥兑水淋施），发现有死苗、缺株，要及时移苗补种。成苗至蕾期要做好除草工作，花荚期往往严重受干风为害，造成干荚、落荚或籽实不饱满，因此，现蕾后即用齿耙浅中耕（不超过2 cm，以免伤根）和盖草防旱。苗期要防治土狗、地老虎、大头蟋蟀、金龟子幼虫等咬断幼芽和根茎，造成缺苗，现蕾至花荚期要防治豇豆蛀螟（豆角螟）和豆荚螟为害，前者吃花和嫩荚，后者则钻入荚内吃种子。

3. 收获

（1）台割收青。山毛豆植株高65～170 cm，即可进行第1次割青作肥，一般在第1年割青1～2次，台割留基茎高度要距地面50 cm左右，株苗高不到65 cm的不台割。台割工具要用枝剪或利刀结合整枝，快割齐割，不要损破皮部及动摇植株。第2年后植株可台割2～3次。台割后适施有机肥连同植株附近落叶、草皮等堆放在植株周围并盖土，促其再生快发。

（2）适时收种。山毛豆12月下旬至翌年3月种荚先后成熟，由于种子成熟期不一致，必须分期分批收种，以保证产量和质量。未熟的绿色种子和过熟的黑褐色种子不好，黄色或黄褐色种子最好，即荚果带褐色为收获适期，一般分批收获荚果。收获的荚果放在晒场摊晒，干后用石辘脱粒，扬净再晒干，储藏好备用。

二十一、木豆

木豆（*Cajanus cajan*），又名树黄豆、树仔豆、菜豆、豆蓉豆、豆沙豆、观音豆、柳豆、胡椒豆、鸽豆、雀豆等。是一年或越年生（在华南地区可多年生）的直立小灌木状深根夏季豆科绿肥作物。原产热带与亚热带或印度，是栽培史最久的豆科作物之一。中国分布于广东、江西、浙江、福建、江苏等省滨海地带。

（一）生物学特性

木豆适应性很广，粗生易种，根瘤发达，性喜温暖、石灰质土壤，耐旱、耐瘠，也耐酸。不仅适应于平原、丘陵及山区种植，特别能充分发掘土地潜力，合理经济利用地力，能充分在空隙碎地种植，不存在与主作物争地的矛盾，它对保持水土是一种理想的先锋绿化作物（图3-15）。

图3-15 木豆

（二）植物学形态

木豆植株高达1.5～2.5 m，茎圆形，略有棱，主茎褐色；分枝多，绿色，基部带红色；植物各部具灰白色短密毛茸。小叶3个，披针形至椭圆形，全缘，两面皆被有绒状毛。总状花序，有花数朵，黄色，具柄，腋生，有深黄紫红细条纹。荚果长5.0～7.5 cm，阔约10 mm，荚面凹凸不平，果荚初为青色，成熟时为黑色，含种子3～6粒或更多，形似黄豆但小些。因品种不同，色泽各异，有黄褐色、黑色、花皮或黄白带微黑色等，同时有小白色脐而突起。一般亩产种子40～60 kg，高的达100 kg以上，每0.5 kg种子近5 000粒，千粒重为80 g左右。

（三）综合利用

1. 肥料

据分析，木豆鲜茎叶含氮0.76%、磷0.16%、钾0.59%。每亩木豆鲜茎叶成分的有机质含量为27%～36%，它是一种优质绿肥作物。种植一亩木豆，每年可刈割1～2次，一般收1.5～2.0 t鲜茎叶作为绿肥肥田。

2. 饲料

木豆的鲜茎叶是优质的青饲料，蛋白质丰富，无毒，有香气，各种牲畜都喜欢食。全株干燥后磨粉含蛋白14.83%、粗脂肪1.72%。如佛山顺德桑基鱼塘区把木豆的鲜茎叶放到鱼塘里喂鱼，还可饲养家蚕。木豆种实含粗蛋白22.7%、粗脂肪1.3%、碳水化合物20.12%，是饲养鸡、鸭、鸽子等的好饲料，故有"鸽豆"之称。

3. 保持水土

最适宜种植在未垦的丘陵地、山坡地和茶、果、胶、药或有机质缺乏的旱坡地，以及已开始有轻度冲刷的山坡地都可以先种植木豆作为先锋绿化作物。1～2年后，才利用改种其他作物。徐闻县农民多年来利用其玄武岩发育的砖红壤的大片缓坡荒地，先种一年木豆，第2年种甘蔗，都不落肥，效果很好，亩产甘蔗4～5 t。因它富含根瘤菌，每亩木豆能固氮10 kg，对改良土壤起到良好效果。木豆在中、后期生长特别健壮，枝多叶茂且柔软，到秋、冬期间，老叶陆续脱落；厚积地面，这对土壤有保护作用，可防止冲刷与保持土壤适度湿润，并增加了土壤有机质。且木豆的主根深生，直达底土，由于根系发达，根群的穿插关系，能起到生物深耕作用，对改善土壤物理性状有很大作用。

（四）栽培技术要点

1. 播种

一般在2—6月播种，以4—5月为宜，通常气温在10 ℃以上即可播种。湛江地区可提早在2—3月播种。掌握作绿肥的宜早播密播，收种用可迟播稀播。宜用点播，每穴3～5粒，播距视土壤肥瘦和利用目的而异。作绿肥、饲料割青的宜密播，株行距一般33 cm×85 cm为宜，开穴一般为30 cm左右，每亩用种量1.5～2.0 kg；以收种实为目的时宜稀播，株行距60 cm×130 cm较好，亩用种量1 kg左右。播后下雨或土壤湿润，3～4 d便发芽出土，如干旱地需多天才出土。为了提早发芽，可在播前把种子浸水4～5 h，以促其提高发芽率。木豆在播种初期生长缓慢些，有条件的地区，最好是亩施有机肥150 kg、磷肥10 kg，促其早生快发，形成根瘤后则生长特别茂盛。

2. 管理

木豆一般粗生易种，但播后初苗期生长较慢，可酌施速效氮，并注意人畜损坏。苗高26～30 cm时，过密的应汰弱留强，每穴留1～2株，每亩保持800～1 000株的密度。最好在苗高60～100 cm时培土1次，促其多生新根，增强吸肥能力，创造抗倒伏条件。还要注意防治豆荚螟、卷叶虫、金龟子等为害。

3. 收青与收种

收绿肥或作青饲料的，如在春播，到大、小暑即可刈割第1次作晚稻用肥或作饲料。割后让其重发枝叶，1.5～2.0个月可刈割第2次。

收荚取种实的，应掌握豆荚老熟呈黑褐色还带一定水分时，选晴天清晨采摘。收荚时，注意不要在晴天中午前后采收，以免爆荚落粒。收获的荚果堆置好，待晴天晒干，脱粒扬净，再晒2～3 d后储藏较好，作为翌年用种或作食料、饲料等。如在五边隙地种植生长良好的单株，每株可收种子几斤。种子收获后，若要其植株明年继续生长，须于离地1 m处进行台割，使翌年重抽新梢，否则植株易衰老，结实亦减少。

二十二、蝴蝶豆

蝴蝶豆（*Centrosema pubescens*），又名蝴花豆、蓝蝴蝶、蝶豆、蓝花豆、羊豆、尖叶藤。为蝶形花科蝴蝶花豆属多年生缠绕性草本植物。原产于南美洲，引入全球各地已久，爪哇、印度、马来西亚等地普遍有种植，我国广东、福建等省均有种植（图3-16）。

图3-16 蝴蝶豆

（一）生物学特性

覆盖能力强，喜高温多湿，耐阴但不耐瘠和霜冻，适宜在疏松肥沃的土壤种植。

蝴蝶豆前期生长较慢，播种3～4个月之后分枝增多，生长加快，一年后生长旺盛。根群发达，扩展力强，冬不落叶，宿根性强，粗生耐割，一般在10—11月开花，翌年1—2月种子成熟，如有攀缘物则结实较多。

（二）植物学形态

枝条长1～4 m，三出复叶，叶柄长约4.5 cm，小叶卵菱形，长约5 cm、宽约3 cm，中间叶片较大，托叶披针形；花大，每一总状花序上有3～5朵，淡蓝色；荚果扁长，长约12 cm、宽约0.4 cm，种子淡棕色，扁平，千粒重约为25 g，每0.5 kg种子约有21 700粒。

（三）综合利用

1. 饲料

蝶豆茎叶细嫩无毛，作饲料适口性好，营养价值高。据分析，鲜茎叶含粗蛋白6.1%、粗脂肪0.6%、粗纤维7.5%、无氮抽出物8.5%、灰分2.3%，其中粗蛋白含量比玉米叶、番薯藤、毛蔓豆、狗爪豆等鲜茎叶都高，是高蛋白质的良好青饲料。据国外资料介绍，蝶豆牧地放养绵羊，体重增加快，如放养幼羊并适当添加淀粉性饲料如木薯等，则可得到更好的效果。据计算，每亩蝶豆牧草可产淀粉100 kg、消化蛋白质33.44 kg。蝶豆除可作牛羊牧草外，还可作为猪兔鸡等家禽的青饲料，或制成干草粉作饲料使用。

2. 绿肥

蝶豆鲜茎叶的肥料成分很高，据分析，鲜茎叶含氮0.65%、磷0.09%、钾0.43%，是优质的绿肥，500 kg鲜茎叶相当于16.25 kg硫酸铵、2.5～3.0 kg过磷酸钙、4.3 kg硫酸钾。生长在良好土壤上的蝶豆，一般每年可收割鲜茎叶1.0～1.5 t。

3. 保持水土

蝶豆耐阴性强，是良好覆盖绿肥作物，因它有前期生长慢、后期生长快的特点，如作覆盖作物，最好与前期生长快的毛蔓豆混播，后期当毛蔓豆因荫蔽而衰亡时，蝶豆即能取而代之，使全期都能维持良好的覆盖。

（四）栽培技术要点

蝶豆采用插条繁殖或种子直播均可。

1. 插条繁殖

选取向阳粗壮枝条，裁成33 cm长左右的小段，每段含3个节，芽眼要饱满，节要短粗。先在已整好地的苗圃按13 cm×24 cm株行距直插育苗，带叶的顶端一个节露出地面，待长根抽芽后便可移到大田定植。

2. 直播繁殖

（1）播种。2—7月都可播种，但以3—4月播种最好。每亩播种量0.5～0.6 kg，点播或条播均可。点播的株行距（33～50）cm×（33～65）cm，每穴播种子4～5粒。蝶豆的种皮较坚硬，最好用50～60 ℃温水浸种数小时，或混细砂擦破种皮后播种，以提高发芽率。一般播后1周左右便可发芽出苗，播种前每亩应施过磷酸钙5～10 kg、腐熟有机肥250～400 kg作基肥。出苗后要进行中耕除草，并酌施速效氮肥，以促进早生快发。

（2）收获。作绿肥用的一般在播后5～6个月，蔓长1～4 m时便可进行第1次割青，多年生的一般每年可割2次，收种的可于1—2月荚果有七成左右变黑褐色时，选择晴天采收种子，一般每亩可产种子50～100 kg。

二十三、爪哇葛藤

爪哇葛藤（*Pueraria thunbergiane*），又名热带葛藤、三裂叶葛藤、大叶毛蔓豆。是蝶形花科多年生缠绕性藤本植物。原产于印度爪哇，现在热带地区有广泛分布。

（一）生物学特性

爪哇葛藤性喜高温多湿和阳光充足的环境，但稍可耐阴，若荫蔽度超过60%，则长势不良甚至逐渐衰亡，耐旱耐瘠，能生长在较瘠薄的土壤上，以在冲积土和黏性土上生长较好，在砂土上生长较差。宿根性强，可越冬再生，但到冬季呈半落叶状态。

（二）植物学形态

爪哇葛藤分枝很多，一年生的枝条可长达5~6 m，被褐色粗毛。根锥形，可储藏养料，茎节亦可生根，根部着生丰富的根瘤。三出复叶，中间小叶较阔，菱形，侧生小叶较小，全缘或三裂，叶面淡绿，叶背灰白，密被茸毛，托叶细小，披针形。总状花序，稍被粗毛，每年11—12月开花，翌年2—3月种子成熟，种子细小，深褐色，千粒重12 g，每0.5 kg种子约有41 600粒。

（三）综合利用

1.覆盖作物

爪哇葛藤是世界上热带地区的重要覆盖作物，由于它具有耐旱、耐瘠，生长茂盛，覆盖稠密且较耐阴等优点，所以很适宜在热带地区作空闲地覆盖作物，它有利于保持水土，增加土壤肥力和调节土温。据试验观测，有爪哇葛藤覆盖的土地，其土壤含水量和肥分含量都比裸露地高。其中含水量在10~15 cm土层内高29.5%，含氮量高0.041%。

2.饲料

爪哇葛藤营养成分丰富，据分析，鲜茎叶含粗蛋白3.8%（烘干物含19.8%）、脂肪0.4%、无氮浸出物7.9%、粗纤维5.5%，其营养价值不亚于紫苜蓿，是优良的青饲料，其干茎叶也可以磨成粉作家畜家禽饲料。牧场种植爪哇葛藤可以大量放牧牛群，有利于发展畜牧业。

3.绿肥

据分析，爪哇葛藤鲜茎叶含氮0.54%、磷0.07%、钾0.49%，500 kg鲜茎叶相当于13.5 kg硫酸铵、2.0~2.5 kg过磷酸钙、4.9 kg硫酸钾，在间种橡胶园中生长中等的爪哇葛藤覆盖层中，每年可割青4次，每次割1/3左右，年产绿肥可达1.5~2.0 t，如在坡地上成片种植的则绿肥产量更高。

（四）栽培技术要点

爪哇葛藤可以插条繁殖或播种繁殖。

1.插条繁殖

插条繁殖生长快，但往往成活率低，需要认真管理。插植方法是选一年生粗壮茎蔓，取顶端第5节以下和基部木栓化以上的部分作插条，每苗要有3个节，剪去叶片一半左右，两端的茎蔓宜剪至离节3 cm左右，以免过长而易干枯。不宜选覆盖层下或荫蔽下的嫩弱茎蔓作种苗。

繁殖苗圃要选土壤肥沃、阳光充足的地方。插植期宜在5—8月，并选择在雨后阴天进行插植。种苗要即切即插，或上午取苗后放于阴凉处盖草洒水，保持湿度，下午插植不宜放置太久，以免苗蔓枯萎。

种植土地应经过犁耙整地然后开沟或打穴种植，开行种植的行距1 m左右，沟深15～20 cm。打穴种植的穴长30～40 cm，宽深各20 cm。插条时，枝条要倚壁斜插，2节入土，1节露出地面，插后覆土10～15 cm并稍微踏实。

2. 种子繁殖

爪哇葛藤种了种皮较坚硬，播前种子要经过处理发芽率才高。处理方法有2种：一是用温水浸种，即用60 ℃温水浸种数小时，将膨胀的种子取出，未膨胀的再重复浸；二是混砂擦种，即将种子与等量的干净细砂混合，放于石臼中轻舂15 min左右，使种皮磨损易于吸水。

种子经处理后即可进行播种，株行距50 cm×100 cm，穴深10～14 cm，每穴播种子3～4粒，播后盖土2 cm左右，并稍踏实，每亩用种量0.05～0.10 kg。

播前要施基肥，一般每亩施有机肥500 kg左右，过磷酸钙5～7.5 kg。出苗后要间苗补苗并适当追肥，在苗未完全覆盖地面前要除草1次。

爪哇葛藤于2—3月可以收获种子，但在一般管理情况下种子产量很低，为了提高种子产量可以采取搭架攀缘的办法，增加阳光照射。蕾期以后应注意喷药防虫和采取花前根外喷施磷肥等措施。

二十四、铺地木蓝

铺地木蓝（*Indigofera endecaphylla*），又叫九叶木蓝，是蝶形花科木蓝属多年生匍匐性草本植物，主要分布于印度、日本和我国的台湾省等热带、亚热带地区，暖温带地区也有生长，我国的粤、滇、川、贵、闽、浙、台等地分布较多，长江一带以及陕甘东北等地亦有分布。广东省以湛江和广州等地生长较多（图3-17）。

图3-17　铺地木蓝

（一）生物学特性

铺地木蓝适应性强，性喜湿润荫蔽的环境，能在较旱和寒热不同的环境连年继续生长发育。35 ℃能正常生长，在0 ℃低温下仅有少数茎叶呈现凋萎，但并未全受冻害枯死，是一种抗逆性很强的植物。

铺地木蓝主根粗大旁根多，附生着较多较大的根瘤。主根、旁根构成深广的根群，分布在表土和底土层内，地上部的茎蔓可随节发生不定根，接近茎部的茎蔓，更易节节出根。在这些不定根上也密生着根瘤。

（二）植物学形态

铺地木蓝是豆科木蓝属植物。茎叶散蔓卧地而生，分枝多，茎扁圆，略起棱角，灰褐色，上部青绿且带红，稍被短白茸毛，叶近无柄，奇数羽状复叶，小叶5～9片，多为9片，故也称九叶木蓝。叶互生不成对，倒卵形，长1～2 cm，宽0.5～0.8 cm，叶背密被白色茸毛，总状花序，稠密腋生，9—10月开花，深红色。荚为小圆柱状，荚果下翻，长2～2.5 cm，先端尖，成熟时变为枯褐色，每荚含种子4～7粒，长圆形，灰色。

（三）综合利用

1. 覆盖作物

铺地木蓝根群发达，根瘤多，生长迅速，茎叶茂盛，铺地而生，故能很快密盖地面，压制杂草滋生，防止雨水对土壤的冲刷，是一种非常好的水土保持覆盖绿肥作物。加上它绿色体丰富，产量高，在改良土壤，提高地力方面有很好的效果。它不仅可在沙滩隙地中种植，也适于丘陵山地栽培，特别是种于桑、茶、果、胶园中，对开发利用荒山荒地，发展多种经营很有经济价值。

2. 绿肥

铺地木蓝含有丰富的养分，每500 kg鲜茎叶约相当于20 kg硫酸铵、2.5 kg过磷酸钙、5 kg硫酸钾。它的鲜草产量很高，且是多年生的，一年可割绿肥2次，每亩可产鲜草达3～4 t，是一种很有利用价值的绿肥作物。

（四）栽培技术要点

1. 种植方法

铺地木蓝的繁殖力极强，可用种子播种或插条繁殖。幼苗期宜在湿润土壤生长，故种植时间宜在雨水较多的3—6月进行，这样既可提高成活率，又能节省淋水用工。

（1）播种。为了提高种子发芽率，最好先用60 ℃温水浸种数小时然后播种。宜选土质较为疏松的砂质壤土播种，先犁耙整地和开沟打穴，株行距50 cm×60 cm，每穴适当施一些有机肥作基肥然后播种，每穴放种子6～8粒，播后覆土1.5～3.3 cm，每亩用种量0.25～0.50 kg。待幼苗开始分枝时，宜再施1～2次肥，以促进幼苗生长。

（2）插条。铺地木蓝种子细小，繁殖困难，故采用插条繁殖更为迅速简便。方法是整好地后，于3—4月的雨后1~2 d内进行插植，行距60~70 cm，株距30~50 cm，施有机肥作基肥后，每穴插3~4根枝条。插条应选粗壮的茎蔓把它截成20~23 cm的小段作为苗株，插苗时苗要有1/3露出地面，如藤苗不足，则每穴插1~2条苗亦可，但每穴多插条苗可提高产量。

2. 管理

铺地木蓝苗期生长较慢，或因种植土地较瘦瘠，植后种苗生长差，所以当苗株开根生长时，要适量施1次有机肥，以促进早生快发。第1次割青后，应追施一些液肥。如遇天气过于干旱，应注意淋水，待藤蔓开始伸长后便可停止淋水。苗期或每次割青后，应进行中耕除草，使土壤疏松，空气流通，增强根瘤固氮作用，促进植株良好生长。

3. 收获

收获方法应视不同利用方式而定。如主要是作水土保持覆盖用的，则不宜割青，以便保持其生长茂盛，提高防冲刷保水土的作用。只有在生长得极为茂盛并不妨碍作物生长的原则下才适当加以修剪。

如作绿肥用的多年生植株，每年在10月前可收割1~2次，因铺地木蓝一般在10—11月开花结荚，此时就不要再割青，以便让其结实。到12月当豆荚开始变黑时便可收种，一般每亩可收种子35~50 kg。

二十五、无刺含羞草

无刺含羞草（*Mimosa diplotricha* var. *inermis*）是含羞草科多年生匍匐性草本植物，是从含羞草中选育出的一个无刺变种。原产于热带的印度尼西亚等国家，华南各省均有栽培，广东省各地都有种植。

（一）生物学特性

无刺含羞草性喜温暖湿润，适应性广，较粗生，耐旱耐瘠，在较瘦瘠干旱的山坡地只要生长前期略加抚育都能正常生长。开花期在10—11月，种子于次年1—2月成熟。冬季干旱时，地上部分会落叶干枯，如管理不善或生长条件恶劣，易退化成有刺种（图3-18）。

图3-18　无刺含羞草

（二）植物学形态

无刺含羞草枝条延伸很长，可达

5~6 m，分枝多，呈匍匐状而没有攀缘性，疏被白色长茸毛，无刺，叶为二回羽状复叶，第一重羽叶7对，长3～5 cm，这7对羽叶又具有第二重小叶，20～30对，小叶矩圆形，有感性，触它有含羞运动，但动作比野生的有刺含羞草较为迟钝，可供观赏或用作植物生理实验。主茎短，一般为50～60 cm，但一年生侧枝长达3 m以上。圆锥根系发达，长达1 m以上，根瘤亦较多，呈肾形或分枝呈鸡爪形。头状花序，花很小，桃红色，始花期约比野生有刺含羞草迟1个月左右。荚果丛生，扁平；种子为较细粒，黄褐色，一般每亩能产种子25～40 kg，高产的有50多kg，千粒重约6 g，每0.5 kg种子约有83 300粒。

（三）综合利用

1. 覆盖作物

由于无刺含羞草适应性强，粗生易长，耐旱，耐瘠，耐阴，在60%～90%的荫蔽环境下，都能正常生长，并能有效地抑制杂草，因此，它是果园、胶园的理想覆盖作物。

2. 水土保持

无刺含羞草是多年生作物，一经播种成活，就无须松土除草，在它覆盖的土地上，能有效地防止土壤被暴雨径流冲刷，保持土壤水分养分，改善土壤物理性质，有利于土壤有效养分积累。

3. 绿肥

无刺含羞草肥料成分含量颇高，其中，干物含氮1.91%、磷0.44%、钾0.25%。鲜嫩茎叶含氮0.64%、磷0.11%、钾0.49%、作绿肥用肥效很好。500 kg鲜茎叶相当于硫酸铵16 kg，过磷酸钙3.0～3.5 kg，硫酸钾4.9 kg。据广州市增城区农科所试验，晚稻每亩施无刺含羞草鲜茎叶500 kg与不施的对比，每亩增产稻谷18.75 kg，增产率10.6%，达到了增产显著性的标准。

4. 饲料

无刺含羞草含有较高的营养成分，据分析：干物质含粗蛋白11.4%，比花生藤9.4%还高，许多牧场的乳牛多用无刺含羞草作饲料。

（四）栽培技术要点

1. 播种

无刺含羞草播种期长，3—9月可以播种，但以3—5月播种最好。一般采用条播法，行距100 cm，沟深13～17 cm，播后覆盖2～3 cm薄土层，每亩播种量0.25 kg左右。为了提高种子发芽率，播种前宜用温水浸种12～24 h，捞起后以等量细砂混匀播种，或先用粗砂与种子混合擦损种皮后播种。

2. 管理

无刺含羞草播种后短期内尚未全部封行，容易滋长杂草，故在1～2个月内，应进行中耕除草1~2次，在根瘤尚未大量形成之前，应视土壤肥瘦和幼苗生长状况酌施适量速效肥，以促进植株生长。植株封行和根瘤形成之后，可基本结束管理施肥工作。如是在园地间种作覆盖作物的，可结合主作物的管理，对靠近主作物的枝条进行适当控制。

3. 收割与采种

作绿肥用的，每年可采割1~2次。采割应在离地面20~30 cm的高度进行。每次采割后，立即追施一些速效肥，以促其再生繁茂。

采种宜在种子完熟之前10 d左右进行，采后集中晒干脱粒并放于通风干爽处储存。如采种不及时，易发生大量荚裂落子现象，造成种子损失。

4. 清园

冬季枝条虽然大部分干枯，但主茎基部仍然活着，翌年春天能再度萌发新枝，同时自然落到地下的种子也会萌发，使次年密度增加。为了使无刺含羞草于春期能迅速更新覆盖层，须在早春主茎将要萌发之前，把原已干枯的覆盖层除去，最好把它烧灰作为基肥。

二十六、绿叶山蚂蝗

绿叶山蚂蝗（*Desmodium intortum*），又名绿叶山绿豆、旋扭山绿豆、山蚂蝗、山绿豆等，为山蚂蝗属植物。是一种匍匐，攀缘的多年生豆科草本绿肥饲料植物。原产于南美洲北部，南纬18°~25°地区。在澳大利亚、非洲、夏威夷、泰国等地区广为种植。我国广西、广东等地从澳大利亚引种，表现良好，又为草食动物所喜食。特别是红壤的丘陵地上，或在冲刷极为严重的山坡上，或在酸性土壤上，对水土保持和改良土质，以及作绿肥、牧草是一个较理想的品种。据资料记载，广东省三水、台山、顺德、肇庆、珠海、罗定、深圳光明畜牧场、广州燕塘畜牧场等地曾引进种植（图3-19）。

图3-19　绿叶山蚂蝗

（一）生物学特性

绿叶山蚂蝗适应性较广，略喜阴湿，在广东省中南部地区都适宜推广种植。对土壤要求不严，砂土、壤土、黏土至酸性红黄壤都能生长，甚至砂岩风化土种亦能适应。适宜的pH范围为5~7，对磷、硫、钾和钼元素较敏感，特别是磷元素。但海滩附近含盐分的土壤，易受氯离子毒害。生育期中的适温较广（28~33 ℃），在广州地区3—11月生长良好，12月至翌年2月生长虽稍慢，但仍边开花结荚，边进行营养生长。每年可刈割3~4次，一般亩产鲜草3~4 t，高的达5 000 kg以上。

（二）植物学形态

具有较深的主根，茎中下部的节接触地面便能长出不定根。不论主根、侧根或不定根都生长根瘤。茎长可达2 m，茎绿色有时为浅棕红色。分枝多，嫩枝有毛。节间长3~6 cm。每节都有芽，能长枝叶，但过老的下部茎节、叶芽脱落。叶为三小叶，中央小叶菱形，两侧小叶菱形或椭圆形。中央小叶长可达7 cm，宽5.5 cm，长宽之比为1.4∶1。叶上面常有棕色或紫色斑点。在广州花期为1月，自花授粉，2月结荚，荚果壳有小毛。每50 g种子有29 000粒左右。

（三）综合利用

1. 饲料

据分析其茎叶（干物）粗蛋白质含量为20.7%。国外资料介绍其叶的蛋白消化率为54.08%，茎的蛋白消化率为61.88%。有资料显示其干物质含70%的鞣酸。

另据分析与绿叶山蚂蝗同属的圆叶舞草鲜叶成分见表3-17。

表3-17　圆叶舞草鲜叶的成分含量　　　　　　　　　　　　　　单位：%

项目	粗蛋白	粗脂肪	粗纤维	无氮提出物	粗灰分
成分	7.50	3.11	6.30	16.71	0.63

这个品种分布在广东、贵州、云南、江西、福建、台湾等地，有栽培的亦有野生的。这个属的各个品种的全株茎叶都无毒性，耕牛、奶牛、羊、兔、鲩鱼等极喜食。可青喂，亦可青贮、晒干草或制成草粉作牲畜家禽饲料。

2. 绿肥

据分析其鲜茎叶含氮0.574%、磷0.154%、钾0.601%，是一种优质绿肥作物。一年可刈割3~4次，可作晚稻田基肥，或经沤制后供各种作物作基肥或追肥用。是较有前途的丘陵荒地绿肥牧草作物，对广东省大面积的丘陵荒地都宜推广种植。

（四）栽培技术要点

1. 播种育苗

一般在2—3月播种育苗，因种子小如芝麻并表皮有蜡质，故播种操作必须细致，播前应以砂擦伤种皮，放在温水处理后播种才易发芽。并要注意防除东风螺（非洲蜗牛）等为害幼苗。播前应准备好苗床，苗床下层放肥沃土壤。每分地播种子0.15 kg左右，播后盖上2~3 mm厚的细砂，再铺一层切短的薄禾草，每天用花洒淋水，当温度20 ℃以上便发芽出土。待苗高达13~17 cm时便移苗定植。移植时检查根瘤情况。

2. 移苗定植

先起7~10 cm高的平畦，按株行距23 cm×24 cm开浅沟，每亩加5.0~7.5 kg磷肥作基肥，每亩种植12 000株苗左右。如遇过分干旱，应淋定根水，但不要中耕除草，以防伤根和易受干旱。

3. 管理收获

定植后初期注意牲畜、虫害等的危害，冬季要防鼠害。待株苗长高到60~80 cm时，便可在20 cm高度处刈割作绿肥或饲料。如果苗生长时间太长，间隔时间太久才刈割，则下部茎节老化，叶易脱落，茎节的芽也会脱落，既影响质量，也影响产量。如果栽培管理得好，并在合理施肥情况下每年每亩可收鲜草7 503 kg。

二十七、川楝

川楝（*MeLia toosendan*），又名唐苦楝、金铃子。属楝科，是一种肥料、木材、药材等用途广的多年生落叶乔木植物。主产四川、贵州、云南等地，广东省亦有种植，其特点是生长快、成材早、木质佳、主干直，是经济价值较高的优良树种。

（一）生物学特性

川楝的生长特性和用途与苦楝相似。喜生于阳光充足，土壤疏松湿润，土层深厚肥沃的地方。在酸性、碱性及盐渍化土壤上均能生长，而以在冲积土和紫色土（牛肝土）上种植生长较好。川楝较能耐涝，幼树被水淹几天还可生长，抗烟尘秽气能力强，不易受病虫害。

（二）植物学形态

广东省川楝多为人工栽培，多生长于村边宅旁路边和园边荒地。土壤条件好的植后五六年成材，胸径可达30 cm左右。成材后树高3 m以上，高的可达10多米。主根生长较深，侧根发达，萌发性强，树皮淡褐或黑褐色，有槽纹，幼枝上部呈红褐色，枝条广展，奇数羽状复叶，小叶卵形至披针形，长3~7 cm，宽2~3 cm，先端尖长，边缘有锯齿，腋生圆锥状聚伞花序，花淡紫色，一般在初夏开花，秋冬结果。果实叫川楝子，椭圆形，长2~3 cm，宽1.5~2.0 cm，黄白色，成熟时金黄色，形似铜铃，故别名金铃子。

（三）综合利用

1. 药用

川楝子的果、花、叶、根皮和树皮均可入药，果实楝子有理气止痛的功效，适用于胃痛、疝气痛、痛经及肠寄生虫引起的腹痛等症。其根皮、树皮有毒杀蛔虫的功效，叶可用于敷疗疖、腹痛等症。

2. 肥料

川楝树梢养分含量较高，据分析，嫩枝叶含氮量0.71%、含磷0.1%、钾0.67%。500 kg嫩树梢肥效相当于17.75 kg硫酸铵，2.5~3.5 kg过磷酸钙，6.7 kg硫酸钾，是优质绿肥植物。

（四）栽培技术要点

1. 采种

川楝种植3年便可开花结果。作种子用的宜选有七八年树龄的健壮树采种。一般在10—12月为采种期，待果皮有些皱纹并变黄白色时，便可采摘。采下的籽实要及时浸入水中4~5 d，然后洗去果实皮肉，阴干或稍微晒干，放置通风干爽处待用。种子千粒重1.0~1.6 kg，每0.5 kg种子有310~500粒。

2. 育苗

一般在2—3月进行播种育苗。先选择阳光好，水源充足，土质疏松的地方整地作苗床，床宽100~130 cm，高20~24 cm，苗圃四围要开好沟，以利排灌。整地要细致，下足基肥，结合整地用石灰进行土壤消毒。播种前种子要用温水浸种一昼夜然后播种。也可以浸种后先拌湿沙催芽，经常淋水，待种子萌动后（20~30 d）播种。可以条播或点播，条播行距30~40 cm，每1 m长播种子20粒左右，播后覆土2~3 cm，每亩用种量30~50 kg。点播株行距20~24 cm，播种后覆土3 cm左右，并盖上禾草。播种后要淋水，待苗大部分出土后把草揭开，以后要注意加强除草松土和追肥，以促进苗木生长壮健。到8月以后即可停止追肥，待苗高10~15 cm时，应及时进行间苗补苗，间出来的苗，可再分床栽种。苗高100 cm，干粗3 cm以上时，即可移植。

3. 种植

移植前应选好地，最好选阳光充足，土壤疏松湿润的地方。植前预先打好穴，穴宽直径65 cm，深40 cm左右，株行距（2~5）m×2.5 m或3 m×3 m。打好穴后可让土壤风化一下，并每穴施土杂肥0.5~1.0 kg，然后植苗。

种植期可分春植和秋植。春植一般在2—3月采用一年生苗种进行，秋植即可在秋分前后用当年春播育苗的半年生苗种种植。春植或秋植都宜在雨后土壤湿润时进行。在苗圃，起苗后用黄泥浆蘸根，随起随种。植苗时，树身要扶直，根系要舒展并分层踏实，浇足定根水。

二十八、猪屎豆

猪屎豆（*Crotalaria pallida*），又叫野百合，是野百合属多年生灌木，原产于热带亚热带地区，现在美洲、亚洲、非洲、澳大利亚各地均有分布，我国则多分布在南部和东南部沿海以及西南各省，而以广东、台湾、广西、云南、福建、江西等地分布较多。

猪屎豆的种子形似猪屎，所以称之为猪屎豆。成熟种子会在荚内脱落，遇风吹动则发出咯咯的响声，故有人称它为响铃豆（图3-20）。

图3-20　猪屎豆

（一）品种及其形态特性

猪屎豆在世界上有350多个亚种，我国约有28个亚种，除一些品种已有栽培外，其余仍多是野生种，现见于栽培的主要有以下6个品种。

1. 三尖叶猪屎豆（*Crotalaria anagyroides*）

又叫大猪屎豆、美洲野百合。是多年生亚灌木，原从巴西引种，因其植株高大，耐刈割，适应性强，便作为一种有价值的豆科绿肥栽培。华南热带作物科学研究院在20世纪50年代引种，生长表现良好，现在粤、桂、鄂、台等地都有栽培，是一种优良的绿肥作物。

株高约3 m，全株被柔毛，主根深可达土中数米，侧根长，须根多，根瘤多，分枝多，三出复叶，小叶尖长，两端尖，上面秃净，背薄被淡黄色小柔毛。总状花序顶生花多而稍密聚，背被黄色短柔毛，荚果有种子16粒左右，种子黄绿色，千粒重22.2 g，每0.5 kg种子约有22 500粒。

性喜温暖湿润气候，适应性广，耐旱耐瘠，耐酸而不耐寒，耐刈割，一年可割2~3次，茎叶含肥料养分中等。据华南热带作物科学研究院分析：生长盛期鲜茎叶含有机质21.7%、含氮0.434%、磷0.061%、钾0.593%，是优质高产的好绿肥。

2. 大叶猪屎豆（*Crotalaria assamica*）

又叫大猪屎青、水流豆、凸叶野百合，是亚灌木状草本植物。

茎直立，株高1 m以上，高的可达2~3 m，分枝多，再生力强，一年可割2~3次，割后叶腋间能发新芽。根系发达，有根瘤，叶单生互生，长椭圆形，因它植株高壮，分枝茂盛，叶多而大，柔软多汁，很适宜于作绿肥。

花金黄色，总状花序，一般有花20~30朵，荚果近矩形，每荚有种子10~20粒，种子肾状形，成熟时近黑色，千粒重18 g左右，每0.5 kg种子约有27 700粒。

性喜温暖湿润，耐瘠耐酸，也较耐旱，不论在村边路旁或旷野荒地均能正常生长，据分析，鲜茎叶含有机质22.5%、含氮0.44%、含磷0.09%、钾0.41%，作绿肥肥效较好。

3. 三圆叶猪屎豆（*Crotalaria mucronata*）

又叫猪屎青、野黄豆、大眼蓝等，是越年生亚灌木。茎直立，株高0.6~2.0 m，被柔毛，叶三枚，小叶倒卵形或椭圆形，先端钝而常凹入。花黄色，有紫色条纹，荚果矩圆形，嫩时被毛，后变秃净，有种子20~30粒，褐绿色，千粒重5.2~6.0 g，每0.5 kg种子约75 000粒。

4. 光萼猪屎豆（*Crotalaria usaramoensis*）

又叫光萼野百合、苦罗豆，也有群众叫日本青，是多年生亚灌木状草本植物，原产于南美洲，我国粤、桂、鄂、赣、台都有栽培。株高2 m多，茎枝略有沟纹，被极短毛，上部分枝甚多。叶三出，薄膜质，中叶较两旁的小叶大，大叶片短而中宽；两端渐狭或先端狭尖，并具短小的尖头，上面绿色，无毛，下面青灰色，略被短柔毛。顶生总状花序，花冠黄色，有花15朵以上，花序长可达40 cm，花萼宽钟形，长和宽均约5 cm，浅裂，萼光而无毛，故称光萼猪屎豆。

5. 多疣猪屎豆（*Crotalaria verrucosa*）

是一年生直立草本植物。株高60~90 cm，在海南分布较多，除作绿肥用外，叶汁可作药用治流涎症。

6. 野百合（*Crotalaria sessiliflora*）

又叫狗铃草、蓝花野百合、狸豆，是一年生直立草本植物，株高20~100 cm，被粗毛，在我国分布很广，长江南北、东南沿海及西南地区等都有分布，以广东分布较多，可作绿肥和饲料。

在上列品种中，以三圆叶、三尖叶、大叶、光萼等几个猪屎豆品种较好，栽培也较多。它们具有根深叶茂、根瘤多、分枝多、种性强、适应性广、粗生易种、再生力强等特点，是优良的绿肥品种。

（二）综合利用

1. 肥料

猪屎豆茎叶肥料养分含量较高，是胶园中的好绿肥。用于水稻田压青肥效很好。据广州市增城区农科所种晚造对9种绿肥进行肥效试验，各种绿肥每亩压青500 kg；结果施猪屎豆绿肥的增产效果仅次于山毛豆而居第二，它比不施绿肥的对照田，每亩增产稻谷39.6 kg，增产率为22.5%。

2. 饲料

据分析，猪屎豆鲜茎叶含营养成分丰富，其中含总消化养料10.6%、蛋白质3.7%、纤维素10.3%、可溶性碳水化合物9.7%，是家畜的好饲料。

3. 绿化荒山荒地，保持水土

猪屎豆适应性强，粗生易种，故是绿化荒山荒地，保持水土的好作物。猪屎豆根系发达，根瘤多，有固氮作用，又是改良土壤的好作物。

（三）栽培技术要点

1. 播种

（1）种子处理。猪屎豆的种子硬子多，皮有蜡质，吸水萌动慢，播前要进行混砂擦种处理，发芽率较高。擦种后可浸于冷水中6~8 h，捞出晾干后即可连砂一起播种。亦可用温水浸种处理，方法是用40~50 ℃温水浸种10~15 h，使种子种皮稍微膨胀再播种。

（2）整地播种。整地要求不严，以达到松碎平整无杂草为好。如在荒坡地种植，最好全面犁耙，连根清除杂草，打碎土块，稍加平整地面即可种植。在房前屋后五边地种植的，可不整地而直接开穴点播。在园林地间种时可先清除杂草落叶挖穴种植。如行间较大，最好机耕整地种植。

猪屎豆在广东省以在3—4月播种较好，留种的更宜早播，以免受虫害。广东中北部推荐清明节后4月中旬播种，播得过早生长缓慢，易被杂草覆盖。最晚要在夏至之前播种。猪屎豆发芽需要很大的用水量，遇到夏旱不易发芽。播种以点播或条播较好，留种的以疏行点播为佳，也可以育苗移植。

播种量因不同品种有所不同，一般每亩0.75~1.25 kg，但大叶猪屎豆的种粒大些，播种量宜多一些，每亩可播到1.5 kg左右。猪屎豆种植不宜过密，过密容易倒伏，株行距一般35 cm × 50 cm，留种的宜稍疏一些，可播到65 cm × 100 cm，每亩用种量0.25 ~ 0.50 kg。点播时每穴放种子8 ~ 10粒，播前要施足基肥，播后覆细土2 ~ 3 cm。

2.管理

播后1个月左右，当苗高长至16 ~ 20 cm时应间苗，以免因过密而减少分枝。猪屎豆耐瘠，一般可不施肥。但由于猪屎豆播后出苗慢，苗期生长慢，或因土壤太瘦生长不好，故应适量施基肥或追肥。植后20 ~ 30 d，如杂草较多，应结合除草中耕追肥1次。

猪屎豆生长期间有丛枝病、锈病、豆荚螟和根腐病或茎基腐病等病虫害，应及早防治。猪屎豆不宜连作，否则病虫害会加剧。要做到种子随熟随摘，及时收获。收摘后即晒种脱粒，以减少储藏期间的损失。秋冬间大量收获种子后，立即将上部枝梢割去，控制其继续开花，以减少虫害的威胁。

3.收获

（1）割青。猪屎豆播后约3个月，株高达1 m左右时，便可在距离基部30 ~ 40 cm（过低影响新枝萌发与成长，过高影响割青量和操作）进行第1次割青，作晚造水稻绿肥，余下茎秆任其再发新枝叶。以后每隔2个月左右便可割1次，以在初花期刈割的茎叶为好，肥分含量高，肥效好。早割产量低，过迟割则基部会木质化，不易沤烂，肥效差。在广东省种植猪屎豆一般全年可割3 ~ 4次，亩产鲜茎叶1.5 ~ 3.0 t。

第1次刈割时间在夏至时节为好。如果错过这个时间，到7—8月割前要了解土壤墒情，并且预报刈割后会有连续降水的情况下，可以适量刈割。否则遇到夏旱或暴晒，刈割后易死亡，所以推荐夏至前刈割为好。第2次刈割时间在8月底为好，错过夏旱的时间。最后1次刈割时间推荐在11月初。因为进入11月后，天气逐渐转冷，降雨减少，刈割后不利于绿肥再生。入冬后，停止收割，可以保持土壤湿润状态，待冬季再次开花、结荚及籽粒成熟。至第2年立春之后，雨水丰沛，生长良好的植株可继续刈割。

（2）收种。猪屎豆是无限花序，花由下往上开放，特别如三尖叶猪屎豆，终年不停开花结荚，所以荚果成熟多不一致，有早有迟。因此种子要分几批采摘，随熟随摘，尽量提早在种荚有90%左右成熟时摘下，以减少因种荚过熟破裂散出种子的损失。摘下的种荚应迅速晒干脱粒，以免害虫在荚内为害。种荚成熟的标志是荚果变褐色或紫黑色，表面茸毛稀少，荚内种子已脱离种脐，摇之有沙沙之声，此时应即时采收。

二十九、太阳麻

太阳麻（*Crotalaria juncea*），又叫柽麻、印度麻等是蝶形花科猪屎豆属亚灌木状直立性一年生草本植物（图3-21）。原产于印度、印度尼西亚、缅甸及东南亚一带，20世纪50年代初引入我国。目前我国中南、华东、西南、华北等地区均有栽培并表现良好。现在广东省种植的主要品种有高州太阳麻、东江太阳麻、福建太阳麻和印度太阳麻等。

图3-21 太阳麻

（一）生物学特性

太阳麻适应性广，耐旱耐瘠耐盐碱，但不耐涝渍。它无论在砂壤土、黏壤土、新荒地或熟荒地，在pH值4.5～8.5的范围，在含盐量0.3%以下的盐碱土，均能生长良好，但以在较湿润且富含钙质的冲积土种植最好。

太阳麻宜播期长，种子发芽力强，出苗快，生长迅速，在适宜温度下播种后几天就可齐苗，出苗后迅速长高。

在广东省的气候条件下，一般8月左右开花，9月左右结荚，9—10月种子成熟，在干旱瘠瘦的土壤种植会出现早花现象。

（二）植物学形态

太阳麻生长快，植株高，一般株高2～3 m，高的达4 m，有高个子绿肥之称。它的根系发达，根瘤多，2～3片真叶时开始结瘤，生长到10～20片叶时则固氮能力较强。叶互生，尖长形，长8～15 cm，宽2～3 cm，叶柄不明显，叶面深绿，叶背浅绿，披细软绒毛。茎中空有髓，主茎长至20片真叶时开始现蕾分枝，常有4次分枝。总状花序，开黄色带少数紫条纹的蝶形花，花期较长，主茎先开花，以后按分枝先后开花10～20朵。豆荚灰绿色，长圆形，长约3 cm，荚上被银灰色带光泽的茸毛，每荚有种子10～15粒。黑绿色，肾脏形，千粒重38～44 g，每0.5 kg种子有11 400～13 200粒。种子种皮较薄，吸水快，易发芽。果荚成熟时遇风吹动会有沙沙响声，故有响麻之称。

（三）综合利用

1. 嫩茎叶作饲料，老茎皮部采纤维

据化验分析：太阳麻干茎叶含蛋白质14.43%，比许多种牧草营养成分高，可作为牲畜饲料，也可作为草鱼饲料。广东省有的塘鱼地区常在塘基边种植太阳麻供养草鱼之用。老茎皮部形成坚韧的纤维，是纺织制绳的好原料。

2. 绿肥

太阳麻生长迅速，茎叶软嫩多汁，绿色体产量高。播种后30~40 d株高可达1 m，此时可进行第1次刈割，茎叶作绿肥。一般一年可割2~3次，亩产鲜茎叶2.0~2.5 t，最适于套种于果园或茶园、蔗地等作为短期内收割作肥之用。据分析：太阳麻鲜茎叶含有机质27.99%、氮0.78%、磷0.15%，是豆科绿肥中含氮量较高，肥效较好的绿肥。

太阳麻的施用方法可以在晚稻插秧前10~15 d进行压青，亦可用来沤制成堆肥或放入肥池沤成水肥施用。用作压青时，应先将太阳麻茎叶切成23~26 cm长的小段，然后均匀撒布于田中，每亩加施石灰15~25 kg后犁翻压入土中。

（四）栽培技术要点

1. 整地与选地

太阳麻对整地要求不严，只要土块不太大，地面较平整且无杂草便可。如在坡地上种植，要注意防止涝渍。在房前屋后、园旁基边等地种植，可以不整地而直接开穴点播。因太阳麻耐浸渍力弱，应选择排水良好的砂壤土种植较好。

2. 播种

在广东省气候条件下，一般3—8月都可以播种，作绿肥时，早播比迟播好。作留种时，为避免豆荚螟为害，宜适当迟播，以在7—8月播较好。用种量应视用途而定，作绿肥时，亩播2.5~3.0 kg，套种间种的，亩播2.0~2.5 kg，留种时，亩播1.5~2.0 kg。条播作肥时，行距35 cm，收种的行距50 cm。播种前应适施磷肥作基肥。

3. 管理

播后要注意早期追肥。一般当苗高13~16 cm时，每亩施氮肥5 kg兑水500 kg左右浇施。

苗期要中耕除草1~2次，以消灭杂草，促进固氮根瘤菌繁殖并使土壤疏松，以利植株生长。开花结荚期如遇干旱，要灌水浇水防旱。

太阳麻生长结荚期间会有豆荚螟、蚜虫、灰蝶等为害，以豆荚螟为害果荚最严重，要特别注意及时防治。病害则以枯萎病死苗率较高，亦要注意防治。

4. 收获

苗高1 m左右时，即可第1次刈割茎叶作肥，收割时，要留茎高30 cm左右，以后每隔40~50 d便可刈割1次。割后要随即追肥，以促其快发新枝。如是收种的可在约75%荚果黄熟时抢晴天收获，并及时脱粒晒干保存。

三十、象草

象草（*Pennisetum purpureu*），又名紫色狼尾草，乌干达草。是禾本科狼尾草属多年生丛生性牧草。原产于热带的非洲，后来已遍及世界热带、亚热带地区。我国在20世纪40年代前已经引入广州种植栽培。象草是世界上热带地区最高产量的牧草之一，一般年亩产达5~10 t，管理得好的，亩产可达17.5 t（图3-22）。

图3-22　象草

（一）生物学特性

象草适应性强，在热带、亚热带都能生长良好，一般能抗霜冻，但土壤冻结会死亡。在广州附近地区种植一般能常绿过冬，很能耐旱，高温季节如遇特别干旱，叶片稍有卷缩，但一有水又恢复生长。象草虽较能适应各种土壤，但它是多年生高产作物，生长发育期间要从土壤中吸收大量养分，所以宜在土层深厚肥沃的土壤人工栽培。

象草种植后，一般可在10 d左右出苗，15~20 d开始分蘖，最终分蘖数有40~60个。在广东省的气候条件种植，一般9—10月抽穗，10月开花，12月至翌年2月种子成熟。

（二）植物学形态

象草具有强大的根系，能深扎入土，故能耐旱。在潮湿季节里，其中下部茎节可产生气根。据广州燕塘农场观测资料，种植后2个月就有须根215条。

象草茎秆直立，粗1~2 cm，株高可达3~4 m，分蘖性强，分蘖茎上节多，节上芽沟明显，节间密被蜡粉。植株接近成熟时，在茎中上部的叶腋中抽出较多分枝，它和分蘖茎一样，能抽穗结籽。

象草叶片的大小、色泽和茸毛，都因品种不同而有很大差别，一般叶片长45~100 cm、宽1~4 cm，绿色，边缘有锯齿，叶背有稀茸，基部边缘茸毛密集，叶鞘上或疏或密被蜡粉。

密聚圆锥花序，圆柱状，黄或黄褐色，穗长20~30 cm，每穗由250个左右小穗组成。每小穗生花3朵，每朵颖花有花药3枚，红褐色，花粉黄色，柱头三裂。

（三）综合利用

1. 饲料

象草一年可割4~6次，它的饲料营养成分常因刈割的间隔时间不同而有所变化。

据分析：60 d割1次的其粗蛋白含量为5.6%~7.23%、粗纤维为33.9%~34.2%，45 d割1次的，粗蛋白含量为6.8%~8.28%、粗纤维为31.2%~33.0%。30 d割1次的粗蛋白含量为7.51%~13.2%、粗纤维为26.0%~32.0%。由此可见，刈割间隔期短，粗蛋白含量高，粗纤维含量少；反之，刈割间隔期长，则粗蛋白含量降低而粗纤维则增加。

象草在广东省主要用来饲养家禽和草鱼。珠江三角洲渔区在塘基边种植象草，就地刈割喂鱼，不用运输，节省劳力，能解决草鱼的草料。

2. 肥料

栽培象草能给土壤留下大量的有机质，有改良土壤作用。它是每亩土地能生产有机质数量最多的作物之一，因此，象草既是良好的饲料，又是大量的有机质肥源。如用刈割下的象草垫猪牛栏舍，腐烂后是很好的有机质肥料。亦可用象草与粪肥和肥泥分层堆沤成堆肥，或直接作绿肥压青使用，均有较好的肥效。

（四）栽培技术要点

1. 整地种植

在新垦地或撂荒地种植应先多犁耙，清除杂草，并进行适当平整后种植。如在已耕熟地上种植即犁耙1次便可。一般用茎部插条繁殖，插条宜选生长期6~7个月，生长粗壮的分蘖茎的中下部为种苗。每一插条要有2~3个节。可以行种或穴种。开行种植的，行距90~120 cm，深15 cm，株距50~60 cm，每处放1~2条苗，盖土5~7 cm。挖穴种植的，行株距（90~120）cm×（50~60）cm，穴深15~20 cm，种苗与地呈45°角斜插，每穴插1~2苗，种苗顶端稍露出地面，植后踏实土壤，一般每亩用种茎100~200 kg，若在大田种植，一般以在5—6月雨季种植为宜。

2. 管理

植后出苗整齐时，要进行第1次中耕除草并追施氮肥，促进苗株生长快，多分蘖。在植株封行前进行第2次中耕除草，以后每次刈割后，都应进行中耕、除草、施肥、培土。

3. 刈割

一般在植后80~90 d，当植株长到1.2~1.5 m时便可进行第1次刈割。以后每隔40~60 d刈割1次。雨季的刈割间隔期可短些，干旱季间隔期可长些。一般在当年种植的，每年可刈割4~6次，以后每年可割6~8次，最后1次刈割时，应在旱季前半个月结束，以免影响次年生长。刈割高度一般宜距地面20 cm左右。

三十一、柱花草

柱花草（*Styiosanthes guianensis*），别名笔花豆、巴西苜蓿。原产于中美洲巴西等国，1962年引入华南热带作物研究所，作橡胶林覆盖作物（图3-23）。后因炭疽病发生严重而较少种植。20世纪80年代初从澳大利亚引进格拉姆等多年生柱花草抗炭疽病品种，由于具有多年生、抗病力较强、开花早、青草和种子产量较高等优点，柱花草可与禾本科牧草混种建立人工草场，干草可加工成草粉，已成为养殖业生产的主要豆科草种。

图3-23 柱花草

（一）植物学特征

柱花草是豆科柱花草属多年生草本植物。主茎粗0.3～0.8 cm，在放牧情况下改变成匍匐状，生长后期基部木质化。侧枝斜生，长80～170 cm，能形成3次分枝。每节易生根。主根明显，入土可达1 m，侧根发达。三出复叶，小叶披针形，长34～36 mm、宽6～7 mm，叶柄长4～6 cm。茎和苞叶无毛，节间较短。蝶形花，花序为几个花数不多的穗状花序聚集成顶生穗状花序。荚果小，棕褐色，种子椭圆形，呈淡黄棕色，种子千粒重2～3 g，硬实种子占90%以上。

（二）生物学特性

柱花草是暖季生长的热带豆科牧草，夏季生长旺盛，但难越冬，因此目前只能作一年生牧草使用。一般在15 ℃以上的气温下可以持续生长，以月均温在28.1～33.8 ℃的6—10月生长最旺盛。轻霜时茎叶仍青绿，0 ℃叶片脱落，重霜或气温降至-2.0 ℃时茎叶全部枯萎。适宜的年降水量为900～4 000 mm，也能耐受短暂的涝渍，但在沼泽地不能生长。柱花草在砂质土、黏土上均能生长，能耐强酸性红壤，在pH值4.0的酸性红壤中仍能结根瘤，但不适于重黏土。柱花草的根瘤菌是广谱的，一般不要接种，但播种时拌豇豆根瘤菌则仍有明显好处。能与大黍、非洲狗尾草等混播，亩产种子20～30 kg，开花期的茎叶比为1∶0.76。在较好的地段种植，1年可刈割2次，亩产青草3 000～5 000 kg，干草750～1 500 kg。

（三）综合利用

柱花草全株具有茸毛，影响牲畜的适口性。单一饲喂时，开始时往往不喜食，经数天饲喂训练后才逐渐采食。最好与70%禾本科牧草混合，切成2～3 cm的段喂饲，或将柱花草在阳光下暴晒30 min，草质变软后投喂，以提高其采食率。将柱花草调制成干草，则适口性很好，牛、羊、兔等均喜食。在柱花草干物质中，平均含粗蛋白18%～20%、粗纤维33%～40%、无氮浸出物38%～44%、灰分9%～10%、磷0.1%～0.2%和钙0.8%～1.0%。其粗蛋白的消化率为52.6%，干物质的消化率为48.4%。柱花草干草率为23%～25%。能与禾本科牧草的狗尾草、毛花雀稗等混种建植人工草地。由于它覆盖力强，有固氮能力，还可用于保持水土和改良土壤。

1. 青刈

刈割时间：当柱花草生长70～90 d或6月之后进行刈割，刈割过早，会影响其再生能力，甚至会造成大量死株。柱花草相对比较耐旱，夏季刈割影响不大。每年最后1次刈割应适当提早，一般不宜超过10月底，刈割太迟，也会造成死株。冬春干旱季节，应注意轻割或停割，否则会引起植株死亡。

刈割高度：或当草层高度达90～100 cm时即可进行第1次刈割，留茬高度30～35 cm为宜。如留茬过低（小于20 cm），生长点被割掉，则影响再生力，甚至整株枯死。因此，刈割时适宜的留茬高度是柱花草能否获得高产的重要环节。

2. 干草粉

将刈割下的柱花草暴晒2～3 d后，可获得优质干草。粉碎后加工成草粉，用以作添加饲料，饲喂牛、猪、兔、禽，也可作池塘养鱼的饵料。

柱花草与禾本科牧草混播的人工草地也可用于放牧，每隔40 d左右轮牧1次，效果很好。尤其在缺少禾本科草的季节，它能提供部分豆科牧草，对牲畜安全越冬很有利。

3. 放牧

柱花草草地不能重牧，在中度放牧下可以持久。8月和10—11月开花期前可以割草2次，留茬高度应在15～20 cm以上，否则不能保持其持久性。

4. 绿肥

柱花草与果树间种，可起到覆盖、保持水土和提高土壤养分的作用。柱花草草层不高一般对果树生长影响不大。刈割时，刈割的鲜草要放到一边，盖在树盘上。由于柱花草不耐阴，不能为图方便，用机器割完鲜草后，留在原处，这样会影响柱花草再生，甚至死亡。田间作业时，把草过高处人为踩倒，这样可以减少刈割带来的劳动力成本增加。热研2号柱花草是在众多夏季绿肥中，比较耐低温的品种，有气象站记录显示，最低气温为-2.4 ℃时，其仅仅是叶子轻微萎蔫，而其他品种受冻严重。

（四）栽培技术要点

（1）整地。苗床可以较粗放地准备。一般用种子条播或撒播，也可用茎段扦插种植。

（2）条播的行距为40～50 cm，每亩用种子0.6～0.8 kg，播种期3—5月。穴播的行距80～100 cm，穴距40～50 cm，每穴7～8粒种子，覆土1～2 cm。柱花草播后10 d左右出苗。苗期生长十分缓慢，60 d株高仅18～22 cm。幼苗期易受杂草遮盖，需要适当的中耕除草。

（3）每亩地每年用三元复合肥30 kg、有机肥500～1 000 kg，每年还要追施1次磷肥。由于硬粒种子比例高，所以播前种子用85 ℃温汤浸种2 min。

（4）田间管理。建植成功的柱花草能十分成功地和杂草竞争。柱花草亦可扦插繁殖，采粗壮枝条（具4～6节），穴距100 cm，每穴3～5枝，入土2节，插后连续数天浇水，利于成活。柱花草主要病害是炭疽病，发病时茎秆和叶长出椭圆形黑色斑，偶尔也有丛枝病发生。

（5）品种。目前国内主要栽培品种有184柱花草、907柱花草和热研系列柱花草；引进品种有格拉姆柱花草、库克柱花草、西卡柱花草等。格拉姆柱花草：株高40～60 cm，茎斜生，叶片较大，青绿，茎枝较短软，丛生。库克柱花草：株高60～80 cm，茎斜生，叶较细长，丛生性差，叶量较少。西卡柱花草：株高1 m以上，半灌木，根较发达，入土很深，适于砂土生长。

三十二、黑麦草

黑麦草属（*Lolium* L.）为多年生和越年生或一年生禾本科牧草及混播绿肥，此属全世界有20多种。其中有经济价值的为多年生黑麦草（*Lolium perenne*）（又称宿根黑麦草）和意大利黑麦草（*Loliu mmultiblorum*）（又称多花黑麦草）（图3-24）。多年生黑麦草原产于欧洲地中海沿岸、北非及亚洲西南部等地。它是欧洲最古老的牧草之一。

图3-24　黑麦草

（一）植物学特征

黑麦草根系发达。根系由胚根和次生根组成发达的根群。从2叶期开始生长次生根，根系从出苗到种子成熟前其生长深度基本呈直线增长，旬增长量一般在3 cm以上，最高的可达20 cm，入土深度100～110 cm。水平根幅45～75 cm，侧向生长的速度略低于向下生长的速度。黑麦草正常叶片由叶鞘、叶片、叶舌、叶耳组成，幼叶包旋状，叶舌窄短，叶耳似爪，不锐利。种子发芽以后，幼苗向上伸长，并逐步展平成叶片。叶鞘裹茎，叶片狭长，叶面可见平行叶脉，叶背光滑有光泽，中央有一突起的中脉。叶片长度一般在10～15 cm，最长可达35 cm，宽2～3 mm，少数叶宽达11 mm。

（二）生物学特性

黑麦草对环境适应性较强，喜温暖湿润气候，耐寒，但过热过冷则生长不良。宜于夏季凉爽、冬季不太寒冷地区生长，气温10 ℃左右能较好地生长，气温27 ℃以下为最适生长温度，35 ℃以上则生长不良，甚至死亡，在南方各地能安全越冬。多年生黑麦草耐湿能力较好，光照强、日照短、温度较低对分蘖有利，但排水不良或地下水位过高也不利黑麦草的生长。夏季高热、干旱更为不利。黑麦草对土壤条件要求不严格，但最适于排灌方便、肥沃而湿润的黏土和黏壤土生长，在干旱瘠薄砂土地生长不良，略能耐酸，适宜的土壤pH值为6.0～7.0。黑麦草种子发芽适温为13～20 ℃，低于5 ℃或高于35 ℃发芽困难。植株分蘖时最适温度为15 ℃，光照强、日照短、温度较低对分蘖有利。

（三）综合利用

广东省冬种黑麦草始于20世纪80年代末，黑麦草鲜草产量高，养分丰富，既可作绿肥，又是牲畜的好饲料。黑麦草一般自10月到次年的6月中旬可以刈割利用。黑麦草播种后，大约1个月生长到40～50 cm时，即可进行第1次刈割。以后每隔20～30 d刈割1次。

1. 饲料

一般黑麦草粗蛋白质含量在25%左右，粗纤维在20%以下，各种畜禽和鱼均喜食，采食率几乎为100%，饲养效果非常好。根据试验表明，用多花黑麦草养兔平均24 kg鲜草可增重1 kg活兔，每20 kg鲜草可增重1 kg活鹅，每18 kg鲜草可增重1 kg活鱼，经济效益相当显著。

2. 肥料

利用冬闲农田种植多花黑麦草不但不与粮食生产争资源，而且还可以提高地力、促进可持续农业发展。黑麦草富含N、P、K等营养元素，鲜草中含N 0.248%、P（P_2O_5）0.076%、K（K_2O）0.524%。其根系发达，一般亩产鲜根达1 000～1 750 kg，可见黑麦草及其根系本身便是一个很好的有机肥料库。试验和实践证明，水田冬种黑麦草能有效地改善土壤理化性质，增加土壤肥力，是改造瘦瘠低产田的好办法。据中山大学杨中艺博士试验，水田冬种黑麦草一年后可使土壤有机质比对照增加27%，速效N、P、K分别增加11%、26%和57%，土壤微生物总量增加38%，对后作水稻的分蘖、株高、穗长、千粒重都有显著的促进作用，能使后作早稻增产14%，晚稻增产7%，具有较高生态效益。

果园、茶园种植黑麦草能影响土壤理化性状及环境小气候，可显著提高土壤肥力，土壤有机质含量、全氮含量、速效磷含量和速效钾含量较对照均有所增加，分别增加6.7% ~ 12.6%、0.8% ~ 15.2%、24.1% ~ 26.7%和6.8% ~ 8.9%。黑麦草的根系从二叶期开始就产生次生根，并迅速生长。到成熟前根系的深度可达104 ~ 110 cm，根幅的水平分布范围达45.0 ~ 75.0 cm。如此发达的根系可以加深活土层，固持土壤，使土壤团粒水稳性、分散特性和团粒结构得到明显的改善，促进土壤团粒结构与空隙的改善，减少径流，并减缓径流速度。

（四）栽培技术要点

1. 整地

黑麦草种子小，适合浅播。因此对整地的要求比较高。一定要清除杂草，达到土地平整，上虚下实保好墒，以利播种。还要做好田间排水沟，防止积水淹苗。若是套种的，则在行间先松土后播种，浅盖土。

2. 播种

（1）播期。在广东黑麦草以早秋播为佳，以提高鲜草与种子产量。在盐碱土地区更应抓紧在秋天雨季末期，表土盐分下降，土壤水分充足，气温较高的有利时机，及时整地播种，有利于获得全苗。黑麦草在盐土上秋播，出苗密度、鲜草产量和种子产量均随播期推迟而相应递减。迟至10月中下旬播种的每亩出苗密度只有15.3万 ~ 13.2万苗，亩产鲜草217.5 ~ 163 kg，产籽只有21.00 ~ 15.75 kg。

（2）播种量。根据土地的肥瘦程度，在整地良好，墒情充足，种子发芽率在80.96%以上的条件下，作收草用则每亩要求35万 ~ 40万基本苗，每亩播种量为1.0 ~ 1.5 kg，与豆科绿肥混播的播种量为0.50 ~ 0.75 kg，留种地每亩要有基本苗13万 ~ 16万，每亩播种量为0.5 ~ 1.0 kg。

（3）播种深度。黑麦草种子小，播深了出苗困难，根茎（地中茎）过分伸长，消耗大量养分，造成弱苗、晚苗，播浅了易受冻。因此，为了出苗整齐和顺利，播种深度应掌握在2 cm左右为宜。播后随即镇压接墒，使种子与土壤密切接触，以利发芽。

（4）播种方法。纯种黑麦草的播种方法，可分耕种和套种（寄种）2种形式。空茬地和早、中稻田可耕翻进行条播或撒播，以条播最好。行距因用途不同而异，收草用行距15 ~ 30 cm，留种用行距30 ~ 40 cm。晚稻田可在收稻前于稻茬里寄种。与紫云英混播时，先留浅水撒播紫云英，待紫云英种子已发芽、水层刚落干，即撒播黑麦草，使草种粘贴土面接墒出苗。若与大粒种豆科绿肥混播，如苕子、箭筈豌豆等，则先播黑麦草，以后再播苕子或箭筈豌豆，这样生长均匀。试验表明，采用同行混播有利于绿肥生长，适宜于大面积生产与应用。如与苕子同行混播的亩产鲜草2 635.5 kg，比与苕子隔行间播的亩产鲜草2 388 kg，增产10.34%。如与蚕豆混播，则以蚕豆开行条点播，黑麦草撒播为好。

3. 施肥

为获得高产，要适当施用有机肥做基肥，施用少量氮肥做种肥，使苗期根系发达，增强越冬抗寒性。据试验，在肥力中等的地块上，于黑麦草返青期每亩施用7.5 kg硫酸铵，亩产鲜草1.3 t、亩产种子105.7 kg。比不施肥的对照亩产鲜草560 kg、亩产种子29.8 kg，分别增产132.14%、254.13%。在低肥力的地块上，施氮肥效果更明显，一般比不施氮肥的可增产1.5～2.0倍。高肥力地块，施氮肥同样具有良好的效果，一般每0.5 kg硫酸铵可增产鲜草35 kg、种子2.2 kg。施肥方法以开沟集中施用为好。肥料种类以氮肥为主，可适当施用磷肥。

4. 灌溉

黑麦草生育期间消耗土壤水分较多，加上早春有些地方往往出现干旱，因此，必须及时浇水。一般可在3月下旬、4月拔节生长期浇水1～2次，根据当时气候和土壤墒情而定。浇水后及时松土，破除板结，消灭杂草，并防止土壤返盐。

5. 留种

黑麦草种子成熟后落粒性较强，因此，当穗芽由绿转黄，中上部的小穗发黄，小穗下面还呈黄绿色时，应及时收割。做到轻割轻放，随割随运随摊晒，脱粒、晒干、扬净防止霉烂。有条件的地方，可采用谷物联合收割机或割草机进行收割，以保证及时收获。

三十三、苜蓿

苜蓿（*Medicago sativa*）是世界上栽培历史最悠久、种植范围最广的多年生豆科牧草之一，因其具有产量高、品质好、适口性好、营养丰富等饲用特性，同时兼具抗干旱、耐盐碱、保持水土等生态作用，被称为"牧草之王"，并在世界各地广泛种植（图3-25）。

图3-25　苜蓿

（一）植物学特性

苜蓿是一年生或多年生草本。茎直立或铺散。复叶，具3小叶，小叶上部边缘有细齿，托叶贴生在叶柄基部上。花很小，黄色或紫色，成短总状或头状花序，腋生。萼齿近等长，旗瓣长圆形或倒卵形，雄蕊10枚。

（二）生物学特性

苜蓿属多年生开花植物，适应性较强，喜温暖湿润气候，在土壤pH值在5.5～8.5都可种植，可在可溶性盐0.3%以下的土壤中生长。最适发芽温度为25～30 ℃，植株生长最适日均气温为15～21 ℃。最忌积水，故种苜蓿的土地必须排水通畅。

（三）综合利用

1. 土壤改良

苜蓿有顽强的生命力，耐干旱、耐冷热，产量高，可用于水土保持、防沙固沙、护坡及绿化山区。苜蓿能通过根上的共生根瘤菌，固定空气中的游离氮元素增加农田土壤氮元素，从而达到提高土壤肥力的作用。另外，苜蓿还具有发达的根系，能够吸收到土壤深层的养分和水分。还可改良土壤的团粒结构，使后茬作物提高产量。

2. 饲料

苜蓿草含丰富的蛋白质和大量的矿物元素以及碳水化合物，这是其营养价值的体现。其中，粗蛋白质的含量极高，为17%～23%。苜蓿中丰富的蛋白质主要集中在叶片上，而叶绿体中所含蛋白质的含量高达30%～50%，粗纤维的含量约为42%。所以，苜蓿干草属于粗饲料。虽然苜蓿中含有较多的粗蛋白，但是这些粗蛋白质都是可以被消化的。其中，氨基酸成分与乳清粉的相近。所以，苜蓿被公认为是优质的纤维饲料。

3. 食品

苜蓿的嫩茎叶可煮、炒、拌，也可做成馅，包饺子、蒸包子。色泽鲜美、味道清香，深受群众喜爱。

4. 药用

紫花苜蓿中主要化学成分为黄酮、三萜、生物碱、香豆素、蛋白质和多糖，具有抗菌、抗氧化、免疫调节、降低胆固醇等多方面的生物活性。

（四）栽培技术要点

1. 播前整地

整地主要是清洁地面（除草、灭茬）、松土、肥土混合均匀、平整地面等，为苜蓿播种、出苗、生长发育提供适宜的土壤环境。耕地要掌握土壤墒情，耙碎土块，使土壤成为细颗粒状，保证出苗整齐。

2. 播种

在广东播种期一般为秋播，每亩用种量为1.0～1.5 kg。在播前将精选的苜蓿种子摊在阳光下晾晒3~5 d，可促进苜蓿种子后熟，提高发芽率。由于苜蓿种子比较坚硬，播前可用碾米机碾轧20~30圈，也可掺入一定数量的石英砂砾、碎石等用搅拌器搅拌、震荡，或在地上轻轻摩擦，以达到擦破种皮的目的。播种方式可采取条播、撒播、点播均可，以条播（条播用种量可比撒播少25%左右）为佳，该法出苗整齐，便于中耕、除草、施肥等管理，行距为15~30 cm，留种田以40~45 cm为宜。

3. 管理

（1）施肥。苜蓿根瘤菌能固定空气中游离的氮，固氮能力很强。因此苜蓿生长发育期间，一般不施用氮肥。苜蓿生长对钾的需要量很大，生产1 t苜蓿干草需要10~15 kg钾。过磷酸钙的施用量一般为50~100 kg/亩。在播种前或播种时施用，一次性施足，也可作追施。

（2）除草。苜蓿生长缓慢，种植地杂草比较多的情况下，可在播种前用除草剂处理1次，在播种当年需除草1~2次，或提前刈割，将杂草与苜蓿同时割掉，在杂草多的地方可施用化学除草剂。

（3）防病。常见的病虫有蚜虫、黏虫、叶象甲、蛴螬、地老虎、盲蝽、凋萎病、霜霉病等。播前要精心挑选种子，并防治蚜虫、盲蝽、蛴螬等，可用70%吡虫啉、20%呋虫胺喷洒防治。防治叶象甲和黏虫可用菊酯类3 000~4 000倍液喷洒，防治夜蛾可用乙基多杀菌素、氯虫苯甲酰胺喷洒，霜霉病、黄斑病、白粉病等可用波尔多液、石灰硫磺合剂、20%戊唑醇、30%肟菌酯等药剂，在发病期喷洒1~2次。

（4）刈割。播种当年可在停止生长前1个月左右刈割利用1次，刈割后要有一定生长和营养物质积累期，以利越冬。青刈在孕蕾至初花期进行为最佳，或在株高30~40 cm时刈割，留茬过高会降低产量。留茬过低不利于再生，一般以留茬4~5 cm为好，既能获得高产，又能保证优质。收割调制青干草，应选晴好天气刈割，防止雨淋，晾晒和扎捆散立风干，不宜在平地上摊晒时间过长、晾晒过干，以防叶片脱落，造成营养大量损失。晾晒到含水量降至20%（可折断）时堆垛存放。

三十四、大米草

大米草（*Spartina anglica*）是禾本科、米草属多年生直立草本植物，秆直立，高可达120 cm，茎无毛。叶鞘大多长于节间，无毛，叶片线形，先端渐尖，基部圆形，两面无毛，中脉在上面不显著。穗状花序无毛，小穗单生，长卵状披针形，疏生短柔毛，第一颖草质，先端长渐尖，第二颖先端略钝，外稃草质，内稃膜质，花药黄色，颖果圆柱形，8—10月开花结果。原产欧洲，中国正在沿海扩大引种栽培。栽培范围北起辽宁，南至广东省。生于潮水能经常到达的海滩沼泽中。该种是优良的海滨先锋植物，耐淹、耐盐、耐淤，在海滩上形成稠密的群落，有较好的促淤、消浪、保滩、护堤等作用。秆叶可饲养牲畜，作绿肥、燃料或造纸原料等（图3-26）。

图3-26　大米草

（一）生物学特性

大米草对环境的适应性很强，其主要特性有以下几方面。

（1）耐盐性。能在含盐量约3.5%的海水经常淹浸的环境中正常生长，甚至可在含盐量比海水高一倍的条件下存活。因其叶片的上下两面均有盐腺，是一种泌盐植物，可以把根吸来的盐分绝大部分排出体外，同时，其细胞原生质的脯氨酸含量高，约占氨基酸含量的一半，它可保护耐盐植物免受盐害。

（2）耐淹性。因其叶片具有蜡质，水不易渗入，并在维管束之间又有大的气道，可贮存空气。每天潮水均能淹到，每次淹没时间不超过7~8 h的海滩上均能生长良好。因此，对开发利用海滩潮间带具有特殊的意义。广东台山引种后，经多次试验，成效很好。

（3）耐淤性。其地下茎和地上茎、叶能随着滩面泥沙的逐渐淤积而相应地向上生长。据调查：3 400多亩的大米草经4~5年可高达80 cm以上。这对于拦截泥沙，促其淤积，增高滩面，具有明显的作用。

（4）适应性广。大米草是多倍体植物，生长旺盛，适应性强，生长的温幅大，在日温最高35 ℃与日温最低5 ℃之内均能生长。在-20 ℃的冬季也能安全越冬。目前已知的分布极限是欧洲的北限为北纬58°、南限为北纬48°。对土壤适应范围也广。不论软硬泥滩或沙滩，只要风浪不影响扎根均能生长，但沙滩上的生长差些。

（5）属于碳四植物。其光合效率高，抗逆性强，无性繁殖（分蘖）速度快，产草量也很高。在盆栽试验：4 d后从节上长出幼根，继而长出茎、叶，一年内得苗320株，然后采用水田育苗，再过1年4个月，便育成苗910万株，移植海滩600亩，长成密集草场后，每年收割1~2次，亩产鲜草量一般为1 000~2 000 kg，高的超2 500 kg。

大米草的耐旱能力差。移栽后如遇几个月干旱缺水容易死亡，如在风浪太大，流速太快的滩面栽培，容易冲走或被淤埋死亡，因海滩上的自然条件比堤内农田复杂得多。

（二）植物学形态

大米草的幼苗期外形似小芦苇，长大形成大型圆形草丛，草丛直径一般1~3 m（国外资料介绍其最大直径近9 m），株高随环境条件而异，10余 cm至110 cm（国外资料介绍其最高可达155 cm），一般在20~50 cm。

根有2类：一类长而粗，入土深度可达100 cm左右，另一类是短而细，密布于50 cm土层内。整个根系十分发达。

茎秆坚韧，直立，不易倒伏。基部腋芽可长出新蘖和地下茎。地下茎在土层中横向伸长，其上的芽弯曲出土形成新株。

叶互生，叶片狭披针形，叶色淡绿或黄绿色，光滑并具蜡质，叶片两面均有盐腺，叶片上有盐霜。

花为圆锥状总状花序，花柱极长，2个大白绒毛状柱头极明显，雄蕊3个。开花期达数月，在淡水中生长很少开花。

大米草结实率很低，颖果细长，1 cm左右，千粒重8.57 g，胚绿色。种子成熟即脱落，寿命短，失水即死，无休眠期。

（三）综合利用

大米草的经济价值是用途广泛的资源植物，主要有以下几种用途。

1. 绿肥

据分析，大米草鲜茎叶含氮量0.32%、磷0.15%，风干物含氮1.51%、磷0.94%。作为晚稻绿肥用，一般每亩增产稻谷18.3%~23.2%。据调查每亩稻田压大米草500 kg，增产稻谷37.50~45.15 kg，稻谷空壳率减少1/2。每亩稻田追施大米草1 t，比亩追施硫酸铵7.5 kg的增产稻谷55 kg。施用大米草1 050 kg的土壤有机质比未施前增加0.22%，比不施大米草的对照区土壤增加0.29%。由于大米草茎叶含有较多的水解性氮，所以是一种很好的氮肥。据试验：500 kg大米草的肥力相当于5~6 kg尿素肥力，栽培大米草5年后，1 m土层有机质提高了0.18%。

2. 饲料

大米草茎叶粗大，营养丰富，是一种优良牧草。据分析互花米草的茎叶含蛋白质11.62%、粗脂肪2.65%、粗纤维22.07%、无氮浸出物44.92%、灰分13.7%。因茎叶有盐分，地下根、茎具有甜味，适口性好，猪、牛、羊、兔、草鱼等均喜欢食，是良好的青饲料。且生长期长，全年可放牧，供采食快。亦容易晒干储藏，备作越冬饲料。据试验：羊不仅喜食大米草，且吃后生长发育快。一般放牧初生重4~5 kg的绵羊，只要3个月就长成20~25 kg重的成羊（与其他杂草喂养的相比增加5 kg左右），放牧初生重1.0~1.5 kg的山羊，也只有6个月，就长成20 kg以上的成羊。

3. 促淤护海

大米草具有明显的拦截泥沙、促进淤积、增高滩面的作用。种植大米草后，可促使海水泥沙及漂浮物质沉积，一般每年积淤15~20 cm，比天然积淤增加1~2倍。

4. 消浪抗蚀、保滩护堤

栽植大米草一般按1 m的株行距规格，2~3年后就可长成茂密的绿色草场。据调查栽植4年的大米草，每平方米植株密度就1 000~1 400株，不仅地上部分形成大型密集草丛，而地下部分由于其根茎异常发达，随着滩面逐年地淤高，其根茎也越来越深。因而根茎密集分布在几十至100 cm的土层。据调查种植大米草4年后，地下部分与地上部分重量比，最高达41倍，可经受10~11级台风袭击。

（四）栽培技术要点

首先应做好新种地段的淹水时间、潮流强度和速度、风浪、泥沙淤积速度等情况的调查，最好先通过小型试验。

1. 培育种苗

培育方法，可利用苗圃按稻田插秧方法，分株扦插繁殖，经过一定的时间，起苗移栽于所选定的海滩。缺少种苗时也可先取地下茎扦插，待繁育到一定数量种苗后，再利用苗圃分枝繁殖。

2. 移栽

（1）移栽起苗时，须从一定深度土层中，将大米草的根和地下茎一起挖出，把泥土冲洗干净，移运至定植海滩，在移运过程中，注意种苗保湿，到达目的地后，将苗暂泡水中，并抓紧时间栽插。

（2）高潮带上部和潮上带滩面不宜种植，因干旱缺水，容易造成死亡，流速太大，泥沙淤积太快的滩面，会影响扎棍成活，也不宜种植。

（3）种植大米草的滩涂，除了土层松软的软泥滩可立即扦插外，其他类型的海滩，一般先开穴，后植苗。株行距应根据具体情况决定，一般情况下，采用0.5 m×0.5 m或1 m×1 m，只需要半年或一年的时间，即可成为密植草场，若株行距放宽至2 m×2 m或3 m×3 m，约经3年，也能全部覆盖地面。栽植时高矮苗最好能分级片插，不要混插，每穴插苗3~5株，栽插深度为6~10 cm，风浪稍大的滩面宜深插，插后覆土基部，并用力压紧，防止浪潮把植株冲走，风平浪静的浅水滩面，可适当浅插。栽后几个月内，应经常查苗补缺。

（4）在海堤内的重盐土上栽植时，栽后几个月内，宜采取浅水勤灌，切忌断水，并适施氮、磷肥料，防止禽畜为害。

三十五、水浮莲

水浮莲（*Pistia stratiotes*），又名大藻等，属天南星科大藻属，是热带、亚热带淡水生的草本植物。我国广东、广西、台湾等地原已有放养，现中南、西南、华东省市均有引种栽培（图3-27）。

图3-27 水浮莲

（一）生物学特性

水浮莲喜温耐热，但生长条件不苛求，广东省各地均可种植。它的生长季节很长，4—11月都可生长，尤以8—9月生长迅速且最为茂盛。它在10～40 ℃都能生长。而以20～35 ℃为适温，此时生长繁殖最快。在1个月内，每株可繁殖出50～60株。温度在16～19 ℃时，虽能生长，但较缓慢。若水温低于10 ℃，高于45 ℃时，生长大受抑制，甚至枯萎。若温度低于5 ℃则会死亡。

水浮莲适合于中性水质，pH值6.5～7.5最宜。它耐肥耐热，叶片有向光性，根系有趋水性，在密集情况下生长良好，因此，初放养时，宜较密养，使植株在苗挨苗的状况下生长，不要让其随风吹水流而漂荡。

（二）植物学形态

水浮莲是静止浮生于水上的草本植物，须根成束集生，全株能随风吹水流而漂荡，但在静止的浅水处，根群也能生长于泥土中而固定下来。茎很短，不明显，较老的植株也只有2～3 cm，能分生成新株。叶簇生在短茎上，每簇有叶6～10片，长楔形，环状排列，叶片上宽下窄，长4～10 cm，顶端钝圆，呈微波状，绿至黄绿色，有7～9条平行脉，叶背隆起较厚，背部密生白色茸毛，刺人手足有痒感，叶肉疏松，质轻而脆，易破碎，具有发达的通气组织，浮力大。

水浮莲在广东省约于5月开始开花，延续到入冬之前。花生于叶腋间的短茎上很小，淡黄至黄白色。每株花数不等，肉穗花序，无花被，具有一个火焰状的花苞，上部为雄花，有6个雄蕊，下部有一个单生圆形雌花，开花时花苞的下半部先开，靠昆虫传授花粉。果实为球形浆果，着生在叶基部的侧面，果皮薄而透明，内含种子10～30粒，籽粒很小，呈腰鼓形，黄褐色，千粒重约1.2 g，每0.5 kg种子有41万～42万粒。

（三）综合利用

1. 饲料

水浮莲产量高，营养好，可喂猪和家禽，还可制成干饲料，被誉为"农家之宝"，其各种营养成分含量如表3-18所示。

表3-18　水浮莲的营养成分含量　　　　　　　　单位：%

项目	粗蛋白	粗脂肪	粗纤维	无氮浸出物	灰分	干物质
鲜物	0.7	0.2	1.3	2.4	1.8	—
干物	1.87	0.73	1.34	8.9	5.45	18.34

从分析数字可知，其粗蛋白质含量比西瓜、白菜等瓜菜类还高，是牲畜的优良饲料。

2. 肥料

水浮莲是农田的好肥料，沼气的好原料，净化污水的好植物。据分析：鲜株含氮量为0.30%、含磷0.06%、含钾0.1%，500 kg鲜株相当于硫酸铵7.5 kg、过磷酸钙1.75～2.00 kg、硫酸钾1 kg。用水浮莲养猪，猪粪尿作沼气原料，产气多，所以水浮莲是一种优良的饲料、肥料、气料兼用的绿肥作物。

（四）繁殖放养主要方法

1. 繁殖方法

可分为种子繁殖和种苗繁殖2种，因种苗繁殖比种子繁殖快，故一般多采用种苗繁殖。春夏秋季都可进行繁殖，但冬季霜雪期水浮莲不能自然越冬，所以要采取保温措施进行保苗越冬。

（1）保苗越冬方法。水浮莲每年霜雪期前要将植株进行保温处理才能越冬，方法可将植株放入瓦盆中栽培。为了提高水温，可将瓦盆埋入堆肥中，仅露出盆口，并在上面盖上玻璃，以防霜雪。盆内水温保持在15～20 ℃，每7～10 d换水1次，并视其生长繁殖情况而酌施薄肥。若堆肥温度下降，可于晴天将水盆移出，将堆肥翻堆1次，以提高其发酵温度。经过这样翻堆3～4次，即可越过冬季霜雪期。此外，广东省南部部分温暖地方，也可将水浮莲植株放于背风向阳的塘中保护越冬，亦可用温泉水栽培越冬。温泉水的pH值要求在6.5～7.5，水温在18 ℃以上，养殖池中的水温不宜超过40 ℃。有条件的地方可以采用温室保苗越冬。温室内要求有水深33 cm左右的水池，水温昼夜保持在18 ℃左右，空气湿度80%～90%，池内需经常添加清洁的水并适量施肥。附近有工矿区的，可利用矿废热水保苗越冬。

（2）分株繁殖。水浮莲叶腋间的幼芽能向四周伸长成茎，茎端可生长新根，叶成为新子株，子株可脱离母体独立生活，此后子株又再分新株繁殖孙株。培育新株的方法：可于清明前后气温稳定在15 ℃左右时，选择叶片紧实粗厚、颜色浓绿、健壮无病的越冬种苗，移放于水面培育。初放种时应适当密些，每亩放种苗250～400 kg。

（3）种子繁殖。冬季无保温条件，越冬有困难的地方，可采用种子育苗。广东省每年9—10月是收集水浮莲种子的最好季节，选充分成熟的、用指压之有坚实感的果实，用水洗去浆液，掏出种子摊开阴干，然后包装储藏好。至翌年3—4月，选新鲜、饱满、无裂痕的种子，放在50 ℃的温水中浸种数小时，然后将种子均匀铺放在盛有肥塘泥的水盆内（盆的大小一般是直径50 cm左右，每盆约放种子50 g）再加入清水至适度后，把水盆放入温室，温度保持在25～35 ℃，这样大约经过半个月便可发芽。到幼苗长出3～4片真叶时，就可移苗到另一水盆内繁育，并施0.3%左右的硫酸铵，以加速其生长。以后在盆中逐渐掺入塘水，再移放到不加温的室内，经2～3 d，使幼苗能适应自然环境后，即可移放到室外水面进行培育。

2. 放养方法

水浮莲的越冬苗或种子育成的幼苗，在移植初期，要用竹竿围成框将种苗围在一起，以免被风吹散，同时也利于施肥管理。水浮莲繁殖增多以后，逐渐把竹框扩大。当植株增到占水面一半以上时，就可拆除竹框，任其散开繁殖。

3. 管理方法

水浮莲生长快，需要肥料较多，特别是对氮素营养很敏感，所以勤施多施氮素是增产的关键。施肥以液体肥为好。一般在放养后每隔5～7 d施肥1次，开始时可将稀液体肥泼施于叶片上，水浮莲长满水面后，肥料可均匀施入水中。肥料每次施用量视水质肥瘦和水浮莲生长的好坏而定，水质瘦的宜多施，反之可少施。如水浮莲生长不好，叶片卷曲而薄黄时，就应该及时多施肥促其生长。

在水面放养水浮莲既不宜太稀疏，也不宜过紧挤。太稀疏时应用竹竿把它拨集中一些，如长满水面就要开始采捞分养或使用，做到管中有收，收中有管，勤收勤管。

水浮莲在生长期中，如遇气温不适、温差过大、水绵缠根、机械油腻、过肥过酸过碱等情况，都会发生病虫害，应注意排除害因，及时防治，若有杂草也应及时清除。

（五）利用方法

1. 作为猪饲料

捞取水浮莲洗净切碎，便可喂猪，生喂熟喂均可。喂时如搭配一些其他饲料效果更好。

2. 作水稻基肥或追肥

若作晚稻基肥，可先将水浮莲捞起晒软，于早造收割完并犁翻田土后，将水浮莲均匀撒布于田内，每亩加施石灰15 ~ 20 kg，用机械翻耙压青，一般每亩施1.0 ~ 1.5 t。压青时以田底湿润或有5分水左右为宜，水浮莲腐烂后再灌回浅水即可耙田插秧。也有一些地方将水浮莲捞起堆于田边。每50 kg加上石灰2.0 ~ 2.5 kg堆沤5 ~ 6 d后作基肥施用。

如用作追肥，可在水稻中耕除草时将水浮莲踏入土中，亩施500 kg左右，亦可以制成堆肥后施用。

水浮莲是生长快、产量高的作物，在适温条件下，6 ~ 7 d就可增殖1倍，每亩水面年可产25 ~ 40 t，管理得好可达50多t。

水浮莲作肥，肥效很好，据每亩施250 kg水浮莲，与亩施15 kg硫酸铵作对比试验，结果施水浮莲的稻谷产量最高（表3-19）。

实践证明，水浮莲肥效好，产量高，营养丰富，不与作物争地，有利于发展生产和发展养猪业，各地都适宜放养，尤其是适于水网地区放养，是一种饲肥兼收的好作物。

表3-19　水浮莲施肥对比试验　　　　　　　　　　　　　单位：kg/亩

处理	稻谷产量	比对照增产	增加比例（％）
对照（不施肥）	250.00		
水浮莲500	340.13	90.13	36.05
茜草500	315.19	65.19	26.07
硫酸铵30	315.22	65.22	26.09

三十六、假水仙

假水仙（*Eichhornia crassipes*），又名水葫芦、水鸭婆、凤眼莲、浮江莲、洋水仙，属雨久花科凤眼莲属，是多年生淡水漂浮生长的水生草本植物。广泛分布在亚洲、美洲、非洲等地的50多个国家中。现在我国南方各省均有分布，在美国的一个博览会上，曾被称为"美化世界的淡紫花冠"而被各国引种作为观赏植物。

（一）生物学特性

假水仙喜生长在营养丰富的淡水中，耐肥耐热、耐碱、耐阴，亦较耐瘠耐寒，抗逆力强。性喜高温多湿，在10 ℃以上时开始生长，39 ℃左右高温仍能生长旺盛。耐寒力比水浮莲强，能耐短期低温，在2 ℃环境中1 ~ 2 d仍不会冻死，但整个生育期以20 ~ 25 ℃为宜。假水仙在广东省以夏秋间生长最旺盛，耐瘠性胜于水浮莲，在池塘荒冼均能生长，但以在水深33 cm左右的肥沃静水中培育最好。

（二）植物学形态

假水仙根系发达，须根垂生于水中，新根蓝紫色，老根灰黑色。植株下部能不断生出匍匐枝形成新枝蔓延水面。叶从茎上簇生，叶片卵形或肾形，深绿色，每株有叶6~7片，叶肉肥厚，软嫩多汁，叶面有蜡质层。叶柄膨大，呈圆筒形，中空，直而向上。叶片中下部有膨大体，为海绵组织，略似葫芦，故称水葫芦。葫芦内含大量空气，质轻，故能使植株漂浮水面。花为总状花序，每花序有6~10朵大小不等的花，在5—8月开放。花瓣6片，淡紫色，三长三短；雄蕊6枚，三长三短。种子很小，枣状，黄褐色。

（三）综合利用

由于假水仙生长很快，能在极短时间内占领整个水面，产量很高，在一般情况下，每亩年产量有35~40 t，高产的可达50多t，有推广利用栽培价值。

1. 饲料

假水仙饲料营养成分丰富，各种养分含量见表3-20。

表3-20　假水仙的营养成分　　　　　　　　　　　单位：%

项目	粗蛋白	粗脂肪	粗纤维	无氮浸出物	灰分
鲜物质	1.19	0.24	1.11	2.21	1.33
风干物	17.05	3.49	15.91	31.82	19.17

假水仙还含有禽畜发育所需的各种氨基酸，也可以制成干饲料长期保存，故是养猪和家禽的好饲料。它叶肉肥厚，柔嫩多汁，质地脆嫩，纤维素少，牲畜很喜欢吃，亦可用作养鱼的饵料。

2. 肥料

假水仙是很好的绿肥，其鲜植株含氮0.24%、含磷0.06%、含钾0.11%。500 kg假水仙鲜植株相当于硫酸铵6 kg、过磷酸钙1.75~2.00 kg、硫酸钾1.1 kg。据有放养假水仙习惯的顺德农民在30亩稻田施假水仙绿肥的结果，每亩施3 500 kg，只追施化肥16 kg，亩产稻谷为479 kg，比没施用假水仙而每亩施化肥25 kg的，每亩增产稻谷250多千克。

3. 沼气原料

假水仙作沼气原料比稻秆、玉米秆和猪牛粪等作原料产气多。据实验，每1 kg假水仙可产沼气373 L，其中含甲烷70%。作沼气原料，来源较易，产气又多，成本低。

4. 净化污水

它能大量吸收水中的氮、磷元素和酚、氰等有害物质，使水体得到净化，水色澄清，臭味消除，水质明显变好，对改善环境卫生很有利。

（四）养殖技术

假水仙适应性强，无论在浅水缓流河涌和池塘、荒丕渠沟均可放养。华南地区一年四季都可以生长繁殖，而以5—10月生长最快。养殖方法一般是采用分株繁殖。

1. 选好地段

宜选择浅水缓流的河涌，或常能换新鲜水的池塘荒丕进行放养，水深宜在33～67 cm。稍深的河涌亦能生长繁殖，但往往会使根徒长，叶片细小，影响产量。水过浅则根易着泥，株小难收，产量也低。如水面较大，可用竹竿围框繁殖，并随着假水仙繁殖增长，逐渐将围框扩大，以利发展。如在河涌放养，要用竹或绳拦河搭架围框，以利船艇通行，又可防止水仙随水流走，并便利采收。如在容纳洗猪栏水的水塘养殖，产量特别高，故可作为养猪场的配套设施。

2. 适时放种

夏秋高温多雨，假水仙生长繁殖较快，因此最好在3—4月开始放养种苗，以赶上在夏秋大量繁殖，并可作夏耕用肥，又能有较大的群体利于越冬。一般每亩放种苗500～600 kg，放种时要撒放均匀，并使种苗较为集中固定在一起以适应假水仙具有群集快生的特性。有的地方冬天气温较低，应选择适宜场地保温育种。假水仙是靠潜伏芽过冬的，到次年转暖时萌发新株。若温度过低，潜伏芽也会冻死，故在0 ℃以下，要盖草或放于流水中淹入深水处防冻。

3. 施肥管理

假水仙虽然粗生易长，但很耐肥，故应酌情施肥。如放养的地方较肥沃，可隔一定时间搅动污泥，使养分混于水中供假水仙吸收。如发现植株矮小，分枝慢，根长、叶黄、早花等情况，是缺肥的表现。应及时施肥。可用稀液体肥均匀泼施。

当假水仙繁殖茂盛时，应随时采收，勿使其生长过密。每次采收1/3～1/4为宜，不可一次性采捞过多，以免影响假水仙生长。采后要用竹竿把留下的植株均匀拨开，并适量施用肥料，以利继续生长繁殖。如水中要养鱼，须留出1/2～1/3的水面。

（五）施用方法

施用方法一般有两种。一是直接在稻田压青作基肥，一般每亩施1.5～2.0 t。先将假水仙捞起稍微晒软，均匀撒布于田面，并每亩撒施15～25 kg石灰，随即犁翻田土把假水仙压入土中。假水仙腐烂后，即灌回田水整田插秧。二是将假水仙与人畜粪和肥泥分层堆沤，每层撒上适量石灰。待其腐熟后，即可用于各种作物的基肥或追肥施用。

三十七、水花生

水花生（*Atlernanthera philoxeroides*），又名革命草、革命菜、水苋菜、空心苋、喜旱莲子草等。是千屈菜科水苋菜属植物，具多年生宿根，既能水生又能湿生的两栖性植物。现在我国长江以南地区均有分布，以江浙水网地区为最多。20世纪70年代以来，苏、浙、皖、鄂、川等省份大力推广"三水一萍"（水葫芦、水浮莲、水花生和绿萍），放养甚为普遍。现在广东省水网地区亦普遍有分布（图3-28）。

图3-28 水花生

（一）生物学特性

水花生喜欢温暖湿润的生长环境，气温在15 ℃时即可生长，而以22～32 ℃为最适温度，气温降至5 ℃以下时，上部植株逐渐死亡，下部仍可越冬，到次年春暖时再发芽生长。

水花生适应性强，可放养在浅水河涌或湖塘沟边，也可在沼泽、沟边基边荒地等地种植。繁殖快产量高，一般亩产可达10～15 t。

（二）植物学形态

水花生株高20～40 cm，茎平滑无毛，中空有节，分枝多。在水上生长的植株，上部直立于水面，水下部匍匐生，在地上生长的则蔓生。叶对生，披针形至椭圆形，长3～5 cm，全缘短柄，节上生叶，还可生根，须根白色。花为头状花序，白色。果实为卵圆形蒴果，种子扁平细小，是一种浅水陆地均能生长的高产饲料肥料兼收作物。

（三）综合利用

1. 饲料

水花生茎叶柔软，饲料营养成分高，其各种养分含量见表3-21。水花生作饲料适口性好，牲畜（特别是猪）很喜爱吃，是来源广、数量大的好饲料。

表3-21 水花生营养成分分析　　单位：%

项目	粗蛋白	粗脂肪	粗纤维	无氮浸出物	灰分
鲜物质	1.28	0.15	2.03	4.29	1.48
风干物	12.98	1.58	20.56	43.36	14.76

2. 肥料

据分析水花生鲜茎叶含氮0.31%、含磷0.26%、含钾0.5%，500 kg鲜茎叶相当于7.75 kg硫酸铵、7.5~8.5 kg过磷酸钙、5 kg硫酸钾，是比较好的绿肥作物。

水花生茎叶柔软，容易腐烂，用于压青或作堆沤肥均可，为了提高肥效，最好把它切成小段堆沤，让其充分腐熟后施用。

3. 利用方法

水花生生长繁殖迅速，当茎叶茂盛时必须及时收割，让其迅速再生繁殖，以提高产量，尤其是夏季温度高时，如收割不及时，茎叶生长过于茂密，通风不良，会使底部叶片枯黄脱落，影响产量。因此，当植株长到35 cm左右时，就可以收割利用。收割时不要割得太低，应保留6~10 cm藤茎露出水面，以利再生。以后每隔半个月左右收割1次，直至冬季为止。

水花生作饲料用时，应洗净切碎然后喂养，生喂熟喂均可，也可以青贮，发酵或打成干糠作饲料。生喂宜先晒1~2 d以减少水分，若适当搭配其他饲料更好。

（四）放养技术要点

1. 放养方法

水花生在广东省大部分时间都可以放养，但在春季放养最合适，放养地点宜选择水质肥沃，水流平缓，水深1~1.7 m的河涌湖塘为宜，亦可在湿润的河涌边隙地种植。

如在较深而又缓流的水面放养，可将水花生植株切成15 cm左右为一段的种苗，以间距33 cm左右一段段夹在绳上投放于水面，要使根向水下，叶芽向上，以利生长。每隔3~4 m放一根夹有种苗的绳，并打桩固定绳的两端，绳要拉得松紧适度，以便夹住种苗的绳能经常浮在水面为宜。如在较浅的净水池塘氹沟放养，可将切短的种苗均匀撒布于水面，每隔3~4 m用绳拦隔，以防被风吹成一堆。如在河涌边隙地种植，可选生长健壮的种苗切成15 cm左右（带3~4个节）的小段，把有须根的一端栽插到泥土里，要有1~2个节露出地面，以利生长。株行距一般可用35 cm×65 cm。

2. 管理方法

在肥沃的水面或河涌边隙地放养种植的，一般都生长得较茂盛，可不施肥。如在水质较瘦或条件较差的地方放养种植，往往生长得较缓慢，故开始放养时宜用液体肥料或肥泥浆泼施在种苗上，以加速植株生长。以后则可根据生长情况酌情施肥。每次采割鲜草后要追施1次肥以促再生。

水花生出苗期茎叶脆嫩，易受损害，因此放养后要严防鹅鸭糟蹋。放养水花生的池塘，就不宜放养草鱼（当然亦可作养鱼饲料），以防损害。如放养其他鱼种，可在塘中搞几个用竿扎成的三角形框，形成"天窗"，以利鱼儿换气。

三十八、油菜

油菜（*Brassica chinensis*）是十字花科一年生作物，主要产区为江、浙、湘、鄂、云、贵、川等省份。由于它具有可利用冬闲田种植，不与水稻争地争劳力，又可油肥兼收等优点，新中国成立后广东省油菜生产有较大的发展，各地都有种植（图3-29）。

图3-29　油菜

（一）品种形态

1. 品种

广东省过去种植的品种以曲江、梅州等地的黄花油菜为多，近年引入一些优良品种，对提高产量起了很大的作用，适宜广东省种植的有以下几个品种。

（1）曲江、兴梅黄花油菜：属白菜型，是广东省农家良种，早熟，适应性广，抗逆性强，生势粗壮，生长发育一致，宜于直播或间/套种，全生育期在广东省英德以北为120 d左右，广东省中部110 d左右，一般亩产菜籽50 kg左右。

（2）高州、东莞白花油菜。属萝卜型，适应性广，感温性强，早熟，分枝多，籽粒大，千粒重约1.5 g，含油率约40%，全生育期90～100 d，一般亩产菜籽50 kg左右。

（3）泸州5号。从四川引进，属甘蓝型，早熟，有边生长边抽薹边分枝边开花结莛的特点，分枝部位低，角果长，籽粒大，千粒重3.5～4.0 g，含油率41.3%，株高约100 cm，生长迅速，发育整齐，全生育期在广东省英德以北为150 d左右，广东省中部135 d左右，一般亩产菜籽50～75 kg，高产的可达150 kg以上。

2. 形态

油菜的根系有密生根系和疏生根系，密生根系支根、细根多，疏生根系支根、细根少，主根圆锥形，入土深，逐渐会木质化，侧根横向生长，伸展较长。油菜的茎分枝较强，由腋芽发育而成，前期不明显，以后迅速生长，叶形因品种不同而有差异，白菜型叶片光而全缘，叶柄短。甘蓝型叶片厚而有蜡粉，有短柄，基部有深裂。花为无限花序，由下部向上开，多为黄色，有的白色，花萼、花瓣各4片，雄蕊6个，4短2长，雌蕊1个，子房2室。果实为长角果，有果柄，每果有种子10～30粒，黄褐色，球形，果莛熟后会爆裂。

（二）生长特性

油菜的生长发育也因品种和环境条件而有所不同，一般发芽温度在3 ℃以上，到40 ℃仍可发芽，但适宜的温度为5～18 ℃，气温适宜时，出苗很快，成苗后较能耐低温，甚至0 ℃还不死苗。长到有10～12片真叶时，底部叶片开始向四周摊开，油菜根茎充实后即着生花蕾，现蕾要求温度为12 ℃左右，现蕾3～4 d就开始抽薹，抽薹后7～20 d开，始开花，开花适宜温度为16～20 ℃，始花至终花为20～40 d，开花盛期开始陆续结角，角果成熟期要求有强光照和较高气温，以20 ℃以上为宜。

（三）综合利用

1. 油用

油菜最大的经济利用价值是用来榨油，菜籽油既是良好的食用油，又可用来作肥皂、润滑油等工业原料，它成本低，产量较高，是解决各种油料的好途径。

2. 饲料

油菜的叶、莛、麸饼是养猪养鱼的好饲料，在种植油菜管理中摘下的叶片，嫩的可以喂鱼，其余的可以喂猪，莛晒干粉碎后，可做成饲料糠。榨油后的麸饼含粗蛋白质42.1%、粗脂肪1.27%，营养丰富，是养猪的精饲料。

3. 肥料

种植油菜的田，收菜籽后土壤中仍残留大量的根茎，在油菜生长过程中，又可摘下大量的残叶，这2项残肥，一般每亩有500～1 000 kg，是稻田的好肥料，每50 kg油菜籽榨油后还有麸饼30～35 kg，麸饼是高养分的有机质肥料，其含氮5%、含磷2%、含钾1.3%。1亩油菜籽的麸饼约35 kg，相当于8.75 kg硫酸铵、4.0～4.5 kg过磷酸钙、0.9 kg硫酸钾。这些根、茎、叶、麸都可用作肥料，有利于改良土壤，提高稻谷产量。

（四）栽培技术要点

1. 选用早熟高产良种

适宜广东省种植的油菜品种本地种有曲江、兴梅的黄花油菜，高州的白花油菜等。引进的良种有泸州5号、四川矮、架早、四川东风等。

2. 选好土地

要选排灌方便的晚稻早熟种迹地，以便能早播早种，加强油菜水分管理。还要选连片的田进行种植，以避免同犁翻冬用田和早造水稻在开耕时有矛盾。

3. 适时播种培育壮秧

为了使油菜有较长的生长期，应抓紧早播。广东省一般宜在10月上旬播种；11月上旬移植。苗床应选土壤肥沃疏松，排灌方便，阳光充足的地方，精细整地起畦播种。一般畦宽1.5～1.7 m，畦高13～17 cm，沟深27 cm左右，苗床要施足基肥，以促幼苗早生快发和苗株健壮，根多叶茂。播种量每亩0.3～0.4 kg，分畦定量匀播，播后薄盖土，以保温防旱，促进生根出苗。播后要勤淋水施肥，一般每天早晚各淋水1次，保持土壤湿润，但切忌积水或过湿，以免导致烂根和病害。到有1～2片真叶时，要及时间苗定苗。

4. 合理密植和施肥

种植规格应按不同品种、不同播种方法而定。例如，用泸油5号育苗移植的，一般苗龄20～25 d；畦宽2 cm（包沟），规格27 cm×（20～24）cm。开行直播的，经间苗补苗后，掌握每亩有2.0万～2.5万株较适宜。曲江、兴梅的黄花油菜，由于植株矮小早熟，开行直播的可加密到每亩5万株左右，每亩播种量0.25～0.35 kg。

在施肥方面，要施足基肥。早施苗肥，重施抽薹肥，巧施花肥，油菜生长前期，根苗都很小，吸肥能力还不强，故追肥要做到勤施薄施，并宜施用速效肥液，才有利于根系吸收。从现蕾到开花，是油菜营养生长和生殖生长的双旺阶段，地下根系吸收力强，地上部分生长快，需肥量多，因而要抓紧时机重施抽薹肥。基肥一般每亩施有机肥500～500 kg；移植后6～7 d就要追施第1次苗肥，每亩可施硫酸铵3.0～3.5 kg。第2次追肥可在移植后20～25 d进行。第3次追肥要重施抽薹肥，每亩可施硫酸铵10.0～12.5 kg，花肥则要因土看苗施用，如田土瘦，叶发红，则应抓紧时间追肥，以促进角果正常发育。

5. 科学用水

在排灌方面要掌握油菜喜湿润，怕干旱，忌渍水的特点，高标准开好排灌沟，防涝防渍。花荚期如遇干旱，要及时灌水，并保持土壤湿润。

6. 防治病虫害

油菜花荚期常会受蚜虫为害，造成有花无果或籽粒不充实。在整个生育期，会有菜青虫、潜叶虫等害虫为害。病害主要有霜霉病和菌核病等，必须及时防治。防治方法除要因病虫情况施药外，还要加强田间管理，及时摘除老叶，使通风透光良好，也可以起到一定的防治作用。

（五）收获和利用

油菜角果易破裂致使籽粒散落。如果雨水多，收割的植株堆在一起，种子亦会发热霉烂或发芽，所以收获油菜要讲究方法。方法不当，会造成很大的损失浪费，如收获过早，籽粒不饱满，则含油率降低，因此一定要抓紧时机适时收获。一般在角果八成熟时抢晴天在露水未干前突击收割，熟一片收一片。收割时可采取齐地面平割，就地放置畦面，后熟数天后，用联成大张的草席或塑料薄膜垫底在田间进行脱粒。若春耕时间紧，也可运回晒场竖立排放，后熟数天后可摊开晒干脱粒。

油菜收获后留下大量的茎叶是很好的肥料，可以就地回田待沤烂后整田插秧。如冬种作绿肥是着重用来解决有机肥的，油菜最好与紫云英混播，即"双花混播"，或与紫云英、萝卜青混播，即"三花混播"，这种播种方式植株生长茂盛，绿肥产量高，氮磷钾肥分齐全协调，有利于提高稻谷产量。博罗县园洲区吉龙队曾播种过500亩三花混播绿肥，平均亩产绿肥4 160.5 kg，最高产的一块田亩产达6 000 kg。三花混播的播种量一般是每亩播紫云英2 kg、油菜0.15～0.20 kg、萝卜青0.25～0.50 kg，先播紫云英，于割禾前25 d左右播，后播萝卜青和油菜，于割禾前3～5 d播。

三十九、小葵子

小葵子（*Guizotia abyssinica*）是菊科向日葵属一年生草本植物。原产于东非，是埃塞俄比亚食用油料作物，现在西欧、俄罗斯、日本等地已广泛种植。我国于1972年引进，在江、浙、川、鄂、皖、粤、桂、黔等省试种均能正常开花结实，大多作油料作物栽培。近年来，广东省还在耕地安全利用时吸附稻田重金属，效果显著。

（一）生物学特性

小葵子性喜温暖湿润，特别是在光热好，水源充足的条件下生长迅速。在长日照季节种植（夏种），一般全生育期达140～180 d，植株高可达2 m以上，冠径60 cm以上，在短日照季节种植（秋冬春种），全生育期仅90～130 d。因此，小葵子随着向短日照季节推迟播种，则生育期相对缩短，植株亦相对矮小。

小葵子适应性强，有生长快，产量高，留种容易，成本低等优点。对土壤要求不严，无论从海拔100～2 800 m，土壤pH值4.5～8.5，也不论是红壤、黄壤、黏质土或砂质土，均能生长发育。因小葵子需通风透光，忌荫蔽，故不宜与高秆茂盛作物间/套种。

小葵子的整个生育期要求温度高于10 ℃，5 ℃以下则停止生长，积温要在1 800 ℃·d以上，月平均温度不能低于15 ℃，而以20 ℃左右为适宜。

（二）植物学形态

小葵子主根明显，须根极多，茎秆直立中空，分枝能力强，叶椭圆，对生，环境条件适宜时，每对叶腋甚至子叶叶腋都有抽生分枝的能力。一般分枝有30多条，多的达60多条。

头状花序，每花序内有黄色小花数个，边缘为舌状花，黄色，中央为管状花，单株有花数十朵至数百朵，一般花期达30～70 d，花凋谢后半个月左右果实便成熟。果为瘦果，亮黑色，种子千粒重3.5～4.0 g，每0.5 kg种子有12万～16万粒。

小葵子可油肥兼收，产量可观，收获种子一般亩产有50多kg，高的达75 kg以上，鲜草产量一般每亩1 000～2 000 kg，高的达3 500～4 000 kg。小葵子根系发达，所以地下部的产量也很高。

（三）综合利用

小葵子是一种经济价值较高的作物，它既是优质食用油料，又是医药、轻工、化工的重要原料，同时又是优质的饲料和肥料。

1.饲料

小葵子榨油后，油饼还含有蛋白质33.09%、残余脂肪6.44%、可溶性糖1.62%，是饲养牲畜的精饲料。据分析：生长50多天的小葵子鲜茎叶含粗蛋白1.34%、粗脂肪0.34%、粗纤维1.56%、无氮浸出物3.27%，是营养价值较高，养分含量较为丰富的饲料。其干草率为7.4%～13.5%，切碎喂猪，无论生喂还是青贮发酵或熟喂，均无不良反应，鲜草晾干香味浓，猪也喜食。

2.肥料

小葵子的鲜茎叶是一种很好的绿肥，由于它茎叶柔嫩，无论是翻压入田或作堆沤肥，都易腐烂分解。据分析：其鲜草含氮0.13%～0.32%、含磷0.17%～0.32%、含钾0.378%。作绿肥用肥效较好，对增产谷物，提高土壤肥力，改良土壤有较好的作用。此外，小葵子花期特别长，可达60～70 d，靠昆虫传播花粉，故可结合养蜂采蜜，既可提高结实率，又可发展养蜂业，一举两得。

（四）栽培技术要点

1.选地整地

小葵子虽然对土地要求不严，但喜阳光好湿润，忌荫蔽怕涝渍，因此种植时应选地势较高，开朗向阳，土层较厚，土质疏松，水源较好，不易旱涝的土地为宜。如在土层浅薄瘦瘠，质地黏重，排水不良的土地种植，会使小葵子根系发育不良，植株瘦弱，影响产量。

2.种植形式

小葵子的播期长，生长迅速，可充分利用各种耕作制度的间隙进行间/套种，也可在坡地片种，但不宜与高秆茂盛作物间/套种，以免影响产量。

据广东省种植经验，小葵子宜于"秋种坡，冬下田"这样有利于提高土地利用率和充分发挥旱坡地的生产潜力。旱作耕地可在秋种番薯和秋植甘蔗地中间种，早插晚稻的地方还可用一部分稻田搞"稻—稻—葵子"耕作制，次年收获葵子后，茎秆回田，做肥料，做到油、肥、粮三丰收。

3. 适时播种

小葵子虽然播期较长，但在不同的时期播种，对产量影响甚大，据试种经验，冬春种全生育期仅90 d左右，植株矮小，产量不高。夏种由于日照较长，不适合小葵子的生长习性，全生育期延长到160～180 d，植株则高达1.5 m以上，但分枝少，结实率低，同样是产量不高。秋种的在8月下旬至10月上旬生长良好，全生育期110～120 d，株高1.2～1.3 m，分枝和开花较多，结实好，产量较高。作绿肥时应考虑利用的需要，适时播种，作留种时为避免占地时间长，可视土地情况提前播种，并采用分批收获种子的方法提高产量。

播种方法和用种量，需根据种植目的而有所不同。作饲料或绿肥时，可采用撒播，每亩用种量1.0～1.5 kg，夏播宜少，秋播可稍多，整田播的可稍少，板田播的宜稍多，由于小葵子种子细小，播种时必须用细土或细沙与种子拌和分厢定量均匀撒播。作留种用或在旱地种植的，可采用条播或点播，条播行距35 cm，每亩用种量0.25 kg左右。无论哪种播种方式，土壤干湿度要适当，播后覆土1 cm左右。点播或冬播的可起畦种植，畦宽130 cm左右。

4. 加强管理

小葵子田间管理要做到早间苗，早中耕除草，早施肥。因小葵子分枝后生长迅速，封行快，枝脆易断，操作不便，所以宜在出苗后有2对真叶时进行第1次间苗，有3对真叶时定苗。点播的每穴留苗2～3株，条播的要均匀间苗、留苗，补苗的要施肥促苗生长。小葵子秋冬种植营养生长期短，要施足基肥，它对磷肥较敏感，故要注意氮磷肥配合，一般每亩可用磷肥15 kg施用。留种时应结合中耕除草进行追肥。

小葵子营养生长期需水量大，要注意保持土壤湿润。播种时，若土壤干燥，播板田的应先灌水然后撒播，整地播的可泼水润土，苗期干旱应注意灌水或结合施肥。在稻田冬种的要安排在有灌溉条件的地方种植。

小葵子苗期会有虫害，应注意有针对性地及时施药除虫。

5. 适时收获

小葵子到现蕾后茎秆会开始木质化，因此作绿肥或作饲料时应在初花前陆续收割利用。收种子的应掌握在终花后15～20 d，当基叶开始枯萎、大部分种子黑亮成熟时，连秆带种收获。然后堆放2～3 d，使种子后熟，然后进行脱粒。

四十、玫瑰茄

玫瑰茄（*Hibiscus sabdariffa*）又名山茄，是锦葵科一年生草本植物，原产于热带非洲，我国从美国引入种植，现在福建、广西、云南、广东等地均有栽培。广东省湛江和广州等地有种植（图3-30）。

图3-30　玫瑰茄

（一）生物学特性

玫瑰茄适应性强，性喜温暖湿润环境，最适生长气温是20～28 ℃，耐旱耐瘠，对土壤条件要求不高，无论肥沃或瘦瘠土壤，质地较砂或较黏的土壤均能生长，在热带亚热带地区均可种植。既可利用房前屋后隙地种植，也可在果、茶和大片的荒地栽培。

（二）植物学形态

玫瑰茄一般株高1.3～2.7 m，每株一般可开花100多朵，产果百多个。花萼为肉质，开花鲜红艳丽，既有经济利用价值，又可作庭院观赏植物。

玫瑰茄生长期短，从播种至采收仅需6个月左右，收获物产量较高。据华南热带作物研究所试验站资料介绍，每亩可产精制纤维69～100 kg，花萼300～625 kg，种子225～250 kg，可收鲜茎叶作绿肥。

（三）综合利用

玫瑰茄不仅是一种美丽的观赏植物，而且具有多种用途，经济价值很高，全身都是宝。它可以作绿肥，又可作果蔬、纤维、酱料、油料、饮料、饲料、食品色料、酿酒、药物等用途，用它来酿制的红玫香槟酒，微酸带苦，色香味佳，为众多的人所喜爱饮用。

据华南热带作物研究所粤西试验站对玫瑰茄进行综合利用试验，测得其萼片营养成分丰富，每100 g含有蛋白质0.46 g、葡萄糖0.55 g、维生素C 9.28 mg、胡萝卜素0.18 mg，还含有较丰富的果酸、淀粉、碳水化合物等营养成分。

（四）栽培技术要点

1. 播种

玫瑰茄的播种方法采用直播或育苗移植均可。

（1）直播法。玫瑰茄的播种期一般在3—5月，为了使植株有较长的生长期以提高产量，应尽可能提早播种。播前先开深宽16~20 cm的穴，施入适量的有机肥作基肥，然后每穴播3~5粒种子。如作为综合利用时，株行距一般是1.7 m×（1.7~2.4）m，每亩170~240株。如只作绿肥时，可适当密植，株行距可为1 m×1.3 m左右。待幼苗长高至16 cm左右时，应逐步间苗，每穴只留1~2株壮苗。

（2）育苗移植。用苗床育苗宜选肥沃细碎的砂壤土作苗地，并用经过堆沤的有机肥作基肥，然后播种。可以采用撒播、穴播或条播，播后盖一层薄土，然后再盖一层薄的稻草并淋透水，以后保持表土湿润，以利种子发芽。出芽后即可揭开稻草。至苗高16 cm左右时，施1次有机肥，以促生长。苗高至30 cm左右时，即可进行移植，移植前应先整地，并挖穴或开沟定植，穴宽、深为20 cm、23 cm，酌施基肥后每穴种1株，移植前应剪去部分叶子，要随挖随种，不要挖后放置太久，以免苗株失水而影响生长。定植后还要注意淋水，保持土壤湿润，待幼苗恢复生长后就可以停止淋水。为了提高定植成活率，最好在雨季或雨后进行移植。

2. 管理

玫瑰茄对环境条件要求不高，但也要管好才能提高产量，种植后应注意及时清除行间杂草。由于其侧根多集中在表土，故中耕宜浅，以免损伤根系。生长期间要适当追肥1~2次，开花前重施1次花肥，以促其盛花多果。

3. 收获

玫瑰茄的采收期要因利用目的不同而异。因它是有限花序，开花结果及成熟期较一致，一般在10月中下旬开花结果，10—11月可采收。因其植株的各部分有不同的经济用途，因此应分别进行采收。

（1）花萼主要是用作果品加工，宜在萼片肥大，纤维化前先剥下，保留未成熟的果在枝条上继续生长，直至成熟再收获。

（2）收果及收枝条的纤维。种子成熟后，果壳会破裂，易引起种子损失，而且此时植株过老，对纤维质量亦有影响。故收种要在茄果变紫红色，果端微裂，种子呈灰黑色时即抓紧时间采收（同时可收主干枝条的纤维），采到的果子晒干后用敲打法打出种子，去壳扬净储藏。

（3）如收鲜茎叶作绿肥，宜在枝叶茂盛软嫩时刈割，用于压青或堆沤肥均可，压青时宜将茎条切成小段后匀撒于田中，并每亩加施石灰25 kg左右然后翻压。每亩压青量一般为1.0~1.5 t。

四十一、蓝靛

蓝靛（*Indigofera tinctoria*），俗名火蓝、木蓝、靛子、青子，多分布于海南岛和粤西一带，是豆科木蓝属灌木亚灌木或草本植物。一年生多年生，是工业原料与农业肥料兼用的绿肥作物。

（一）生物学特性

蓝靛适应性广，喜温暖，抗性强，对土壤要求不严，病虫害少，耐旱耐瘠，凡排水良好的砂壤土至重壤土，以至屋边路旁隙地和山坡荒地均可种植，但忌渍水。广东省湛江、茂名、肇庆等地历来有种植习惯。肇庆地区有大叶蓝、细叶蓝2个品种；茂名市有狗尾蓝、蛇蓝、青子蓝3个品种，以青子蓝最好。

（二）植物学形态

株高1～2.5 m，主根深生，支根多，有根瘤，奇数羽状复叶，小叶7～15片，长倒卵形，分枝多。总状花序，蝶形黄色，荚果细长，成熟时由绿色转为红褐色，每荚有种子10～12粒，形似绿豆，但比绿豆小，过熟则豆荚会爆裂而散出种子。

（三）综合利用

1. 工业染料

据新兴县农民经验，一亩地约可收蓝靛165 kg，价值折谷500 kg。制靛后的蓝渣、蓝水，还可作肥料。

2. 绿肥

蓝靛枝叶繁茂，柔软易腐烂，是很好的绿肥，一年可收割鲜茎叶2～3次，每亩采青量可达2 000～3 500 kg，它还可套种、间种于茶园、果园中，达到兼收的效益。

3. 土农药

种过蓝靛的土地，很少发生虫害，施过蓝渣、蓝水的田地，蟛蜞、老鼠为害也减少。可用它制成土农药防治作物病虫害。

4. 绿化荒山保持水土

蓝靛适应性强，易于繁殖，其茎秆有异味，禽畜、虫类不敢取食。因此，可充分利用荒山、丘陵和五边隙地种植，既可美化环境、绿化荒山、保持水土，做到以地养地、以山养山，又可作为垦荒的先锋作物。

（四）栽培技术要点

1. 播种

一般在2—4月播种，最迟不宜超过5月，播种方式可采用直播或育苗移植。

（1）直播。采用点播、条播或撒播均可，一般以条播为多，每亩用种量0.75~1.00 kg，撒播用种量要1.25 kg以上。

播种前应先整地，可以起畦播或成片播，起畦的畦宽1.3~1.7 m，高10~14 cm，每畦播5~6行，行距20~24 cm。点株行距17~20 cm，每穴播种子10粒左右，播后随即覆上薄土，略为踏实。因蓝靛种子细小，播前宜将种子与4倍细砂混合才能播得均匀。

（2）育苗移植。育苗的整地与直播相同，但育苗一般采用撒播。播后30 d左右当苗高长到26~33 cm时，即可选择阴雨天进行移植，株行距33 cm×50 cm，每穴植苗2~3株。

2. 管理

播后苗高10~17 cm时进行第1次中耕除草，并结合间苗补苗或除去弱苗，每穴留健壮苗2~3株，使植株能生长壮旺。幼苗期要注意防治虫害。

3. 收获

（1）割青。蓝靛一年可割青2~3次，如在2月或3月播种的，一般到大暑左右便可第1次割青作晚稻基肥。收割时留下茎基部约1/3，割后即追施一些肥料，促其萌发新芽。再过30~40 d就可以收割第2次，管得好，以后可再割1次。刈下的青茎叶可作晚稻基肥，亦可制成堆肥作各种作物追肥之用。

（2）收种。蓝靛是分期开花的，种子成熟时间不一致，且荚熟易爆裂。因此，要分批采种，否则种子会脱落散失。但作为留种的植株，在播种后4个月左右，也应照常割青1次作绿肥，这样可促使植株多分枝，多结实，且种子充实饱满。

蓝靛一般是在10月开花，11月种子成熟，这时可连荚摘下晒干，脱粒后再晒1~2次，然后放于干爽地方贮存，留作翌春播种用。一般每亩可收种子60~75 kg或更多。

四十二、金光菊

金光菊（*Rudbeckia laciniata*），又名黑眼菊、黄菊、黄菊花、假向日葵等，属桔梗目、菊科多年生草本，茎无毛或稍有短糙毛。叶互生，无毛或被疏短毛。头状花序单生于枝端，具长花序梗。总苞半球形；花托球形；舌状花金黄色；舌片倒披针形；管状花黄色或黄绿色。瘦果无毛，稍有4棱。一般早春播种11月开花，生长期很长，花期7—10月（图3-31）。

（一）生物学特性

草本植物，但又具有木本植物的特性，茎秆坚硬不易倒伏，还具有抗病、抗虫等特性。因而，极易栽培，同时它对阳光的敏感性也不强，无论在阳光充足地带，还是在阳光较弱的环境下栽培，都不影响花的鲜艳效果。

图3-31 金光菊

（二）植物学形态

多年生草本，株高50～200 cm。茎上部有分枝，无毛或稍有短糙毛。叶互生，无毛或被疏短毛。下部叶具叶柄，不分裂或羽状5～7深裂，裂片呈长圆状披针形，顶端尖，边缘具不等的疏锯齿或浅裂；中部叶3～5深裂，上部叶不分裂，卵形，顶端尖，全缘或有少数粗齿，背面边缘被短糙毛。头状花序单生于枝端，径7～12 cm，具长花序梗。总苞半球形；总苞片2层，长圆形，长7～10 mm，上端尖，稍弯曲，被短毛。花托球形；托片顶端截形，被毛，与瘦果等长。舌状花金黄色；舌片倒披针形，长约为总苞片的2倍，顶端具2短齿；管状花黄色或黄绿色。瘦果无毛，压扁，稍有4棱，长5～6 mm，顶端有具4齿的小冠。花期7—10月。

（三）综合利用

1. 绿肥

据分析，叶片含氮2.89%、磷1.08%、钾4.99%，500 kg新鲜茎叶的肥效相当12.5 kg硫酸铵、5 kg过磷酸钙和7.5 kg硫酸钾的总肥量，它与紫云英、蚕豆、豌豆、油菜、九月豆等主要绿肥相比，含氮量居第2位。

2. 药用

金光菊的叶具有清热解毒作用。化学成分含有柔毛含光菊素和15-乙酰氧基柔毛含光菊素，实验室中在体内对小鼠淋巴白血病P-388具有抑制活性。用于湿热蕴结于胃肠之腹痛、泄泻、里急后重诸证。味苦，性寒，入胃、大肠二经。该物种为中国植物图谱数据库收录的有毒植物，其毒性为全草有毒，对牲畜中毒症状为食欲减退、呆滞、排泄增加、视觉障碍。

（四）栽培技术要点

1. 播种

在春、秋季均可播种，种子发芽力可保持约2年，可露地苗床播种，用肥沃砂质土作播种床土，将床土装入育苗盘内，刮平，浇底水后，种子混细砂撒播，每平方米苗床播种5~6 g。播后覆土，在适宜温度下，5~7 d出苗，长到2~3对真叶时，可移苗培育。终霜后可定植露地。

2. 管理

性喜通风良好，阳光充足的环境。对阳光的敏感性也不强。适应性强，耐寒又耐旱。对土壤要求不严，但忌水湿。在排水良好、疏松的砂质土中生长良好。需肥量中等。每周施用100 mg/kg至150 mg/kg浓度的氮、钾平衡肥（N：K$_2$O比例为1：1.5），避免高铵和高氮水平。为了防止镁和铁缺乏，可分别喷施浓度为0.05%的硫化镁1~2次，及铁螯合物1~2次。

3. 收获

按亩种植1 200株，可每年收割3~4次，年可收获3 500~4 000 kg鲜草，相当于硫酸铵100 kg，有绿肥之王美誉。

第四节 红壤坡耕地绿肥

红壤主要分布在广东省北纬24°30′上下之北的中亚热带海拔700 m以下和中部南亚热带垂直带谱海拔300~800 m的低山丘陵区，耕地面积约72 404.97 hm²，占全省旱地总面积8.54%。多年来，广东省通过引进不同绿肥种植试验，总结了系列适合新垦红壤坡地的绿肥种植经验。

（一）新垦红壤绿肥种植常见的几个品种

（1）适应性强、耐旱耐瘠、生长旺盛，可刈割沤肥及覆盖固土的品种。如印尼棕褐粒猪屎豆、苦罗豆、三尖叶猪屎豆、山毛豆。其共同特点是粗生易长，刈割后再生力强。根深，根系发达，生长期长，鲜物质积累稳定。这一类绿肥，为多年生植物，茎秆木质化，一年内可刈割2~3次。宜种在较大面积的边坡或闲置地上。

（2）前期生长缓慢，但耐瘠薄干旱，对病虫害有较高抗性的品种。如矮刀豆、印尼短叶决明、铺地木蓝等。这几种绿肥前期生长一般较慢，长势中等；或有时呈滞缓状态，但至夏秋后，生长加速，对病虫害表现了良好抗性，尤以印尼短叶决明最为明显。当同时播种的某些绿肥植物生长高度达1 m以上时，印尼短叶决明的高度才及其一半，而以后却迅速增长。其根深入土层，主根长度可达116 cm以上，根幅98 cm，长侧根也有104 cm，须根多，根瘤也多。又如矮刀豆，其根系穿透力强，能穿过含水量甚低的黏实土层而往深处生长。铺地木蓝和印尼毛蔓豆的茎叶贴土面生长，每株幅宽常在100 cm以上，且其茎节可落地生根，不断扩大覆盖范围，这对防止雨水径流、固坡改土很有作用，而且由于其抗性强，存活力高，管理粗放，还可节省劳力。

（3）前期生长旺盛，能早期生产较多鲜物质，生长旺盛而生长期短的品种。如响铃豆、兰花豆、大膨青等。绿肥播种后，正值春夏之交，雨水充沛，植株得以迅速生长，尤其是大膨青，其高度生长速度和平均高度为试验地上所有绿肥植株之冠。而兰花豆又是最早开花结实的品种之一（始花6月中旬）。但兰花豆和响铃豆从夏季起易导致病虫害，对其后生长有了一定的影响。且其为草本植物，物质积累总量不如其他品种。大膨青虽前期生长很快，但生长期短，从7月末起便开始落叶，以后虽继续高生长，却不断大量落叶，至10月底或11月中下旬完全枯萎。而响铃豆和兰花豆的开花结实期相当长，一直延至入冬，11月中下旬仍可见少数花朵，结实量也较多。

（4）生长期短、兼收籽实及用作沤肥的品种。如红饭豆、白眉豆等。它们从播种至全部收获，仅需65～70 d，豆粒产量折合每亩超过50 kg，不低于一般情况下与其他作物间种的产量。这些豆科植物，即使生长在瘠薄的土壤上，当其地上部分只有10～20 cm高时，地下根系已有不少根瘤。随着植株生长，根瘤更多、更大。

（5）生长中等，或前期生长较好，但易受虫害，需加强管理，有些情况下也可采用的品种。如华东细果野百合、海南紫花灰叶豆和压草豆等。这几种绿肥总的生长情况虽不及第一类，但对新垦红壤坡地还能适应。一般生长正常，长势中等以上。至10月下旬，其高生长已基本停止。南紫花灰叶豆的抗病虫害能力较强，而压草豆易遭虫害，尤其花苞及嫩叶簇最甚，严重影响结实率。压草豆虽亦是兼收籽实的绿肥，但要迟至8—9月才开始结豆荚。据此特性，也可晚种，或作为红饭豆、白眉豆的二茬，但要注意虫害的防治。

（二）不同绿肥品种的养分含量和植株下土壤的养分状况

不同绿肥品种，由于植株本身的遗传特性及土壤原来的养分状况，其含量差异较大（表3-22）。由此可知，植株养分含量一般是地上部分较地下部分为高。若以长势较好的几种绿肥作比较，结合生长调查及生态观察，其中铺地木蓝、印尼毛蔓豆、苦罗豆、三尖叶猪屎豆等可属优良绿肥兼坡改土植物。

表3-22 不同绿肥品种的地下部和地上部养分含量 单位：%

品种养分	N		P₂O₅		K₂O		水分	
	地上部分	地下部分	地上部分	地下部分	地上部分	地下部分	地上部分	地下部分
印尼棕褐粒猪屎豆	1.991 3	1.265 4	0.314 0	0.188 0	0.966 6	0.470 9	9.08	9.01
苦罗豆	2.313 5	2.855 1	0.293 9	0.288 6	2.143 7	1.217 5	9 351	9.30
三尖叶猪屎豆	2.369 5	1.376 3	0.366 5	0.173 4	202 866	1.158 5	8 356	8.48
山毛豆	2.627 5	0.987 1	0.347 6	0.199 4	0.809 1	0.507 4	8.56	8.48
印尼短叶决明	1.894 3	0.648 0	0.226 2	0.088 0	0.921 4	0.399 0	9.12	8.12
铺地木蓝	2.569 3	1.440 5	0.063 33	0.476 8	1.528 8	0.935 1	9.96	9.37
矮刀豆	1.787 7	1.015 1	0.409 0	0.393 0	1.676 2	0.622 7	9.32	8.90
印尼毛蔓豆	2.805 3	1.869 0	0.508 4	0.440 7	1.407 8	0.600 4	9.06	8.73
响铃豆	2.199 3	1.893 4	0.474 7	0.368 2	1.053 2	0.537 9	9.77	9.50
大膨青	1.035 1	1.195 7	0.211 4	0.294 7	0.492 5	0.539 0	8.96	8.40
海南紫花灰叶豆	1.576 1	0.714 4	0.255 2	0.127 9	0.601 3	0.380 6	9.13	8.84
压草豆	2.530 6	1.206 1	0.492 2	0.296 7	1.324 0	1.102 4	8.87	9.35

（三）种植注意事项

（1）某些绿肥植物，无论引种于条件较差株下的红壤坡地上，或栽培于条件较好的田间（指肥足、保湿、喷药防治病虫害等），其生长表现大致相似。如印尼棕褐粒猪屎豆、苦罗豆（日本青）、三尖叶猪屎豆、山毛豆等都有极佳的长势，植株茎高、枝叶繁茂，对病虫害有一定抗性。生长中等的有矮刀豆、响铃豆、海南紫花灰叶豆等。也有一些品种在田间生长与引种子坡地上的情况有很大差异。如迟熟决明、羊角豆和光萼野百合等。值得注意的是羊角豆，该种植物能散发一种特殊气味，在田间生长罕遭虫害，可列为抗虫品种。然而引种在坡地上却极易受虫害，且为整个试验地最受虫害的品种之一。因此，在坡地上大量种植绿肥前，先作引种栽培试验，了解各不同绿肥品种之生态特性和对该地的适应性是必要的。

（2）在引种绿肥中，有一年生草本及多年生植物，后者茎秆木质化，根系连年加深增粗，根盘交错，往往造成日后翻犁土地的困难。因此，在采用绿肥时，事先应按耕作用地先后以安排深根或浅根品种。即如在边坡、零散地块上，近期尚未用或不能使用的地段，可种山毛豆、铺地木蓝、猪屎豆类等多年生深根绿肥植物，以覆盖固坡和多次刈割绿肥之用。这些品种耐瘠薄和干旱，除地上部分生长较好外，其根系亦很发达。又如在当年使用的土地上，可种响铃豆、大膨青等一年生草本植物。若能掌握好时间，也可种植肥粮兼收的眉豆、饭豆或压草豆等。一般的木本或多年生绿肥，最好是当年种，当年处理，不留宿根。

（3）种植绿肥植物还要注意不同品种的生物学特性和物候期，特别是兼收籽实者，过早播种，营养生长虽旺盛，但消耗过多养分而影响结实。例如，压草豆虽与红饭豆、白眉豆同时播种（4月下旬），前期三者生长均甚好，红饭豆和白眉豆在6月底至7月初已收得豆粒，而压草豆要延至8月初才开花，至开始结荚果时，植株已呈衰退状，且易遭虫害，结实率大大降低。另有一些一年生绿肥植物，如田菁类和绿豆类，枝嫩叶薄，抗虫力甚差，若过晚播种，虫害发生即受其害，影响产量。

第五节　夏季绿肥品种资源的生长特性

广东省夏季绿肥资源丰富，生态型复杂。大多数品种具有适应性广、抗逆性强的特点。经广东省多年来的不断引进，主要种植品种归纳为：田菁属23个种；猪屎豆属21个种；决明属7个种；木豆属5个种；豇豆属4个种；合萌属2个种；木兰属2个种；大豆属2个种；还有山蚂蝗属、四棱豆属、巨瓣豆属、蝶豆属，热带苜蓿属及玫瑰茄，金光菊各1个种。广东省夏季绿肥共有3个科19个熟，85个品种。各属中的品种在广东省种植的养分含量及特性见表3-23、表3-24。

表3-23　主要夏季绿肥品种的养分含量

品种	以绝对干物计								以鲜物计（%）			
	氮（%）	磷（%）	钾（%）	钙（%）	镁（%）	锰（mg/kg）	铜（mg/kg）	锌（mg/kg）	水分	氮	磷	钾
大膝青	2.377	0.508	1.728	0.881	0.109	109	8.2	17.1	80.18	0.47	0.100	0.342
印度田菁	2.91	0.751	2.531	0.325	0.149	138	9.9	14.7	83.40	0.48	0.125	0.420
几内亚田菁	2.284	0.654	3.229	0.388	0.154	104	12.4	13.4	84.47	0.355	0.101	0.500
福建太阳麻	2.463	0.513	1.422	0.366	0.184	463	8.4	24.0	77.00	0.566	0.118	0.327
高州太阳麻	2.569	0.427	1.545	0.345	0.188	264	30.1	16.6	76.29	0.608	0.101	0.366
菩罗豆	3.993	0.503	2.724	0.361	0.168	308	6.0	14.0	81.00	0.759	0.096	0.518
华东大果野百合	4.288	0.642	3.339	0.731	0.274	285	10.4	57.5	86.83	0.694	0.104	0.541
金1770-17	2.406	0.638	2.096	0.453	0.193	104	6.7	58.5	75.21	0.596	0.158	0.520
印尼短叶决明	2.834	0.651	2.252	0.468	0.167	277	9.7	47.8	81.74	0.519	0.119	0.412
绵阳羽扁豆	1.575	0.894	2.229	0.586	0.215	250	9.7	60.1	79.83	0.318	0.181	0.450
山毛豆	2.556	0.555	1.968	0.549	0.139	565	4.4	53.2	70.13	0.764	0.116	0.588
海南紫花灰叶豆	3.374	0.696	2.561	0.548	0.185	272	14.1	49.4	71.30	0.968	0.200	—
巨瓣豆	2.025	0.873	2.660	1.666	0.185	140	24.6	32.4	80.67	0.391	0.168	0.513
矮刀豆	2.202	0.660	1.602	0.723	0.169	279	21.9	10.2	78.79	0.468	0.140	0.340

（续表）

品种	以绝对干物计								水分	以鲜物计（%）		
	氮（%）	磷（%）	钾（%）	钙（%）	镁（%）	锰（mg/kg）	铜（mg/kg）	锌（mg/kg）		氮	磷	钾
宜春泥豆	3.147	0.733	2.245	0.508	0.199	451	12.6	29.8	79.33	0.840	0.196	0.599
大绿豆	2.822	0.682	2.214	—	—	—	10.2	—	81.50	0.522	0.126	0.410
黑饭豆	2.821	0.825	2.065	0.564	0.188	115	8.5	16.6	80.67	0.545	0.159	0.399
绵阳红巴豆	3.302	0.909	2.351	0.716	0.32	470	8.7	89.3	88.49	0.380	0.105	0.270
合萌	2.672	0.795	2.551	0.868	0.238	80	17.6	28.1	80.00	0.534	0.159	0.510
显脉山绿豆	3.142	0.841	3.309	0.606	0.300	179	9.1	49.8	81.73	0.574	0.154	0.606
蓝花豆	3.187	0.738	2.532	0.602	0.256	669	11.2	54.9	83.43	0.664	0.154	0.527
海南毛蔓豆	2.910	0.645	2.278	0.593	0.242	164	10.0	39.5	86.08	0.405	0.09	0.317
印度木豆	2.907	0.603	2.251	0.267	0.158	343	8.6	30.9	73.78	0.762	0.158	0.590
四棱豆	5.002	1.027	1.647	0.515	0.309	381	12.2	63.1	82.00	0.900	0.185	0.296
铺地木蓝	2.399	0.347	1.444	0.626	0.176	246	8.5	56.4	79.56	0.490	0.071	0.295
金光菊	3.674	0.601	3.744	1.416	0.286	103	7.5	45.2	85.00	0.551	0.090	0.562
小葵子	2.284	1.218	7.309	0.919	0.311	365	8.3	33.2	90.17	0.225	0.119	0.716

表3-24 主要夏季绿肥品种的生长特性

| 品种 | 物候期（日/月） | | | | 株高（cm） | | 鲜重（g/株） | | 叶茎比 | 单株鲜瘤固氮活性（U/株） | |
	播种期	盛花期	盛荚期	收种期	播后36 d	播后62 d	播后36 d	播后62 d		36 d	62 d
大荚青	23/4	19/9	29/9	11/10	47.7	150.0	5.7	55.0	0.55	33.40	46.9
印度田菁	23/4	9/10	15/10	10/12	30.3	104.0	3.7	26.5	0.57	86.27	72.0
几内亚田菁	23/4	19/10	27/10	15/12	24.9	89.0	2.8	43.0	0.94	89.10	105.5
高州太阳麻	23/4	15/9	26/9	17/11	34.2	127.6	2.3	36.7	0.90	69.60	30.2
福建太阳麻	23/4	15/9	26/9	17/11	46.4	120.0	3.1	30.0	0.90	52.90	97.2
苦罗豆	23/4	20/7	7/8	21/8	—	67.0	—	40.0	1.14	—	31.8
华东大果野百合	23/4	2/10	10/10	27/10	10.0	40.0	1.1	40.0	1.51	38.90	—
金1770-17	23/4	12/7	20/7	7/8	20.6	46.6	2.5	11.7	0.78	8.40	15.1
印尼短叶决明	23/4	18/10	27/10	—	15.0	55.0	0.2	11.5	0.74	17.80	278.0
绵阳羽扇豆	23/4	4/10	18/10	21/11	24.2	39.3	3.8	11.9	2.02	—	—
山毛豆	23/4	9/10	18/10	—	23.0	39.6	1.0	7.7	1.58	66.80	118.9
海南紫花灰叶豆	23/4	20/7	20/8	22/9	18.6	55.0	1.3	16.5	1.70	8.40	58.6
巨瓣豆	23/4	18/10	27/10	—	25.8	96.3	8.2	30.0	0.83	—	—
矮刀豆	23/4	2/7	7/8	15/9	87.4	39.0	19.8	70.0	2.07	—	50.2

（续表）

品种	物候期（日/月）				株高（cm）		鲜重（g/株）		叶茎比	单株鲜瘤固氮活性（U/株）	
	播种期	盛花期	盛荚期	收种期	播后36 d	播后62 d	播后36 d	播后62 d		36 d	62 d
泥豆	23/4	10/9	20/10	10/10	80.0	58.3	8.1	30.0	2.53	97.40	51.9
大绿豆	23/4	15/9	2/10	27/10	24.8	39.6	3.1	20.0	1.62	25.00	97.1
黑饭豆	23/4	12/6	20/6	2/7	37.1	73.0	10.0	30.0	1.69	434.10	147.4
绵阳红巴豆	23/4	22/8	15/9	2/10	22.4	50.0	5.9	25.2	1.41	96.60	137.3
合萌	23/4	21/8	22/9	2/10	35.0	81.6	3.0	18.0	1.18	—	—
显脉山蚂蝗	23/4	5/9	20/9	2/10	22.2	43.0	2.9	19.7	1.44	18.90	6.7
蓝花豆	23/4	2/7	20/7	7/8	21.8	58.6	2.2	7.2	0.81	16.70	113.9
海南毛蔓豆	23/4	17/11	24/11	—	7.0	47.0	0.6	15.8	2.33	8.30	125.6
印度木豆	23/4	4/10	18/10	27/12	34.4	75.6	5.1	26.5	1.34	16.70	464.0
四棱豆	23/4	15/10	10/11	15/12	41.4	82.0	8.0	40.0	1.56	203.20	321.6
铺地木蓝	23/4	20/10	17/11	—	—	—	—	—	3.83	—	—
金光菊	23/4	24/11	24/11	—	—	—	—	—	2.83	—	—
小葵子	2/5	2/8	2/9	18/10	29.2	78.0	3.9	60.0	0.44	—	—

1. 田菁属

按生育期长短分为早熟种、中熟种和迟熟种。

（1）早熟种。花籽田菁、苏农8号田菁、盐选5号田菁、丰收红田菁，这类田菁在广东4月下旬播种，6月中旬盛花，6月下旬盛荚，7月中下旬就可收获，全生育期88 d。早熟田菁，前期生长速度比中、迟熟种快，后期生长速度比中迟熟种慢。播后36 d平均株高49.1 cm，单株鲜重4.7 g，固氮活性为349.1 U；播后62 d株高为157 cm，单株鲜重24.9 g，固氮活性为266.5 U。

（2）中熟种。菁茎田菁、大膨青田菁、中南田菁、海南田菁、上海早熟田菁、上海多枝田菁、宁德九号田菁、多刺田菁、台湾田菁、红茎田菁、华东田菁、北农85田菁、湖菜北田菁，该类品种在广东4月下旬播种，9月中下旬盛花，9月底盛荚，10月上旬才能收种，全生育期139 d。播种后36 d平均株高47.7 cm，单株鲜重5.6 g，固氮活性1 381.9 U；播后62 d平均株高为134.4 cm，单株鲜重52.2 g，固氮活性为129.7 U。这类田菁前期生长速度也较快，固氮活性也较高。

（3）迟熟种。印度田菁、几内亚田菁等为迟熟品种。在广东4月下旬播种后要到10月中旬后盛花，10月底盛荚，直到12月中旬才能收种，全生育期长达206 d。这类田菁前期生长速度慢，固氮性比其他田菁略低。在播后36 d测定，平均株高39 cm，单株鲜重3.3 g，固氮活性为218.9 U；播后62 d后测定，株高103 cm，单株鲜重54.8 g，固氮活性为56.35 U。

2. 猪屎豆类

主要品种有苦罗豆、日本青、三圆叶猪屎豆、印尼棕褐粒猪屎豆、美国长萼猪屎豆、越南长萼猪屎豆、印尼光萼猪屎豆、三尖叶猪屎豆、响铃豆、金1770-17、金70-22，均为一年生或越年生亚灌木。生长期长，一年可收割2~3次。其中苦罗豆、日本青、三圆叶猪屎豆熟期略早，在4月30日播种，8月中下旬陆续收种。印尼光萼猪屎豆、棕褐粒猪屎豆及美国长萼猪屎豆熟期略为偏迟，三尖叶猪屎豆更迟，一般要在10月上旬开花，翌年1—2月才能收完种子。

（1）野百合类。主要品种为华东大果野百合、华东细果野百合。在广东4月下旬播种，10月上旬盛花，下旬可收种，生育期在160 d以上。其中细果野百合比大果野百合株形较矮，熟期略早。

（2）金1770-17和金70-22是由国外引进的单叶猪屎豆为越年生或一年生，具有株型较矮、分枝多、枝叶茂、覆盖度好等特点。在广州地区，4月26日播种，7月中旬开花，8月中旬后陆续可收种。

（3）太阳麻类。现有品种有印度太阳麻、福建太阳麻、山东太阳麻、山东单县太阳麻、湛江太阳麻、高州太阳麻、早熟太阳麻。上述7个品种生长期基本相同，在广东，4月下旬播种，9月中旬盛花，9月下旬盛荚，11月上旬收种，全生育期接近200 d，其中湛江太阳麻及高州太阳麻略早，前期生育速度比田菁快1~2倍，再生能力强，一年可收割2～3次。

3. 决明属

有早、中、迟熟决明，羊角豆、印尼短叶决明、永安羽扁豆等7个种。除了印尼短叶决明外，其余6个品种均为一年生直立草本。中期以后生长较快，但分枝少，无根瘤，固氮活性差，在广东4月下旬播种，10月中旬盛花，11月中旬盛荚，12月收种，生育期较长。

4. 木豆属

品种有印度木豆、马来亚木豆、广州木豆、广农花粒1号、广农花粒2号，耐旱、耐瘠，适应性强，根瘤发达，是多年生小灌木。一般早春播种，10月下旬开花，12月可陆续收种，在广州地区翌年2—3月尚能开花结荚。

5. 灰叶豆属

主要品种有海南紫花灰叶豆、印尼红花屎灰叶豆和山毛豆（白花灰叶豆），前2种具有株型较矮，分枝多，根系发达，耐旱、耐瘠，粗生等特点，初期生长略慢，雨季中期生长旺盛，肥效较高。在广州4月下旬播种，7月下旬盛花，9月下旬可开始收种。山毛豆除了具有上述2个特点外，株型较高，绿肥产量高，一年可收割几次，在广州4月下旬播种，10月中旬盛花，12月中下旬开始收种。

6. 菜豆属

有大绿豆、缅甸黑皮绿豆、小穗花绿豆、安徽明光绿豆、黑饭豆5种。

大绿豆和缅甸黑皮绿豆为一年生草本，茎叶产量高。一年可割1～2次，生长期基本相同，在广东4月下旬播种，9月中旬开花，10月下旬收种。

安徽明光绿豆、小穗花绿豆，形态同其他绿豆相似，耐旱、耐瘠且早熟，在4月下旬播种，6月上旬盛花，6月下旬收获，全生育期只有70 d，在广东一年可播2次。

黑饭豆，叶茎比例大，根瘤发达，固氮活性强。播后36 d，固氮活性高达434.1 U。在4月下旬播种，6月中旬开花，7月初收获，是一种早熟、高产兼用绿肥。

7. 豇豆属

包括印度豇豆、绵阳红巴豆、绵阳巴山豆、雅安红豆子4个品种，这些品种耐旱、耐瘠，但不耐渍，在菜豆属中它们生长期较长，4月下旬播种要到10月初才能收获，种子可食用。

8. 大豆属

品种有宜春泥豆、雅安秣食豆，是黑大豆的一种。比较耐旱、耐瘠及耐渍，绿肥产量颇高，为一种很好的粮肥兼用绿肥作物。

9. 巨瓣豆属

巨瓣豆是一种一年生匍匐性草本，在荫蔽条件下，幼苗生长较慢，但已成长的植株能耐阴、耐旱，亦能抗涝。在广东4月下旬播种，10月中下旬盛花，11月中下旬收种，是果园的良好覆盖绿肥作物。

10. 山蚂蝗属

主要品种有显脉山蚂蝗，该品种耐旱、耐瘠，粗生快长，一年生直立草本。4月下旬播种，9月初才开花，10月初可收种。

11. 木蓝

包括蓝靛和铺地木蓝2种。蓝靛为一年生直立草本，根系发达，耐旱、粗生。4月下旬播种的要到11月下旬收种，一年可割2～3次，茎叶肥分高而且可提取天然蓝靛染料。

铺地木蓝为多年生匍匐性草本，可插条繁殖，耐阴、耐瘠和耐旱，是果园的一种理想覆盖绿肥作物。

12. 蝶豆属

主要有兰花豆，一年生攀缘宿根性覆盖绿肥，耐阴。在广东4月下旬播种，8月中旬即可收种。

13. 四棱豆属

多年生蔓生性草本，性喜海洋性气候，分布在广东省台山、珠海等地沿海岛屿，分枝极多，喜攀缘，蔓长可达6 m以上，根瘤多而大，固氮活性强，苗期已达203.2 U，旺长期高达321.6 U。一般早春播种，10月上旬开花，元旦前后才可收获，生长期极长。故广东多数农民利用五边地种植。嫩荚可食用，种子可榨油，块茎蛋白质丰富与大豆相似，是一种良好的兼用绿肥。

14. 热带首蓿属

现有巴西首蓿，多年生丛生性草本，茎细软，根系发达，耐旱、耐瘠，一年可收割2～3次，茎叶产量高，肥分好，既是一种良好的饲料作物，又是一种良好的绿肥作物。在广州地区，虽然开花但难结实，一般可采用插条繁殖。

15. 刀豆属

品种只有矮刀豆（又名刀鞘豆）1种，根浅横生，根瘤少，耐旱、耐瘠，病虫少，前期生长快，产量高，叶茎比例大，可兼作饲料用。

16. 毛蔓豆属

有海南毛蔓豆、印尼毛蔓豆2种，为一年生草本，具有耐旱、耐瘠，覆盖度好，茎叶产量高，耐割等特点，是胶园、果园优良覆盖绿肥。

17. 合萌属

品种有野生合萌、福建合萌2种，均为一年生直立性草本，茎中空，分枝多而密，耐湿、耐涝，适宜作稻田套种，绿肥产量比田菁低，但肥分比田菁高。

18. 茄科木槿属

目前，只有玫瑰茄1种，一年生直立草本，茎粗、叶密，苗期生长快，颇耐阴、耐湿，可育苗移作稻田间种绿肥。在播后36 d测定，株高56 cm，单株重13.7 g，若与田菁同期相比，株高多17%，单株鲜重增加140%，在广东4月23日播种，9月29日盛花，12月1日收种，生育期200 d。

19. 金光菊

是多年生灌木状草本，株高可达3 m，粗生，极耐刈割，且萌发力强，一年之中可收割4次，一般早春播种11月开花，生长期很长。

上列的绿肥品种，在播期和施肥管理基本相同条件下，植株氮、磷、钾鲜样都比较丰富的依次有：海南紫花灰叶豆、四棱豆、宜春泥豆、山毛豆、印度木豆、苦罗豆等，含氮量比大膨田菁多61.8% ~ 106.5%。含氮量最少的是小葵子，鲜样含氮量比普通田菁茎少52.20%。

含磷较多的品种有：海南紫花灰叶豆、宜春泥豆、四棱豆，鲜样含磷量比普通田菁多85% ~ 100%。

含钾较多的品种有：小葵子、玫瑰茄，其鲜样含钾量比普通田菁多109.4% ~ 115.8%。

含钙较多的品种有：巨瓣豆、金光菊，鲜样含钙比普通田菁多3.0 ~ 3.9倍。

含镁最多的品种有：绵阳红巴豆、小葵子、显脉山蚂蝗、四棱豆，鲜样含镁比普通田菁多0.7 ~ 0.9倍。

含锰较多的品种有：兰花豆、山毛豆、绵阳红巴豆、福建太阳麻，比普通田菁多2 ~ 3倍。

含铜量较多的品种有：高州太阳麻、巨瓣豆、矮刀豆，分别比普通田菁多0.6 ~ 1.6倍。

含锌量较多的品种有：绵隔红巴豆、四棱豆、小葵金1770-17及华南大果野百合，比普通田菁多1.4 ~ 3.2倍。

第六节　绿肥与地力提升

一、绿肥改良土壤的作用

绿肥是最清洁的有机肥之一，含有丰富的大量、中微量营养元素和较高的有机质。通过绿肥的翻压还田，对活化营养成分、改善土壤结构、提高土壤微生物和酶活性具有显著的效果。在现代农业生产中，有机无机相结合，缓急相济，互补长短，改良土壤、培肥地力，保证农作物稳产、高产、优质，保护生态环境，达到用地养地的目的。

二、绿肥对土壤理化性状的影响

广东省实施2010年农业农村部土壤有机质提升项目效果显著。紫云英种植监测数据分析结果：绿肥翻压还田使土壤有机质、氮、磷、钾等肥力指标均有不同程度的改善；与未种植绿肥相比，绿肥还田的土壤主要养分含量均增加。

1. 土壤有机质

土壤有机质具有保水保肥能力，能增强土壤的抗旱能力，减少土壤养分流失，有利于土壤微生物繁殖，促进土壤养分转化分解。项目实施前土壤有机质含量平均为28.6 g/kg，绿肥还田后，83%的肥力调查点的土壤有机质含量提高，平均提高4.7 g/kg，提高幅度16.4%。与无绿肥还田相比，绿肥还田后土壤有机质含量提高的肥力调查点占81%，平均提高4.1 g/kg，平均增加14.5%。绿肥还田对土壤有机质含量的影响分析表明，绿肥还田对提高土壤有机质含量作用明显，起到了培肥地力的作用（表3-25）。

表3-25 绿肥还田对土壤有机质的影响

类项	与无绿肥还田比较	与实施前基础值比较
实际统计样点数（个）	37	37
提高的数量（个）	30	30
提高数量的占比（%）	81	83
平均提高值（g/kg）	4.1	4.7
平均增加（%）	14.5	16.4

2. 土壤全氮

土壤全氮含量是土壤肥力的核心内容之一，可作为土壤氮素的丰缺指标。绿肥还田前土壤全氮含量平均为1.52 g/kg，绿肥还田后，调查点的土壤全氮含量提高，平均提高0.20 g/kg，提高幅度13.4%。与无绿肥还田相比，绿肥还田后土壤全氮含量提高的肥力调查点占70%，平均提高0.12 g/kg，平均增加7.6%。绿肥还田对土壤全氮含量的影响分析表明，绿肥还田对提高土壤全氮含量作用明显，起到了培肥地力的作用（表3-26、图3-32）。

表3-26 绿肥还田对土壤全氮的影响

类项	与无绿肥还田比较	与实施前基础值比较
实际统计样点数（个）	37	37
提高的数量（个）	26	29
提高数量的占比（%）	70	79
平均提高值（g/kg）	0.12	0.20
平均增加（%）	7.6	13.4

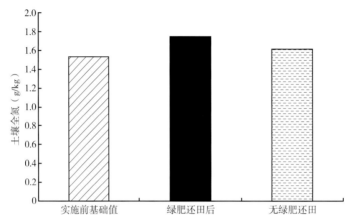

图3-32 绿肥还田对土壤全氮的影响

3. 土壤容重

土壤容重是土壤熟化程度指标之一。熟化程度较高的土壤容积比重小。通常，含有机质多而结构性好的土壤，容重一般在1.1～1.4 g/cm³。项目实施前土壤容重平均为1.32 g/cm³，绿肥还田后，所有肥力调查点的土壤容重降低，平均降低0.05 g/cm³，降低幅度3.6%。与无绿肥还田相比，绿肥还田后，所有肥力调查点的土壤容重降低，平均降低0.05 g/cm³，平均降幅3.6%。绿肥还田对土壤容重的影响分析表明，绿肥还田能明显降低土壤容重，改善土壤物理性状（表3-27、图3-33）。

表3-27 2010年绿肥还田对土壤容重的影响

类项	与无绿肥还田比较	与实施前基础值比较
实际统计样点数（个）	20	20
降低的数量（个）	20	20
降低数量的占比（%）	100	100
平均降低值（g/cm³）	0.05	0.05
平均减幅（%）	3.6	3.6

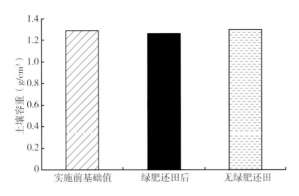

图3-33 绿肥还田对土壤容重的影响

4. 土壤有效磷

土壤有效磷是土壤磷素养分供应水平高低的指标，土壤磷素含量高低在一定程度反映了土壤中磷素的储量和供应能力。项目实施前土壤有效磷含量平均为29.9 mg/kg，绿肥还田后，74%的肥力调查点的土壤有效磷含量提高，平均提高4.8 mg/kg，提高幅度16.1%。与无绿肥还田相比，绿肥还田后土壤有效磷含量提高的肥力调查点占53%，平均提高3.6 mg/kg，平均增加11.5%。绿肥还田对土壤有效磷含量的影响分析表明，绿肥还田对提高土壤有效磷含量有重要作用（表3-28、图3-34）。

表3-28 绿肥还田对土壤有效磷的影响

类项	与无绿肥还田比较	与实施前基础值比较
实际统计样点数（个）	38	38
提高的数量（个）	20	28
提高数量的占比（%）	53	74
平均提高值（mg/kg）	3.6	4.8
平均增加（%）	11.5	16.2

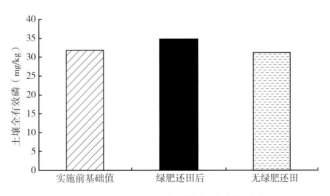

图3-34 绿肥还田对土壤有效磷的影响

5. 土壤全磷

土壤全磷量即磷的总储量，包括有机磷和无机磷两大类。土壤中的磷素大部分是以结合态存在，全磷含量高时并不意味着磷素供应充足，而全磷含量低于某一水平时，则可能意味着磷素供应不足。项目实施前土壤全磷含量平均为0.56 g/kg，绿肥还田后，60%的肥力调查点的土壤全磷含量提高，平均提高0.04 g/kg，提高幅度6.9%。与无绿肥还田相比，绿肥还田后土壤全磷含量提高的肥力调查点占60%，平均提高0.06 g/kg，平均增加10.7%（表3-29、图3-35）。

表3-29　绿肥还田对土壤全磷的影响

类项	与无绿肥还田比较	与实施前基础值比较
实际统计样点数（个）	15	15
提高的数量（个）	9	9
提高数量的占比（%）	60	60
平均提高值（g/kg）	0.06	0.04
平均增加（%）	10.7	6.9

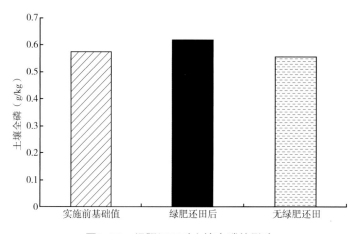

图3-35　绿肥还田对土壤全磷的影响

6. 土壤速效钾

钾是作物生长不可缺少的大量营养元素。土壤速效钾能在短期内被作物吸收利用，可表征当季土壤钾养分供应情况。项目实施前土壤速效钾含量平均为63.5 mg/kg，绿肥还田后，84%的肥力调查点的土壤速效钾含量提高，平均提高29.2 mg/kg，提高幅度46%。与无绿肥还田相比，绿肥还田后土壤速效钾含量提高的肥力调查点占84%，平均提高24.0 mg/kg，平均增加34%。绿肥还田对土壤速效钾含量的影响分析表明，绿肥还田对提高土壤速效钾含量有明显作用（表3-30、图3-36）。

表3-30　绿肥还田对土壤速效钾的影响

类项	与无绿肥还田比较	与实施前基础值比较
实际统计样点数（个）	37	37
提高的数量（个）	31	31
提高数量的占比（%）	84	84
平均提高值（mg/kg）	24.0	29.3
平均增加（%）	34	46

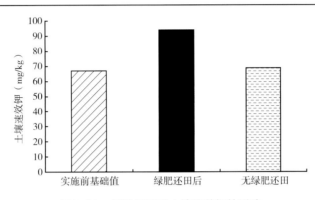

图3-36　绿肥还田对土壤速效钾的影响

7. 缓效钾

土壤缓效钾通常指被2∶1型层状黏土矿物所固定的钾离子以及黑云母和部分水云母中的钾，是土壤速效钾的补给源，是表征土壤钾供应潜力的主要指标。项目实施前土壤缓效钾含量平均为339 mg/kg，绿肥还田后，59%的肥力调查点的土壤缓效钾含量提高，平均提高9.4 mg/kg，提高幅度6.8%。与无绿肥还田相比，绿肥还田后土壤缓效钾含量提高的肥力调查点占60%，平均提高12.9 mg/kg，平均增加5.9%。绿肥还田对土壤缓效钾含量的影响分析表明，绿肥还田对提高土壤缓效钾含量有一定作用（表3-31、图3-37）。

表3-31　绿肥还田对土壤缓效钾的影响

类项	与无绿肥还田比较	与实施前基础值比较
实际统计样点数（个）	30	30
提高的数量（个）	18	15
提高数量的占比（%）	60	50
平均提高值（mg/kg）	12.9	9.4
平均增加（%）	5.9	6.8

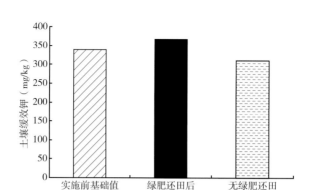

图3-37 绿肥还田对土壤缓效钾的影响

8. 土壤pH值

土壤pH值是土壤形成和熟化培肥过程的一个重要指标。土壤pH值对土壤中养分存在的形态和有效性，对土壤的理化性质、微生物活动以及植物生长发育都有很大影响。项目实施前土壤pH值平均为5.71，绿肥还田后，近一半肥力调查点的土壤pH值有所下降，平均降低0.07个pH值，降低幅度1.2%。与无绿肥还田相比，绿肥还田后土壤pH值降低的肥力调查点占57%，平均降低0.11个pH值，降幅2.0%。绿肥还田对土壤pH值的影响分析表明，绿肥还田可能会引起土壤pH值降低（表3-32、图3-38）。

表3-32 绿肥还田对土壤pH值的影响

类项	与无绿肥还田比较	与实施前基础值比较
实际统计样点数（个）	38	38
降低的数量（个）	22	21
降低数量的占比（%）	57	55
平均降低值	0.11	0.07
平均减幅（%）	2.0	1.2

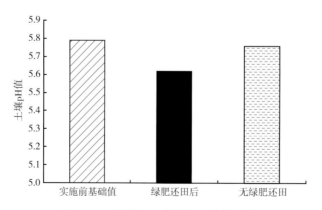

图3-38 绿肥还田对土壤pH值的影响

9. 土壤阳离子交换量（CEC）

土壤阳离子交换量（CEC）是影响土壤缓冲能力高低的主要因素，也是评价土壤保肥能力、改良土壤和合理施肥的重要依据。项目实施前土壤CEC含量平均为9.91 cmol/kg，绿肥还田后，87%的肥力调查点的土壤CEC含量提高，平均提高0.8 cmol/kg，提高幅度8.1%。与无绿肥还田相比，绿肥还田后土壤CEC含量提高的肥力调查点占67%，平均提高0.7 cmol/kg，平均增加7.2%。绿肥还田对土壤CEC含量的影响分析表明，绿肥还田对提高土壤CEC含量有一定作用（表3-33、图3-39）。

表3-33　绿肥还田对土壤CEC的影响

类项	与无绿肥还田比较	与实施前基础值比较
实际统计样点数（个）	15	15
提高的数量（个）	10	13
提高数量的占比（%）	67	87
平均提高值（cmol/kg）	0.7	0.8
平均增加（%）	7.2	8.1

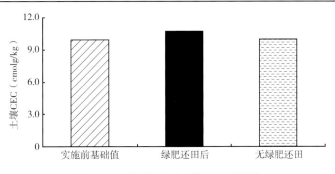

图3-39　绿肥还田对土壤CEC的影响

10. 绿肥还田提供大量元素养分量

利用冬闲田种植绿肥还田是农田生态循环的重要环节，对提高资源利用效率、提高土壤养分含量、培肥地力有十分重要的意义。对广东省的项目县绿肥氮磷钾养分含量分析显示，紫云英平均含氮27.9 g/kg、磷4.4 g/kg、钾24.8 g/kg；油菜平均含氮14.6 g/kg、磷2.6 g/kg、钾12.9 g/kg。如表3-33所示，按广东省紫云英平均亩还田量1 605 kg计，其还田提供的氮、磷、钾纯养分平均为6.72 kg/亩、1.06 kg/亩、5.98 kg/亩；油菜以平均亩还田量1 629 kg计，其还田提供的氮、磷、钾纯养分平均为3.57 kg/亩、0.64 kg/亩、3.15 kg/亩（表3-34）。以广东省紫云英还田面积20.49万亩、油菜12.34万亩计，紫云英和油菜还田总养分为3 746 t（纯量），其中氮1 818 t，折合尿素3 951 t；五氧化二磷296 t，折合普钙2 468 t；氧化钾1 633 t，折合氯化钾2 721 t。

表3-34　绿肥还田量及提供养分的情况　　　　　　　　　单位：kg/亩

绿肥种类	还田量	N	P_2O_5	K_2O
紫云英	1 605	6.72	1.06	6.07
油菜	1 629	3.57	0.64	3.15

11. 绿肥还田对作物产量的影响

绿肥还田能明显提高作物产量。绿肥还田种水稻的地块平均亩产量为484 kg/亩，比不还田的地块平均增加41 kg/亩，增产率为9.0%（表3-35、图3-40）。

表3-35　绿肥还田对水稻产量的影响

轮作制度	增产量（kg/亩）	平均增产（kg/亩）	增产率范围（%）	平均增产率
绿化还水稻田	17～80	41	3.7～18.9	9.0%

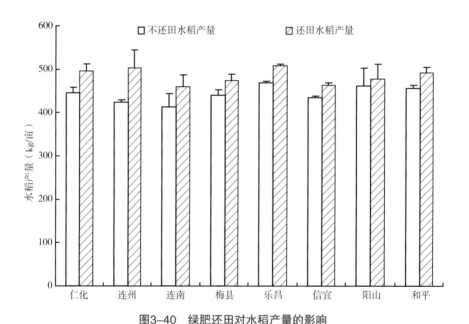

图3-40　绿肥还田对水稻产量的影响

12. 绿肥减少化肥用量

由表3-36和表3-37可知，实施绿肥还田，平均减少氮肥用量1.02 kg/亩（折纯量）、钾肥用量10.1 kg/亩（紫云英）或5.25 kg/亩（油菜），按照2010年度项目区实施面积32.83万亩计，可减少氮肥334.9 t和钾肥1 633 t（纯量），折合尿素728.8 t、氯化钾2 721 t，节省肥料成本1 162万元（以尿素2 500元/t、氯化钾3 600元/t计）。

表3-36　绿肥还田对氮肥减量的影响

轮作制度	绿肥还田较基础值增加的土壤有机质（g/kg）	固碳量（kg/亩）	固氮量（kg/亩）	减氮量（kg/亩）	折合尿素（kg/亩）
绿肥还水稻田	4.7	408.9	20.4	1.02	2.22

表3-37　绿肥还田对增加土壤钾量的影响

轮作制度	含钾量（g/kg）	还田量（干重）（kg/亩）	增加量（kg/亩）	折合氯化钾（kg/亩）
紫云英还水稻田	24.8	241	6.07	10.1
油菜还水稻田	12.9	244	3.15	5.25

第七节　绿肥与轮作休耕

推行轮作休耕制度，是有效保护耕地资源和改善环境质量的具体途径。大量科学研究和实践证明，在同一块田地上，连年种植双季稻，势必导致土壤肥力下降，结果粮食生产上不去，即使多施化肥一时上去，也无法持续增产。同样，连年冬种蚕豆、豌豆、油菜等豆科作物、十字花科作物，也势必导致病虫严重发生，影响正常生长，可见，在同一块田地上，连年种植同一种作物或同一种复种方式，会带来诸多不良的后果。为了既能克服连作带来的不利因素，又可充分发挥各种作物的生长性能，就得实行合理轮作。通过种植绿肥等轮作方式，可以增加土壤有机质，提升土壤肥力，消除有毒有害污染物，控制污染风险。还可以恢复土壤生态系统的正常物质流和能量流，使耕地土壤处于休养治病的状态，保障耕地资源的永续利用。根据广东省气候、土壤及长期种植绿肥经验，适合广东省常见轮作方式有以下几种。

一、水田轮作

1. 稻肥轮作

水稻与绿肥进行轮作。

2. 水田与花生轮作

主要有1年3熟轮作、2年5（6）熟轮作和3年轮作3种。1年3熟轮作，分布于广东中南部人多地少的潮汕、鉴江平原、沙琅江中下游、惠阳地区和广州郊区。主要形式有春花生—晚稻（秋薯）—冬种，早稻—晚秧地—秋花生—冬种，早稻—秋花生—套种小麦（或冬黄豆、蔬菜）。2年5（6）熟轮作，全省普遍采用，在花生水田轮作中占较大比重。主要形式有春花生—晚稻—冬种，第2年早稻—晚稻—冬闲（或冬种），早稻—秋花生—冬种，第2年早稻—晚稻—冬种。3年轮作主要分布于湛江、茂名、汕头和广州等地，主要形式为第1年春花生—晚稻—冬种，第2～3年种甘蔗或蔬菜。这种水旱轮作制，对促进花生、水稻增产增收和改良土壤起到良好的作用，一直沿用至现在。

3. 水田与番薯轮作

番薯水（旱）田轮作制作分为：春薯—晚稻秧地晚稻，早稻—秋薯，早稻—夏大豆—秋薯，早稻—秋薯—冬黄豆（小麦、油菜），早稻—晚秧地—秋薯，早稻—晚稻—冬薯，春花生—晚稻—冬薯，冬薯—夏大豆—晚稻8种。上述各种耕作制度，常与早稻—秋花生（大豆），黄麻（烟草）—晚稻等耕作制进行年间轮作。

4. 水田与大豆轮作

大豆—晚稻秧田—晚稻，见于全省各地。早稻—晚稻—冬黄豆，见于茂名、湛江及肇庆以南地区。早造大豆—中造水稻—冬种大蒜，见于中北部高地和山区。早熟早稻—夏大豆—晚秋薯，见于汕头、惠州、阳江、茂名、湛江等地区。此外，豆—稻—麦，薯—豆—稻，花（生）—豆—稻，稻—秧（田）—豆等耕作制也可在一些地方见到。

5. 水田与油菜轮作

油菜除一年轮作外，有的地方实行3年轮作制，即第1年种早稻—番薯—油菜，第2年种花生—晚稻—越冬薯套甘蔗，第3年种甘蔗。有的地方冬种作物间/套种油菜，如汕头地区豌豆、过冬薯间种油菜，兴宁县蚕豆间种油菜，始兴县紫云英间种油菜，台山秋植甘蔗间种油菜等。

二、旱坡地轮作

1. 春大豆—夏秋薯

常见于广东东部、西部丘陵地区和北部山区。春大豆—秋花生或其他豆类，常见丘陵地区。大豆与果树、木薯、甘薯、甘蔗等作物间/套种等。20世纪80年代中期后，随着农村商品化生产的发展和农经结构调整，大豆转向旱地种植，生产上常见在幼龄果树间种大豆。大豆与木薯、甘蔗的间种仍较常见。利用田基种豆在粤东、粤北地区有很久的历史，种植时一般采用夏、秋型的大粒高产品种，如10月黄、蚁公苞等，充分利用夏秋有利的气候条件和田基空间，达到增产增收的目的。

2. 玉米轮作

玉米产区采用春玉米—夏大豆—秋甘薯，或者春玉米—夏秋甘薯的轮作制。在平原地区采用春玉米—秋玉米—冬蔬菜。中低产水田采用早稻—秋玉米—马铃薯或冬蔬菜。干旱地区采用春大豆—玉米—秋冬蔬菜。西南部地区多采用早稻—晚稻—冬玉米。玉米采用间种、混种、套种或复种能够充分利用时间和空间，最大限度地利用地力、光热和水分资源，发挥其边际效应，达到一地多熟、一季多收、增产增收的效果。春玉米与豆类（花生、大豆等）的间/混种应用最广。玉米与甘薯间种，春、秋、冬种。在粤西茂名、湛江等冬玉米区，冬种玉米常与北运菜、果蔗、绿肥作物等间/套种。还有玉米与木薯、甘蔗、幼龄果树间种、套种等种植方式。

3. 木薯轮作

广东木薯的耕作制主要有2种。

一是2年轮作制，常见的有木薯—春花生、秋番薯，木薯—春花生、秋大豆，木薯—春玉米、秋番薯，木薯—黄（红）麻、秋番薯（大豆）等。

二是3年轮作制，主要有木薯—甘蔗—甘蔗，木薯—春花生，木薯—黄（红）麻、秋番薯（大豆）—春花生、秋番薯（大豆），木薯—黄（红）烟、秋番薯—春花生、秋番薯（大豆）等。

4. 花生轮作

主要有2年轮作制和3～4年轮作制。

2年轮作制，春花生—黄豆（秋薯）—冬种，第2年大豆（或玉米、芝麻、黄烟、红麻）—秋薯—冬种或冬闲。

3～4年轮作制，春花生—秋薯—冬种，第2年旱粮（豆类）—秋薯—冬种，第3年木薯或旱作（豆类、芝麻）—秋薯—冬种。春花生—秋薯，第2～3年甘蔗。春花生—秋薯，第2年旱粮（大豆）—秋薯—冬种或休闲，第3年红麻—秋薯。除轮作外，广东各地还利用花生行间间种玉米、木薯、粟等，或利用甘蔗、木薯、幼龄果树行间/套种花生等。

另外，还有木薯—花生，油菜—陆稻等轮作方式，有的地方还采用间/套种方式增加收入，主要有木薯间种春花生、春玉米、大豆。番薯及幼龄果树套种木薯等。

第八节　绿肥秸秆与利用

秸秆是成熟农作物茎叶（穗）部分的总称，通常指水稻、小麦、玉米、薯类、蔬菜、油菜、紫云英、苕子、花生苗、甘蔗叶等茎叶或其他农作物在收获籽实后的剩余部分。作物光合作用的产物有一半以上存在于秸秆中，除富含碳水化合物外，还含有氮、磷、钾及钙、镁、硅等植物生长必需或有益的元素，秸秆肥料化利用，将秸秆归还农田，不仅可以起到改良土壤、增加土壤固碳等作用，还可以弥补因作物生长养分吸收引起的土壤矿质养分缺失。

1. 绿肥+稻秆还田

（1）南方稻田豆科绿肥与稻草联合利用，可以增加土壤有机质，减少化肥、农药使用，提高水稻产量，实现农业可持续发展。

（2）在水稻收割前15~20天或收割后择时，撒播绿肥。

紫云英为主或三花（紫云英、油菜、肥田萝卜）混播，单播紫云英（稻底期播种）用种量为每亩2 kg，三花混播（稻底期播紫云英、水稻收割前5~7天播油菜和肥田萝卜）每亩用种量（紫云英1.5 kg、油菜0.2 kg、肥田萝卜0.4 kg）。绿肥播种后，要及时开环田和十字沟。稻收割后，适当留高禾头15~20 cm（利于绿肥保墒和越冬）或将机割后直接粉碎还田的稻草均匀铺开，避免局部过厚的堆积影响绿肥生长（图3-41）。

（3）在早（中）稻栽插前的5~15天，将稻草和绿肥一起翻压，亩还田量一般控制在1 000~1 500 kg以内。翻压后的2~3天，进行沤田，7~10天后进行整田。此外，在翻压前最好撒施石灰15~25 kg/亩调节土壤酸碱度或秸秆腐熟剂1.5~2 kg/亩，加速秸秆腐熟。

（4）在翻压绿肥稻草田块时，应减少化肥的使用量，以避免过量使用化肥导致水稻减产。根据绿肥鲜草量的不同，可以适量减施氮肥。

图3-41　留高禾头

2. 玉米秸秆还田

（1）摘穗及粉碎。玉米完全成熟后需及时摘穗，连同苞叶一起摘下，不能待玉米秸秆被割之后再摘穗，否则会影响玉米秸秆的使用效率，不利于粉碎秸秆。摘穗处理之后要及时开展粉碎作业，选择大型秸秆粉碎机，将秸秆长度控制在4~5 cm，秸秆越碎越好。

（2）旋耕或耙茬。玉米秸秆粉碎之后，应将其埋在10 cm以下的土层，再使用重型圆盘耙耙2次，进一步切碎秸秆和根茬，耙后要及时深翻和镇压，起到保墒作用。将秸秆、肥料和土壤充分混合均匀，分布在10 cm的土层中，保证覆盖均匀，以免养分流失，耕后耙平可以提高播种效率。

（3）玉米秸秆还田。玉米秸秆还田用量为90 000 kg/hm²左右，不能随意增加秸秆还田量，否则会影响农作物根系生长。秸秆还田后要及时增施速效氮，目的是降低土壤中的碳氮比，促进微生物活动，利于幼苗对氮素的吸收，加速秸秆分解。

（4）适时镇压和浇水。玉米秸秆还田之后吸水能力强，并且微生物也会分解吸水，导致土壤中含水量降低，因此要及时进行镇压和浇水，保证土壤密实；要控制好土壤大小孔隙的比例，作物播种后要让种子和土壤充分接触，以提高种子发芽率，避免对根系造成影响。

（5）消灭病原体。玉米秸秆会引发玉米的大斑病和小斑病，如果直接进行秸秆还田容易导致农作物感染病虫害，所以秸秆应经过高温处理或杀菌之后再使用，降低病虫害的发生概率。

3. 油菜秸秆还田

（1）适留高桩。收割油菜时留桩高度可达17～20 cm，后茬是水稻的，可以用旋耕机浅水灭茬，也可以先用铧犁耕翻灭茬，抛秧前灌水整田。

（2）覆盖行间。将油菜秸秆铺盖于桑、果、玉米、瓜菜等行间，既将有机质归还土壤，又起到保墒、增（降）温、提高化除效果等作用。一般每亩均匀铺盖干的油菜秸秆150～200 kg，桑、果、菜园可多铺些。

（3）积制堆、沤肥。可将油菜秸秆与畜禽粪积制堆肥，粪与秸秆隔层堆积、压实，这样可以促进熟化，提高肥效。还可利用秸秆制作草泥塘，将秸秆投入沼气池沤制，最后再还田。

（4）快速腐熟还田。利用秸秆速腐剂将油菜秸秆快速腐熟后再还田。具体做法是：将秸秆加水充分湿透，然后分层（每层厚约60 cm）加入秸秆重0.1%的速腐剂和0.5%的尿素，用泥土封严即可。

4. 紫云英还田

（1）翻耕压青时间。从紫云英翻耕达到最佳肥田效果来看，翻沤最佳的时期是在开两盘花时开始翻耕，至三盘花末期结束。经实践，在水稻插秧前10～15 d翻耕，肥效最好。所以，在紫云英播种和耕种下茬水稻时要合理安排播期。

（2）紫云英的压青量。一般以每亩翻压1 500 kg左右为宜，具体取决于稻田土壤肥力和水稻品种的耐肥程度，土壤肥力差、种植品种耐肥的可多压。对于鲜草产量高于1 500 kg的田块，可将多余的部分割到其他田块作绿肥。

（3）翻耕压青前施用生石灰。在翻耕压青时，田间放浅水，翻耕后静水养田，保持较高土温，保证紫云英能充分腐烂转化为肥料。为了加速腐烂，可在翻耕压青前，每亩撒生石灰25～50 kg，以调节土壤的酸碱度，促进微生物的活动，加快紫云英的分解，并置换出土壤中的潜在养分。

5. 苕子还田

（1）在机械化程度高的地方，采用干耕法，耕深15～20 cm，后晒田2～3 d，再灌水耙田。此方式翻压土温较高，腐解快。

（2）水耕法。在翻压前灌入一层浅水，保证翻压后田面有1～2 cm的水层。此方式翻压土温较低，腐解较慢，肥效稳长。

在翻压时，可施用石灰300～450 kg/hm²，以消除苕子腐解过程中产生的还原性物质。果园套种苕子，可采取在开花初期至盛期，人工割草，集中埋于树盘下，也可按量分配给各株果树树盘，树盘覆草厚度不应少于20 cm。干旱无灌溉条件的果园，在覆草层，撒上厚约5 cm的碎土。稻田苕子生长较好的，初花期可刈割1次作异地压青，亩用1 000～1 500 kg；生长差的可在初花期随稻田翻耕压青作下季作物底肥。旱地苕子可在初花期刈割作异地压青利用，也可直接翻压作大春作物底肥。茶果园套种苕子一般在上花下荚时割埋作肥料利用。

6. 果园绿肥还田

（1）翻压当年在果树行株间种植生长期短的绿肥作物，可于初花期至花荚期直接翻入土中，使其腐烂作肥。此法适用于成龄果园。

（2）刈青沟埋在树冠外围挖沟，沟宽和沟深均为30～40 cm，沟长与树冠一侧相同，将刈割的绿肥与土分层埋入沟中，覆土后灌1次水。此法适用于幼龄或行距较大的果园。

（3）覆盖树盘利用刈割的鲜料覆盖树盘或放在树行间作肥料。

（4）沤制将刈割的鲜料集中于坑中堆沤，然后施入果园。

（5）在果园绿肥生长期要施适量的氮、磷、钾肥，以缓解绿肥作物与果树争肥的矛盾。压青后适当灌水，以加速绿肥腐烂分解。尽量选用矮生或半匍匐生长的绿肥作物，高秆绿肥作物要及时刈割，播种多年生绿肥作物，4～5年需翻耕重新播种。

7. 沼气利用

农作物秸秆通过沼气池充分发酵，不仅可作为清洁能源利用，其产生的沼液和沼渣也是优质、高效、无污染的有机肥料，可用作基肥、追肥、叶面肥以及浸种等绿色种养方式，起到提高作物产量、品质和抗病能力的作用。常见户用秸秆沼气的原料主要为玉米秸秆、小麦秸秆、水稻秸秆、水浮莲、假水仙、紫云英、油菜秸秆等。常见户用秸秆沼气的原料量为：8 m³的沼气池，需干秸秆约为400 kg；10 m³的沼气池所需干秸秆约为500 kg（图3-42）。

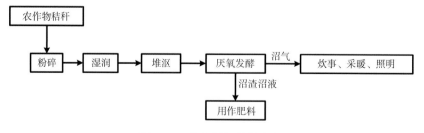

图3-42　秸秆沼气利用流程

8. 饲料化

农作物秸秆可经过一定处理制成了优质饲料，这种饲料含水量多，富含蛋白质及多种维生素和无机盐。用这些饲料喂牛、喂羊、喂猪，不仅解决了饲养中饲料来源的困难，还可以减少秸秆焚烧引起的环境污染。

（1）青贮技术

①必须选择有一定糖分的秸秆作为青贮原料，一般叮溶性糖分含量应为其鲜重的1%（饲料干物质的8%）以上。紫云英玉米秆、油菜、甘薯藤等均含有适量或较多易溶性碳水化合物，是优良的青贮原料。

②青贮原料含水量需能够保证乳酸菌正常活动，适宜的含水量为65%~75%。但青贮原料适宜含水量因质地不同而有差别。质地粗硬的原料，含水量可高达78%~82%；幼嫩、多汁柔软的原料，含水量应低些，以60%为宜。玉米秸秆青贮时含水量要高些。

③青贮原料应切碎、切短使用，这不仅便于装填、取用，家畜容易采食，而且对青贮饲料的品质（pH值、乳酸含量等）及干物质的消化率有比较重要的影响（图3-43）。

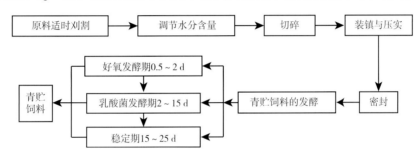

图3-43 青贮技术工艺

（2）氨化技术。秸秆氨化是目前较为经济、简便而又实用的秸秆饲料化处理技术之一。秸秆氨化是在密闭的条件下，在稻、麦、玉米、紫云英、油菜等秸秆中加入一定比例的液氨或者尿素进行处理的方法。主要原理是：秸秆的主要成分是粗纤维，粗纤维中的纤维素、半纤维素可以被草食家畜消化利用，木质素则不能。秸秆中的纤维素和半纤维素有一部分同木质素结合在一起，无法被牲畜消化吸收，氨化的作用在于切断这种联系，把秸秆中的部分营养释放出来。

①堆垛法是指在地平面上，将秸秆堆成长方形垛，用塑料薄膜覆盖，注入氨源进行氨化的方法（图3-44）。

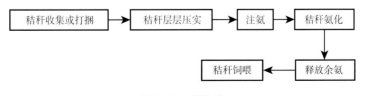

图3-44 堆垛法

②窖池法。利用砖、石、水泥等材料建筑的地下或半地下容器称为窖，在地面上

建造的称为池（图3-45）。

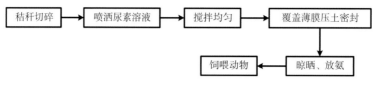

图3-45 窖池法

③氨化炉法。氨化炉是指在密闭保温的容器内，通过外界能源加热，使秸秆快速氨化的专用设备。利用该法能提高氨化速度和效率。

④袋法氨化。在我国南方气温较高的季节，饲养草食家畜较少的农户，可利用塑料袋进行秸秆氨化。

第九节　绿肥与土壤修复

土壤修复是利用某些可以忍耐和超富集有毒元素的绿色植物为主体，结合共存生物，特别是微生物体系或物理、化学辅助技术，来清除污染物的一种环境污染治理技术（图3-46）。

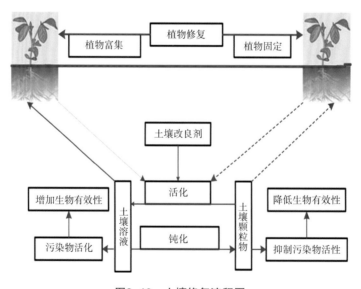

图3-46 土壤修复流程图

一、土壤中重金属修复

重金属不同于有机物，它不能被生物所降解，通过生物吸收才能够从土壤中去除，绿色植物具有生物量大且易于后处理的优势，因此，绿色植物修复是解决重金属污染问题的一个有效手段。植物主要通过植物富集、植物挥发和植物钝化/稳定等方式去除土壤中的重金属离子或降低其生物活性（表3-38、图3-47）。

（1）植物富集。植物富集也称植物提取、植物吸收或植物捕获，这种技术是利用植物从生长介质中吸收重金属，并将其转运到可收割的部位；将收割后的富集部位用适当的物理、化学或生物方法进行处理，可减少植物的体积或重量，以达到降低后续加工和处置成本的目的。

表3-38　重金属植物污染修复的常用植物

重金属	富集类型	植物名称
Cd	高富集	鱼腥草、溪口花籽和朱苍花籽品种油菜、紫茉莉、杨桃
	超富集	东南景天、伴矿景天、龙葵、圆锥南芥、宝山堇菜、商陆、印度芥菜、遏蓝菜、凤眼莲、鬼针草、向日葵、苎麻
As	高富集	
	超富集	蜈蚣草、大叶井口边草、井栏边草、粉叶蕨
Zn	高富集	蓖麻、向日葵、皱叶酸模、黑麦草
	超富集	东南景天、长柔毛委陵菜、圆锥南芥、印度芥菜、遏蓝菜
Cu	高富集	海州香薷、艾蒿
	超富集	鸭跖草、印度芥菜、蓖麻、荸荠
Pb	高富集	苍耳、鬼针草、马蔺、向日葵
	超富集	夏至草、鲁白、印度芥菜、芥菜、羽叶鬼针草、土荆芥、杨梅、圆锥南芥、凤眼莲、苎麻、
Mn	高富集	
	超富集	商陆
Cr	高富集	扁穗牛鞭草、女贞、蓖麻
	超富集	李氏禾
Hg	高富集	悬钩子、野蒿、乳浆大戟
	超富集	

图3-47　大宝山矿区绿色植物修复

（2）植物固定。植物固定也称植物稳定化、植物钝化或植物淀积，利用特殊植物将污染物吸收和累积，或者吸附于根表面，或为根系分泌物之有机化合物配位而固定于根区，降低其生物有效性及迁移性，使污染物不能为生物所利用，达到钝化、稳定、隔断和阻止其进入水体和食物链的目的，以减少对生物和环境的危害。植物枝叶分解物、根系分泌物和腐殖质对重金属离子的螯合作用等都可固定土壤中的重金属。

（3）植物挥发。植物可以从土壤中吸收污染物，并将其转化为气态物质释放到大气中，它适用于有机污染物和一些重金属，植物将硒、砷和汞等甲基化后，形成可挥发性的分子，释放到大气中去。虽然在一定条件下植物挥发可减少土壤对一些元素的污染负荷，但却是植物修复中最有争议的措施，因为存在明显的污染转移问题，而且没有有效的控制措施。

（4）植物根际降解。利用植物及其根际微生物区系将有机污染物降解，转化为无机物（CO_2和H_2O）或无毒物质，以减少对生物与环境的危害。它相当于一种生物化学过滤器，植物根际降解一般在污水处理中应用较多，包括重金属和放射性物质的净化。

（5）植物转化。在植物的根部或其他部位通过新陈代谢作用将污染物转化为毒性较小的形态。

（6）植物刺激。植物的根系分泌物，如氨基酸、糖和酶等物质能促进根系周围土壤微生物的活性和生化反应，有利于污染物的释放和降解。此外，有益生物刺激也可促进植物对污染物的吸收，从而提高修复效率。

二、有机物污染土壤的绿色植物修复

绿色植物修复可用于石油化工污染、炸药废物、燃料泄漏、氯代溶剂、填埋场淋滤液和农药等有机污染物的治理。土壤—植物系统对一些有机污染物有着天然的自我修复功能（骆永明和涂晨，2012）。绿色植物对有机物污染土壤的修复有3种机制：①植物直接吸收有机污染物，这些污染物或不经代谢而直接在植物组织中积累，或将污染物的代谢产物积累在植物组织中，或将有机污染物完全矿化成无毒或低毒的化合物（如二氧化碳、硝酸盐、氨和氯等）；②从植物体中释放出促进生物化学反应的酶，将有机污染物分解成毒性较小的化合物；③植物刺激效应，即强化根际（根—土壤界面）的矿化作用，通过植物提高微生物（细菌和真菌）的活性来促进有机污染物的降解。

三、绿色植物土壤修复典型案例

1. 农田镉污染土壤间/套种修复技术

华南农业大学资源环境学院吴启堂教授研究团队，针对镉（Cd）中轻度污染土壤提出了Cd超富集植物（东南景天）与低Cd玉米、桑树、柑橘等作物的间/套种修复技术，该技术中的东南景天去除土壤重金属，低Cd作物生产农产品，能够真正实现边生产边修复。在广东佛冈经过3年的试验成功修复了铅锌矿废水污染农田（Cd从1.2 mg/kg降到小于0.3 mg/kg），同时生产了符合标准的玉米（图3-48）。

图3-48　低镉玉米和东南景天间/套种边生产边修复镉污染土壤

2. 江门台山海宴盐渍地观赏绿肥油葵种植

华南农业大学资源环境学院李永涛教授特色油料作物团队针对盐渍地通过种植油葵进行生态改良。油葵抗盐碱、耐瘠薄，适应性强，植株高，覆盖面积大，根系分布广且深，宽大叶片能够遮挡阳光避免直射到地面，使土壤水分的蒸发减慢，能够有效减少地面蒸发量，且其吸盐能力是其他作物的1.5～2倍，可有效缓解土壤次生盐渍化。李永涛特色油料作物团队指导台山市好家丰科技有限公司自2022年3月于江门台山海宴镇盐渍地试验种植油葵100余亩，利用油葵高抗逆吸盐富钾能力，对盐渍地进行生态修复同时实现农业高效利用。海宴镇未种植油葵与种植油葵盐渍地全盐含量分别为2.51 g/kg、1.58 g/kg，说明种植油葵对盐渍地表层土壤具有一定脱盐改良作用，且种植后引来大量观光游客，促进农旅融合，助力生态环境建设与美丽乡村振兴（图3-49）。

图3-49　盐渍地种植油葵

3. 广东绿肥南雄实践案例——广东省环境地质勘查院于波博士生态修复团队

（1）稀土矿矿山生态修复的绿肥应用

绿肥种类：猪屎豆

项目应用：南雄市非法开采稀土矿区矿山地质环境修复治理项目

猪屎豆耐贫瘠又耐旱，生于海拔100～1 000 m的荒山草地及砂质土壤之中，也可在河床地、堤岸边、烈日当空、多砂多砾的环境生长。在南雄市非法开采稀土矿区矿山地质环境修复治理项目中，由于在稀土矿的开采前期，主要采用的是池浸或堆浸工艺，对植被破坏严重，造成表土分离，而矿区植被的复垦率较低，矿区基本没有应对水土流失的保护措施，加上粤北地区雨季持续时间长，导致严重的水土流失，使得土壤养分和有机肥减少，生产力降低。

治理措施：项目在土壤改良的基础上采用的混合草籽复绿，撒播宽叶雀稗、木豆、多花木兰、圆雀稗、木豆、山毛豆等草籽。治理后期猪屎豆在4个治理点生长旺盛，生长高度可达2 m，整个治理区的植被覆盖率达到95%以上，有效防止了水土流失，对土壤改良起到积极作用（图3-50）。

图3-50　修复前、后的项目区对比

修复效果：本项目2020年11月15日完工，2022年1月10日进行土壤检测，4个治理点的检测结果显示，治理前的平均有机质含量为1.37 g/kg，治理后的平均有机质含量为3.71 g/kg。采集的治理点周边水样pH值在6.54～6.85，氨氮含量在0.032～0.063 mg/L，达到地表水环境质量Ⅰ类标准。根据现场植被生长情况和水土指标检测数据，治理区的土壤改良措施和混播草籽复绿措施对土壤和水体的治理起到了良好的效果。

（2）红砂岭治理绿肥作物

绿肥种类：银合欢（新银合欢）（南雄红砂岭治理关键绿肥作物）

该种耐旱力强，为荒山造林树种。叶可作绿肥及家畜饲料，但因含含羞草素、α-氨基酸，马、驴、骡及阉猪等不宜大量饲喂。我国华南引种的1个栽培种——新银合欢，经济性状较优。南雄市自1981年以来逐年在紫色砂页岩地区（红砂岭）扩大种植银合欢，到1987年就种植7 500亩。该材料已成为当地治理水土流失的主要树种之一。

　　研究人员通过田间定位试验，探讨了新银合欢篱对坡度10°和15°的紫色土农耕地和经济林地表层（0～20 cm）土壤有机碳积累的影响。结果表明：种植3年的新银合欢篱的坡度10°和15°农耕地、10°经济林地土壤有机碳密度分别比相应的无植物篱的对照地提高41.53%、43.29%、32.15%。阐明定植新银合欢篱利于土壤有机碳固持，且能增强土壤微生物活性，提高土壤质量。另外，汪杨军利用新银合欢固氮植物篱作为治理水土流失的措施，研究了其在治理坡耕地水土流失的效果，并构建植物篱经果林粮间作地，打造立体农业经济，让土地稳产高产。这些经验值得在南雄市大面红砂岭地区尝试。

　　试验结果显示：①新银合欢固氮植物篱成为坡耕地中的永久肥料库。固氮植物与根瘤菌的共生作用可源源不断地将空气中的氮通过其生理活动固定于自身，通过刈割还地向土壤提供氮素。第3年到第7年土壤中的全氮增加43%，有机质增加13.7%，同时，由于植物篱通过根的作用，可使下层土壤中的磷、钾等养分转移至上层供作物使用，使土壤潜在肥力得以发挥。②有效拦截坡耕地水土流失。由于在坡耕地中每隔4～6 m栽植高密度的植物篱，通过多次拦截，能有效减少坡耕地50%～60%的地表径流，减少土壤流失高达90%以上。由于大量流失土壤可淤积于植物篱的根部，经4～7年的耕作后，坡耕地能自然形成缓坡地或梯地，减少水土流失的效果更为明显（图3-51）。

图3-51　红砂岭种植的新银合欢

　　4. 皇竹草对重金属污染土壤的修复

　　皇竹草（*Pennisetum sinese*）是多年生大型禾本科C$_4$牧草植物（图3-52），用途极广，可作造纸、饲料、生物能源原料等，在污染土壤的治理和恢复上也具有较大潜力，皇竹草秸秆发达，可制备生物炭用于重金属污染土壤修复，研究表明，皇竹草秸秆生物炭，可改变土壤理化特性、土壤镉的有效性，进而影响镉的分布、迁移与转运。华南农业大学资源环境学院生态学系通过在污染土壤上种植皇竹草创制了一种同时解决环境问题和能源问题的有效方法，认为皇竹草可用于中低浓度镉污染土壤的原位修复。皇竹草可作为治理重金属镉污染农田、矿山等地区的植物提取材料。在镉污染地块种植皇竹草后，可将其用作生产生物燃料的原材料，避免了镉通过食物链危害食品安全。

图3-52　皇竹草

皇竹草虽不属于重金属超富集植物，但由于其生命力顽强、根系发达、须根多，对镉、铅、锌等重金属的耐受力和吸收力较强，且生物量大，一年内可多次刈割，其重金属绝对富集量可观。通过配施适合的螯合剂有利于提高皇竹草对重金属的植物提取效率。研究发现，聚天冬氨酸（PASA）、FM-1型肠杆菌和亚氨基二琥珀酸四钠（GLDA）对提高镉的萃取效率和向地上部运输效率效果较好。皇竹草是一种较理想的植物修复候选者。目前广东省正计划推广应用皇竹草治理修复农田重金属污染。

第四章
果园、茶园、经济林绿肥种植技术

第一节　广东省水果产业现状

广东省地处中国大陆最南部，西南部雷州半岛隔琼州海峡与海南省相望。全境位于北纬20°09′~25°31′和东经109°45′~117°20′之间。地跨中亚热带、南亚热带和北热带，光热丰富，全省年平均日照时数为1 745.8 h，年平均气温22.3 ℃，≥10 ℃年活动积温6 500 ℃·d以上，最冷月平均气温均在10 ℃以上。广东大部分地区冬季无霜冻，土壤肥沃，具有发展热带、亚热带特色水果种植的气候和土壤优势，水果种植业在广东农业和农村经济中具有举足轻重的作用。据统计，目前，广东水果种植面积超过108.7万hm²，年产量超过1 766万t，总产值近800亿元。其中，荔枝栽培面积达到27.3万hm²，年产量147万t，占全国荔枝总产量的57.6%；柑橘栽培面积为23.9万hm²，年产量448万t，占全国柑橘总产量的10.83%；龙眼栽培面积为11.5万hm²，年产量90.29万t，占全国龙眼总产量的59.4%；香蕉栽培面积为11.1万hm²，年产量464.8万t，占全国香蕉总产量的39.86%。其他优质或稀有水果，如菠萝、芒果、黄皮、火龙果、番木瓜、桃、李、梨、杨桃等，栽培面积和产量相对较小，但也很有特色，效益高。

第二节　广东省果园绿肥现状

绿肥是最清洁的有机肥源，在作物有机替代、耕地质量提高、温室气体减排、防止水土流失、资源高效利用、助力"碳中和"等方面具有重要作用。果园套种牧草或豆科绿肥的生草栽培技术是以改善果园生态环境、土壤培肥和保持水土为核心，建立良好的农业生态系统、实现可持续发展果园为宗旨，在果园进行全园或行间生草，达到免耕和覆盖的生产栽培模式目的，进而改善果园生态环境。生草可以调动土壤中的有益微生物资源，充分发挥其在土壤养分循环和改善土壤结构等方面的作用，改变土壤结构与理化性质、提高土壤肥力和保持水土的一项三效合一果园土壤管理技术，也被称为"果园生草覆盖栽培法"。

果园生草方式分为人工种草和自然生草，按照果园生草套种模式的不同又分为行间生草和全园生草。果园生草可以改善土壤特征，维持土壤肥力，也可以增加生物多样性、降低病虫害发生率、改善生物特性和改良土壤理化特征、维持土壤养分平衡（碳平衡）和养分循环。果园套种牧草或豆科绿肥的生草栽培技术是发达国家最广泛使用且行之有效的土壤管理主要模式，在第二次世界大战之后该模式得到广泛应用，尤其是20世纪40年代初期割草机、灌溉系统及设备和技术日渐兴盛而被广泛应用，果园套种牧草或豆科绿肥的生草栽培技术像雨后春笋般在世界各国得到普遍推广。目前，在发达国家生草果园面积已占果园总面积的60%～80%，有的国家推广面积所占比例更大，甚至超过90%。

发展中国家农业投入水平低，耕作、管理水平比较粗放，规模又小，农业劳动生产率只有发达国家的1/5，农民的收入只有发达国家的几十分之一，因此农业的重点在于发展，主要目的仍然是增产、增收。中国直到20世纪80年代才引入果园生草栽培模式，1998年才纳入绿色果品生产技术体系，开始向全国各地示范推广。但改革开放以来，耕地面积逐年减少，尤其是20世纪90年代以来，部分地方又重新出现重用地轻养地、重化肥轻有机肥、重产出轻投入的倾向，化肥施用量剧增，导致土壤有机无机比例严重失调，土壤肥力下降；同时受传统耕作观念影响，清耕果园耕作模式在我国仍然占主导地位，导致水土流失严重、土壤理化性质变差、土壤结构破坏和土壤板结，严重影响了果园土壤质量和果品品质。在我国果园套种牧草或豆科绿肥的生草栽培模式至今仍处于小范围试验及应用阶段，到2012年全国生草的果园面积不足15%。

近年，随着国家生态文明建设步伐的不断加快，绿色农业发展理念得到更多的认可，绿肥被重新纳入果园生态系统。2017年农业农村部制定了《开展果菜茶有机肥代替化肥行动方案》，其中将"自然生草+绿肥"作为在果园实施的主要技术模式之一，随之果园绿肥种植面积日益增加，逐渐成为建设生态果园的主流模式。在绿肥国家行业专项和产业技术体系的支持下，福建、陕西、山东、四川、重庆、广西等省（自治区）在果园绿肥的种植和利用方面进行了有益的尝试，如山东苹果园种植二月兰和鼠茅草、重庆柑橘园种植山黧豆、云南苹果园种植毛叶苕子和光叶苕子等模式发展迅速，其在水土保持、培肥地力、减施化肥等方面的效果显著。通过在果园种植绿肥，实现了水土保持、培肥地力、减施化肥的目的，各地积极推进"绿肥上山""绿肥入园"，果园绿肥种植已逐步得到恢复性生产。

果园生草栽培的良好效益和推广应用必须建立在科学的管理基础之上。只有采取科学的管理，才能使生草模式发挥优势，并尽可能地规避缺点。首先，生草植物与果树之间存在水分和养分竞争，特别是在幼龄果园，这种竞争更加激烈（Walsh et al.,

1996）。实施生草栽培后由于草的蒸腾耗水，虽然可以在雨季消耗土壤中过多的水分，但是在旱季或者无灌溉条件下可能加剧土壤干旱（Hogueand，1987；李会科等，2009）。研究表明，由于生草植物的吸收，生草栽培会降低生长季土壤中可利用态氮的水平（潘学军等，2010）；但是，随着生草年限的增加，生草植物对土壤养分循环的促进作用而提高土壤有效态养分的含量（Wei et al.，2017）。这就要求我们在生草前期注意适时追肥灌水，减轻或者避免两者之间的竞争。其次，在果园生草初期常发生杂草侵害，而使生草植物无法扩展，因此需要额外投入用于去除杂草。所以，在选择草种上要兼顾覆盖性和扩展性，或者选择自然生草。最后，生草容易引起鼠害和蛇患，可能会啃噬果树根系、果实等，并且给果园作业带来不便，这就要求在生草区适时进行刈割翻埋以消除这种不良影响。总之，生草栽培是一项系统工程，需要一系列与之相配套的田间管理措施。但是，目前国内多数果园还未能做到科学管理，这也是生草栽培在国内推广不开的重要原因之一。

第三节　建园前绿肥种植方式

为了改良和培肥果园土壤，最好在果树定植前种植绿肥作物，以便为定植后的果树生长发育创造一个良好的土壤环境，达到早结果、早丰产的目的。

建园前种植绿肥作物一般有以下3种形式。

（1）对准备开垦建园的地块，实行全面撒施有机肥和磷肥后，进行翻耕耙平，而后种植绿肥作物。一年生绿肥作物，在盛花期就地翻压，冬、夏绿肥连作时，一年可就地翻压2次。种植二年生（又称越年生）绿肥作物如草木樨等，可秋播，第2年就地翻压，也可春播，当年割草，放置地面任其腐烂，第2年将鲜草连同根茬一齐翻入土中。种植多年生绿肥作物，当年或第2年可酌情刈割1~2次鲜草，就地任其腐烂，第2年或第3年将鲜草和根茬全部翻入土中。这样经过2~3年，可使土壤得到初步改良。在此基础上，再按计划定植果树。

（2）对准备开垦建园的地块，进行翻耕耙平，并按计划密度挖好定植坑或定植沟，然后全园普遍种植绿肥作物（包括坑底、坑沿，以及沟底、沟沿）。这种种植方式常见于我国南方各省。在定植果树时，将绿肥随土一齐填入定植坑或沟中，行间种植的绿肥作物，可就地翻压，也可以刈割后施入定植坑或沟中。

（3）在新垦丘陵坡地及山地梯田的待建果园，充分利用一切可以利用的空闲地，如园边、沟边、梯田壁等种植绿肥作物，如在梯田壁种植铺地木蓝、毛蔓豆、木豆、柽麻等。

第四节　乔化幼龄园区绿肥种植方式

在各类果树的幼龄园中，由于幼龄期的树冠和根群较小，所以株行间有较大的空地可供种植绿肥作物，一般可供种植绿肥作物的面积占果园面积的60%～80%。如我国中部地区新定植的乔化苹果园，以4 m×6 m的株行距为多，若每株留1 m²左右的营养面积，则空闲地可占80%左右。

在幼龄果园种植绿肥作物或其他间作物，应以不影响果树正常生长发育为原则，每株果树要留出不小于1 m²的营养面积，其余空闲地可全部种植绿肥作物，以后随着树龄的增长，营养面积也应逐年加大。收割的绿肥鲜草，可在树盘下压青，每年压青1～2次，压青沟逐年向外扩展，多余的鲜草同根茬一起就地翻压。由于我国各种幼龄果园有间作粮、棉、油等农作物的习惯，可考虑在果树行间实行粮、肥轮作，轮作形式有以下几种。

（1）秋播粮食作物—夏绿肥或冬绿肥—夏播粮食作物。

（2）绿肥—夏播粮食作物。

（3）绿肥—绿肥—夏播或秋播粮食作物。

越冬绿肥可用苕子、紫云英、箭筈豌豆、草木樨、蚕豆、豌豆等；夏绿肥可用乌豇豆、印度豇豆、竹豆、绿豆、柽麻、田菁等。用多年生绿肥轮作，应选择沙打旺、紫花苜蓿、山毛豆等豆科草本植物。秋播作物有冬小麦、油菜等。春播或夏播作物有花生、大豆、红薯、马铃薯及药材等。在轮作换茬中，一定要安排一季能还田的绿肥作物。

第五节　乔化成年园区绿肥种植方式

所谓乔化成年果园是指树体高大、定植株行距也比较大的果园。如苹果园，一般树高4～5 m，常见的株行距有5 m×5 m，5 m×6 m，6 m×7 m，7 m×7 m，7 m×8 m，8 m×8 m，8 m×9 m等。近年来，乔化果园又多采取宽行密株的栽植方式，其行间可以用来种植绿肥作物，而不必考虑株间利用问题。如湖北省果茶研究所在坡地梯田梨树园中，就是采取株间保持清耕，行间种植绿肥压青的种植方式。梨、桃、杏、李、荔枝、龙眼等果树株行距大致相当，其做法也基本一样。

乔化果园株行距虽然较大，但因其长势旺、根系和树冠扩大较快，可供间作绿肥作物的面积逐年减少，进入结果盛期后，能间作绿肥的面积一般仅占果园的30%～50%。在株行距较小的乔化密植丰产园中，进入盛果期后，株行间郁闭，已无空地再种植绿肥作物。

在有条件的落叶果树园，还可于每年采果前后，人工全园撒播越冬绿肥作物种子，翌年春末夏初进行人工翻压或刈割集中压青，夏季地面采用人工除草，或喷洒除草剂后任其在原地腐烂。

第六节　矮化密植园区绿肥种植方式

矮化密植果园，在头1~3年，由于树体较小，株行间均可种植绿肥，以后随着树冠和根系的扩展，只能在行间种植矮生、耐阴、耐践踏的豆科绿肥作物。当果树进入盛果期后，因行间逐渐郁闭，可改种植株矮小的多年生豆科绿肥，每年视生长情况，用小型割草机或人工刈割后放在原地任其腐烂或作树盘的覆盖材料。常年免耕，每3~5年耕翻1次，再重新播种。行间生草，树盘覆盖，有利于土壤有机质积累，保持土壤水分，减缓夏季高温和冬季低温对果树的不利影响。

第七节　柑橘园区绿肥种植方式

广东省位于我国优势柑橘产业带浙南闽西粤产业带，是我国重点的柑橘产区，柑橘在广东水果生产中也占据着重要地位，2020年广东柑橘种植面积为19.5万hm^2，总产量为388.2万t。柑橘种植几乎涵盖广东省所有县市，形成了以肇庆、云浮和惠州为主的粤中种植片区、以清远和韶关为主的粤北种植片区以及以阳春和廉江为主的粤西种植片区。

广东省是一些柑橘品种的原产地，如德庆贡柑、仁化贡柑、四会砂糖橘、廉江红橙、普宁蕉柑等，加上改良引进新的柑橘品种，目前栽培品种已经超132种，种质资源丰富，其中种植面积较大的有砂糖橘、沙田柚、蜜柚、脐橙、新会柑、蕉柑、温州蜜柑、贡柑、年桔等。2002年广东特色柑橘生产基地被列入国家柑橘优势产业带建设规划。2018年以来，国家和省级现代农业产业园启动建设，广东柑橘产业向优势区域集中的步伐进一步加快。新会陈皮（茶枝柑）和梅县沙田柚获得国家级产业园资助；梅县沙田柚、大埔蜜柚、德庆贡柑、平远脐橙、廉江红江橙、四会和佛冈沙糖桔、仁化贡柑和沙田柚等获得广东省级现代农业产业园专项资金资助，对推动广东地方经济发展起到了至关重要的作用。

不同类型柑橘类果树在平地果园种植的株行间距差异较大，大体上柚类株行距5 m×6 m，每亩22株左右；橙类株行距为（3~4）m×5 m，每亩33~44株；柑类、橘类株行距（3～4）m×4 m，每亩40～55株。多数柑橘园生产模式单一，空行闲置资源浪费严重，利用柑橘园行间空地种植覆盖性绿肥作物，发展空间巨大。

在柑橘园行间或树盘外种植绿肥，能够有效改善果园生态环境、减少水土流失、缓冲果园的温度和湿度变化、增加土壤有机质含量和提高土壤肥力。幼龄柑橘园行间空地套种绿肥，是以园养园，增加土壤有机质的一种经济有效方法，间种的绿肥应选择适应当地气候和土壤条件、肥效高、不妨碍柑橘生长、与柑橘无共生性病虫害的作物。

适宜橘园种植的绿肥种类很多。冬季绿肥（秋播春翻）主要有肥田萝卜（满园花）、油菜、燕麦、黑麦、紫花豌豆、箭筈豌豆、苕子、黄花苜蓿、紫云英、毛叶苕子、蚕豆等；夏季绿肥主要有印度豇豆、大叶猪屎豆、豇豆、饭豆、绿豆、黄豆等。藿香蓟属于菊科植物，适应性强，易于生长繁殖，种植在柑橘园中有保土、保温、保湿和保肥的作用，且能够为果园提供大量绿肥，每年收刈2～3次，省力省工，节约成本，同时还加速害虫天敌，如钝绥螨、螳螂和草蛉等有益昆虫的繁殖、生长，对控制柑橘红蜘蛛、卷叶虫、蚜虫有较好作用。

橘园间种绿肥时，应以冬季绿肥为主，冬、夏季绿肥相结合的方式进行。9—10月播种豆科绿肥，采用行间带状种植，翌年春天3月可以刈割翻压后作为肥料；5—7月自然生草，当草或绿肥生长到30 cm左右或季节性干旱来临前适时刈割，覆盖在行间和树干周围，可起到保水、降温、改土培肥等作用；绿肥翻压的同时配合施用配方肥，建议选用高氮中磷中钾型配方肥45%（20-13-12，或相近配方），每亩施用28～35 kg，施肥方法采用条沟、穴施，施肥深度10～20 cm，同时注意补充硼肥。

橘园间种绿肥的播种方式。人工撒播于树冠滴水线以外（距果树主干约40 cm，根据树龄大小调整），杂草密度大的果园播前需人工割草，除白三叶、紫云英需旋耕整地播种外，其余可人工免耕。未种植过紫云英的地块，播种前需使用紫云英根瘤菌进行拌种。

不同种类的绿肥播期及播量。播期是决定绿肥产量的重要因素，播期应根据绿肥的种类、品种特点、前茬作物收获时间等因素决定，在适播期内提倡早播，适时早播能争取越冬前多分枝，提高绿肥产量。山蚂蝗、光叶紫花苕、箭筈豌豆、紫云英在9月上旬—10月下旬播种；白三叶既可春播，也可秋播，以秋播为宜；花生、绿豆、黄豆4月初—7月底播种，气温稳定在15 ℃以上时均可播种，可根据茬口灵活安排。根据果树栽植方式和空行宽度确定播量，山蚂蝗、箭筈豌豆、黄豆一般用种量为4～5 kg/亩，光叶紫花苕3～4 kg/亩，三叶草、绿豆1.5 kg/亩，紫云英2.5 kg/亩。

在幼年柑橘园中进行生草栽培时，钟云等比较了花生、紫花苜蓿和百喜草的生草效应。结果表明，3种生草植物均能有效改善柑橘树势和提高土壤肥力水平，其中百喜草长势最强，对土壤pH值和有效态养分含量的提高幅度最大，对柑橘的促生效果最好。

龙门县龙华镇双东村杨屋村民小组丰盛园果场生草栽培取得可观的经济效益。该果场种植1.3万棵沃柑，区别于传统的种植方式，他们按照生态、环保、无公害的要求，进行科学管理，从源头上控制化肥和有毒农药使用，采用"有机肥+水肥一体化""自然生草+种植绿肥+地布覆盖"的方式，直接用地布覆盖绿肥，让绿肥腐烂还田，增加土壤有机质含量，改良土壤结构，避免土地板结，提升土壤肥力和地力。在肥沃的土地滋养下，最终产出的沃柑个头大、口感好、品质高。

第八节　荔枝园区绿肥种植方式

我国是荔枝的原产地，已有2 000多年的种植历史。荔枝属无患子科荔枝属，我国是世界荔枝栽培面积最广、产量最大的国家，商业栽培历史悠久，主要集中在海南、广东、广西、福建、四川和云南6个省份。我国现有荔枝种植面积约55万hm²，全国荔枝总产量一般在250万～300万t。其中，以广东省种植面积最大和产量和、产值最高，是目前广东最重要的经作物之一。广东现有荔枝种植面积约26万hm²，年均产量120万～150万t，种植面积和产量占比分别超过全国的46%和60%。广东省荔枝分布区域广阔，已基本形成3个明显的荔枝优势区，即以茂名为中心的粤西早中熟荔枝优势区（茂名、湛江、阳江、徐闻等地市），以汕头、惠来、海陆丰、惠州为主的粤东中迟熟荔枝优势区和以广州为中心的粤中晚熟荔枝优势区［广州（从化、增城、花都、南沙）、东莞、惠州、深圳、新兴、佛山、清远、河源、五华、兴宁、梅县等地市］。

荔枝定植时间首选为春季3—5月，次选为秋季9—10月，以容器苗为佳，地苗以带土移植为好。多采用长方形或宽行窄株方式定植，根据园地环境条件、品种特性、栽培管理水平等确定定植密度，株行距按5 m×6 m或6 m×8 m的规格种植，种植210～300株/hm²。

荔枝是一种经济价值高、寿命长的亚热带常绿果树，幼龄荔枝的童期长达3～4年，荔枝在幼龄期间没有果实，生长缓慢，荔枝株行间空地较多，土壤裸露较多，按照传统的清耕，种植者在荔枝幼龄时期不仅无法从荔枝果树获得直接收入，还要向果园投入化肥、除草剂、人力等，造成生产成本增加、自然资源浪费等现象。

充分利用荔枝行间空隙，尤其是幼龄荔枝园空间大，合理生草栽培、间作矮生农作物，能提高耕地的复种指数，增加土壤肥力，提高保水性能，改善园内小气候，减少肥料的投入量，高效利用自然资源，防止水土流失，同时可以保护果园自然天敌的生存环境，保护土壤有益生物，控制杂草生长等作用。

生草栽培包括间种和保留良性草如藿香蓟、豆科杂草和一些蜜源植物。生产中可充分利用杂草，实现以草制草的生草栽培方式。果园除草应遵循有选择性地除草，对恶性杂草务必做到早除、除尽，如鬼针草、猫眼酸、竹叶草、狗牙根、茅草、香附子等恶性杂草以及一些高秆杂草。对较矮小的良性杂草如白头艾、雀儿菜、藿香蓟、日本耳草、假花生等则尽量保留不杀除，可减少其他杂草的生长，也可节约用工、用药投入。

在南方果园种植乡土草种藿香蓟可以吸引捕食螨，从而控制螨类对果树的危害。

在荔枝园可利用阔叶丰花草这种根系浅、生长快、冬季自然死亡的杂草，实现自然生草栽培。具体做法是在4月中旬至下旬，施用1次草铵膦，除去其他杂草。此后，阔叶丰花草会迅速生长，一般6—7月可成坪封行。园中阔叶丰花草分布较少的区域，在施用除草剂后，可进行人工撒种，每亩撒播300 g草种，以增加阔叶丰花草的种群数量。待阔叶丰花草成为园中的优势草种后，翌年春季可根据园中杂草的种类和长势，择情施用除草剂。利用阔叶丰花草进行自然生草栽培的方法，可以完全省去人工除草。

荔枝园间种作物选择的原则为应避免与荔枝发生明显的肥、水、光的竞争，且无共同主要病虫害的作物。适合荔枝园间作的作物包括红薯、光叶苕子、大豆、箭筈豌豆、豆科牧草、平托花生等植物，可以抑制狗牙根、茅草、香附子等果园恶性杂草，显著改善土壤的物理性状，提高养分利用效率，从而提高果园土壤肥力，也可以增加荔枝园土壤微生物多样性、改善果园生态环境、促进果树健康生长等，作用效果明显。

荔枝园可间作巨瓣豆和广金线草。巨瓣豆（*Centrosema pubescens*），又名蝴蝶豆，为豆科、巨瓣豆属缠绕性藤本植物，其茎叶柔软，生长18个月仍未木质化，叶量大，产量高，因其较耐阴，是一种优质的绿肥。广金钱草（*Grona styracifolia*）是豆科、假地豆属植物，其地上部分具清热祛湿、利尿通淋、排石的功效。袁秉琛等的研究表明荔枝园间作豆科植物巨瓣豆与广东金钱草对土壤养分和微生物影响主要在0~20 cm土层，均提高了土壤氮的含量，说明间作巨瓣豆或广东金钱草可以减少氮肥的施用。此外，间作巨瓣豆显著提高有机质的含量，间作广东金钱草显著提高土壤中的全钾和有效磷等养分含量，两者均显著提升了微生物菌群的相对丰度。

唐军、何华玄、易克贤等发现平托花生具有适应性强、管理粗放、耐践踏、覆盖性好，可提高荔枝果品质量，具有良好的经济效益和生态效益，是比三叶草、柱花草等更适宜荔枝园套种的牧草，并提出了荔枝与平托花生套种生态栽培模式，包括：①种植平托花生前，对荔枝园清耕和整地，提高移栽成活率；②按照40 cm×40 cm的株行距挖定植穴，穴深约15 cm；③平托花生袋装苗的移栽成活率较高，移栽时尽可能完整地带土移栽到定植穴，用手压紧，浇足定根水，并注意土壤保湿3~5 d，成活率可达到95%以上；④从定植到平托花生100%覆盖需2~3个月，当覆盖度达到100%时，平托花生本身的竞争力很强，基本不需要除草；⑤平托花生作为牧草或绿肥套种在果园，一般需要合理刈割利用，建议在荔枝采后修剪期至秋梢老熟期进行合理刈割，刈割时需留茬10 cm左右，以利于恢复生长。

冯乃杰等充分利用豆科作物（如大豆、绿豆、红小豆、黑豆和芸豆等）的优势即共生固氮的特点（能够为土壤补充生物氮），建立了妃子笑荔枝与豆科作物间/套种模式，还将豆科作物秸秆还田，为土壤补充生物炭，发现豆科作物是荔枝园间/套种提升生产力和恢复地力不可多得的优势作物。

周杨等在荔枝幼龄果园间作红薯、大豆的研究中发现间作不仅能显著促进荔枝幼树的生长发育，还能显著提高荔枝园土壤有益微生物多样性、荔枝根际土壤有益细菌群落的丰度、均匀度、多样性指数和微生物群落的独立物种比例，显著提高生态、经济效益。

第九节　火龙果园区绿肥种植方式

火龙果起源于中美洲热带雨林地区，后由法国人、荷兰人引入东南亚地区及我国台湾省，再由台湾省改良引进到海南、广西、广东等地。广东火龙果种植始于20世纪90年代，1993年，我国台湾省农艺师刘敏正兄弟到广东省从化区城郊街道光辉村租地垦荒，成立了大丘园，经过5年的努力，引进的火龙果种苗硕果喜人，火龙果正式落户广东省从化区。广东省发展火龙果有区位资源优势。广东省大部分地区为南亚热带和热带季风气候类型，是全国光、热和水资源最丰富的地区之一。从南向北分别为热带、南亚热带和中亚热带气候，土壤类型主要有红壤、赤红壤、砖红壤等类型，适宜火龙果的生长。因此，广东省适宜火龙果种植的区域较多，广东省火龙果种植面积接近1.33万hm^2，但主要分布在粤西、珠三角和粤东北地区。粤西和粤东北地区的火龙果种植面积占全省面积的50%以上，以发展生产型种植为主。种植的火龙果主要销往珠三角地区和北京、上海等大城市。珠三角地区的火龙果种植主要集中在广州、惠州、江门、云浮和肇庆等地，观光采摘和生产型种植并驾齐驱。

火龙果对土壤要求不严，黏土、沙壤土均可种植，但不同类型的土壤对植株生长和产量影响不同。富含有机质、微酸（pH值5.5～6.5）及排水良好的沙壤土最为适宜，植株生长旺盛，产量高，品质好。火龙果种植方式依据地形而定，地势相对比较平坦的地块以连排式为主，株距30～50 cm，行距2.5～3 m；地势起伏较大的地块以柱式种植为主，柱间距为3 m×（2.0～2.5）m。株行间距较大，适宜发展果园绿肥。

火龙果果园田间空隙大，果园杂草种类多，滋生快，与火龙果争夺养分，虫害发生严重。传统栽培（清耕法）一年要多次除草，火龙果属浅根性作物，植株周边的杂草需人工拔除，每年要进行多次割草机割草及株边人工拔除杂草，人工管理成本高。可采用火龙果生草栽培或间作其他作物。

一、火龙果园生草栽培技术

利用园内良性杂草，以草治草让果园内杂草自然生长，期间拔除植株高大、多年生、根系深、攀缘性等恶性杂草，留下株高不超过50 cm、根系浅的杂草。当园内杂草生长至50 cm左右时，用割草机在距地面5 cm处割除，使割断的杂草自然覆盖于地表上，达到以草治草、以草养地的目的。

火龙果果园套种绿肥是一种常见的间/套种栽培模式，特别是套种一些经济价值比较高的多年生绿肥效果会更好，如白三叶、苜蓿、鱼腥草、百喜草、铺地木蓝、禾本科鼠茅草、黑麦草等，可以很好地改善果园小气候和火龙果根系的生长环境，达到优质、高产、高效的目的。具体表现为改善土壤结构，持续提高土壤有机质和肥力；保水、保肥、防旱，防止水土流失。牧草竞争力较强，能有效抑制其他杂草的生长，基本可以免去人工清除杂草，改善果园地面条件，便于果园管理和作业，还提供优质牧草，是促进果牧结合的经济模式。

二、火龙果套种白三叶、百喜草技术

白三叶属豆科植物，适应性强，多年生，可常年保持绿色。可于3月初播种，播种量为每亩0.5 kg，播前需精耕整地，为播种均匀可采用条播，播后覆薄土，苗期需注意防除杂草。

百喜草多年生，适宜生长于热带亚热带地区，对土壤要求不严，广东省可终年保持常绿。播种量为每亩8 kg，播前需清耕整地，为播种均匀可采用条播，播后覆薄土，苗期需注意防除杂草。

在果园内有目的地套种绿肥，以白花草、豆科白三叶、紫花苜蓿、假花生等为主，当草生长到一定高度时，用割草机或人工剪去徒长部分，留茬10 cm左右，将剪下的草覆盖于畦面，增加土壤腐殖质，提高土壤肥力，改善土壤结构，有利于火龙果的生长发育；可以保温保湿、调节土壤温度，夏季可以降低地表温度2～6 ℃，有利于根系的生长；可以抑制杂草生长、起到"生草覆盖"的作用，可以蓄水保墒，控制水土流失，又可为害虫的天敌提供栖身场所。

三、火龙果套种鼠茅草技术

鼠茅草是一种典型的冬种草本植物，耐寒不耐高温，适宜生长温度是18～23 ℃，它能忍受短时间-2 ℃低温；当气温达30 ℃就开始抑制生长，当气温达32 ℃就加速死亡。广东省最适播期为10月底至11月初，第2年的3—5月为旺盛生长期，其地上部呈丛生的线状针叶，自然倒伏匍匐生长，气温高时，大概6月下旬，连同根系一并自然枯死。枯死的草叶覆盖整个果园，既可抑制杂草生长，又可防止暴雨对表土的冲刷。到10月底气温下降至25 ℃以下时，一旦遇到湿度适宜，散落的种子又可发芽，无须再进行人工播种。

其栽培技术要点：①整地、播种。对果园进行清耕，整地，除松表土3～5 cm（此时伤及部分根系对火龙果的产量和品质影响不大），播前浇湿畦面，每亩播种量为

2.0 ~ 2.5 kg，为了播种均匀可将种子与沙子混合均匀后撒播，距火龙果植株15 ~ 20 cm撒播鼠茅草种子，然后用六齿耙来回浅耙（深2 cm左右）2 ~ 3次，再喷洒少量水。②苗期管理。播种后至4叶期应保持土表湿润，3叶期每亩撒施尿素8 ~ 10 kg，缺苗较严重的区域应在4 ~ 5叶期进行移栽补苗，6叶期再补施8 ~ 10 kg尿素。一般播种后35 d开始起到抑制杂草生长的作用，注意及时拔除杂草。③后期管理。第2年立春后鼠茅草进入旺盛生长期，应加大施肥量特别是氮肥，促使叶片倒伏进行匍匐生长，起到抑制杂草的作用，每亩撒施20 kg尿素；3月下旬植株进入孕穗期，每亩再撒施20 kg复合肥，促其开花结籽。以后还应保持土壤湿润以防止早衰。

夏季老熟的鼠茅草地上部茂密的叶秆（管理好的干草产量达3.0 kg/m^2，可形成5 ~ 7 cm的干草层）覆盖在土表，随着日复一日的日晒及不定期的雨淋或浇水和果园管理的踩踏，干草层和草根逐渐腐烂分解变成有机质，促进土壤团粒结构的形成，提高了土壤的通透性和保肥保水能力，同时抑制杂草生长。经过多年的套种栽培管理，土壤有机质逐年提高，土壤的理化性状不断得到改善，逐年减少化肥的施用量，种出来的火龙果产量高，品质好，经济效益显著提高。

四、火龙果套种大豆技术

3月天气回暖，火龙果园可以开始套种豆科植物，因豆科植物根系具固氮作用，可提高土壤的含氮量，对改良土壤、提高肥力极有益处。在广东省全年可套种大豆2 ~ 3茬，分别为3月初、6月中旬、9月中旬。在火龙果的株行间套种鲜食大豆，距离火龙果主茎50 ~ 60 cm，大豆可采用穴播，每穴2 ~ 3粒，穴距25 ~ 30 cm。出苗率过低时，可在幼苗期通过补种、补苗措施进行补整；开花期根据苗情施用尿素75 ~ 150 kg/hm^2，中耕除草可结合人工拔草进行；大豆主要病害有病毒病、褐斑病，发病时需进行药物防治，主要虫害有小地老虎、蚜虫、食心虫等，可用敌百虫、吡啉等农药防治。每茬采收后除去豆荚，将其茎秆还田。另外，还可于3月初套作矮生四季豆，收获后套作大豆、花生，可收获果实亦可全部还田覆盖。

第十节　番石榴园区绿肥种植方式

番石榴（*Psidium guajava*），别名鸡矢果、拔子，桃金娘科番石榴属，常绿灌木或小乔木，原产于美洲热带的墨西哥、秘鲁、巴西及印度、马来西亚、北非、越南一带，是一种适应性很强的热带果树，中南美洲各国生产最多，16世纪由西班牙人和葡萄牙人传入菲律宾。番石榴引进我国已经有800多年，我国台湾、海南、广东、广西、福建、江西、云南等省份均有栽培。

番石榴本身富含丰富的营养成分，其中蛋白质和维生素C尤为丰富。还含有维生素A、B族维生素以及微量元素锌、铁、钾等，富含膳食纤维、胡萝卜素、脂肪、果糖、蔗糖、氨基酸等营养成分，具有健脾消积、涩肠止泻、止痛敛疮等特殊功效，以及抗氧化、降血糖、降血压、抑菌、抗肿瘤和抗衰老等作用，在我国粤、港、澳地区，很多人喜欢吃番石榴，尤其是不少妇女对它情有独钟，素有"女人狗肉"的美誉。

目前全国番石榴栽培面积约30万亩，广东省为中国番石榴种植重要省份，广州市约3.6万亩、茂名市约3.2万亩、中山市2.0万亩、云浮市1.2万亩。国内番石榴主栽品种为"珍珠"和"翡翠"，这两个品种，仅在珠三角地区种植面积就超过5万亩。

番石榴宜选择土层较深，有机质含量较高，有可靠的灌溉水源和有效的灌溉设施，排水良好的水田或经改土的旱、坡地建园。番石榴四季均可定植，以3—5月为宜，早熟品种及贫瘠土壤可采用行株距4 m×4 m栽植；中晚熟品种及肥沃的土壤可采取行株距6 m×4 m或5 m×5 m栽植。结合改土挖深、宽各80 cm的定植穴，分层埋入杂草、绿肥、有机肥及石灰。回填后要高出地面20 cm以上，最好提前1个月施基肥、回填定植穴，有利于定植穴土壤沉实，避免栽植后下沉而导致栽植过深。

番石榴园可与豆科牧草如田菁、柱花草、猪屎豆、闽引羽叶决明、圆叶决明、印度豇豆、印尼大绿豆等套种。田菁的种植季节为4—6月，7—12月开花结果。田菁果园套种时宜条播，株行距以50 cm×50 cm为宜。印尼大绿豆是优良豆科绿肥作物，可作牛、羊、猪、兔等家畜饲料，生育期为198～203 d。印度豇豆主根发达，分布于0～40 cm土层，果园套种时宜穴播，株距以50 cm×50 cm为宜，可覆盖和抑制果园杂草的生长，播种期为4—5月，全生育期可割青2～3次。在番石榴果园套种印度豇豆可培肥地力，降低蒸发量，有效改善果园生态环境，提高果品质量。

江门市浩伦生态农业有限公司为实现珍珠番石榴产量高、效益好，提高果品质量，创建优质品牌的目标，以优质、高效、生态、安全为核心，结合以新会银湖湾为代表的新垦区土壤特性和生产实际，建立并制定江门市农业地方标准《珍珠番石榴标准化栽培技术规程》，其技术要点包括合理间种花生、豆科植物，实行茎秆回田；利用果树行间地套养蚯蚓，结合地膜覆盖与水肥一体化滴灌等方式提高土壤肥力，改良土壤物理结构和微生物环境，促进果树生长，提高果实品质，实现番石榴优质高产。

番石榴园套种其他作物不仅可以改善果园生态环境，而且还会对病虫害有防控效果。根结线虫会对番石榴造成机械损伤，阻碍根系的健康生长，使根系的吸收能力大大减弱，同时传播病毒，造成番石榴根系腐烂致死苗等，广西容县松山镇农业技术推广站的张念梅等发现生物防治番石榴根线虫防治的重要手段，比如种植猪屎豆、万寿菊等都能够抗虫。

第十一节　无花果园区绿肥种植方式

广东省在2010年前后开始规模化种植无花果，种植区域主要分布在东莞、广州、佛山、惠州、深圳、江门、肇庆、河源及韶关等地。据不完全统计，广东省目前无花果种植面积约为1万亩，以散户经营为主，面积多在20～50亩，大面积的果场较少。主要栽培品种为'波姬红'和'丰产黄'，其中'波姬红'为红皮红肉，具有果实较大、果形美观、颜色鲜艳、丰产稳产等优点，成为规模化栽培的首选鲜食品种；'丰产黄'丰产稳产，适应性强，加工成果干后颜色美观，是鲜食、加工两用品种。此外，还有少量种植的'芭劳耐'及'紫色波尔多'等品种。

无花果栽培模式以露天栽培为主，少量进行设施栽培。无花果一年多次结果，挂果期长，在广东省露天栽培的无花果采果期为6月中旬至12月中旬。

栽培树形以自然开心形、一字形为主。株距为0.6～1.5 m，行距为2～3 m，定干高度为20～40 cm，留3～4个结果枝。无花果长势强，结果枝可以长至3～4 m。春节前后对一年生枝进行重回缩修剪，基部留2～3个芽。修剪后的短枝在春季可萌发1～2个芽，每株树保留方位较好、长势较强的芽4～5个，作为当年的结果枝，其余芽全部抹去。

无花果树势强壮，树冠开阔，是喜光性强的果树，株行距不宜过小；一般在果园头1～3年，行间可以种植矮秆绿肥作物和固氮作物，提高土壤有机质含量，如大豆、紫云英、豌豆、蚕豆、印尼绿豆、豇豆和花生等。

大豆属矮株植物，根部共生根瘤菌的固氮作用，可有效提高土地的肥力。宽行密植无花果果园及幼龄期果园可套种大豆，此时无花果叶子不遮光，有利于大豆生长。在前期选定好套种区域的基础上，要想稳产增收，选好大豆良种也是关键，建议选择耐阴、抗倒、结荚高度在12～20 cm之间的高产易机收大豆品种为宜。无花果果园套种大豆模式，最大限度盘活了土地资源，实现了一地双丰收。

无花果地套种一季大豆，借鉴了经果林套种大豆的栽培技术模式，充分利用了无花果行距宽、树冠小等特点。四川省泸州市江阳区况场街道普潮村，无花果行间的空地利用起来种一季大豆，探索出"果园双季套种大豆+绿肥"栽培模式，同时集成水肥一体化、绿肥培肥压草、病虫害绿色防控等先进技术，实现大豆种植增收，每亩收获50 kg大豆。

第十二节　葡萄园区绿肥种植方式

葡萄栽培方式主要包括篱架和棚架式，无架栽培方式仍处于小面积试验阶段。棚架栽培的葡萄园，种植绿肥作物受到很大限制，尤其是生长盛期大棚架根本不能种绿肥作物，只能利用园外空闲地种植绿肥作物，刈割鲜草施于葡萄树下。但是种植冬绿肥作物，几乎没有明显的同葡萄植株争水争肥现象，在冬春干旱季节，又起到防风固沙的作用。适宜的冬季绿肥品种有早熟毛叶苕子、箭筈豌豆等。广东地区，每年可种植冬、夏两季绿肥压青。利用方式可直接翻压，也可刈割后挖沟集中埋压。

行间播种越冬绿肥或夏绿肥作物的宽度，以不影响对葡萄树的正常管理和通风透光为宜。一般应使绿肥作物与葡萄树之间保持40～60 cm距离。可以行行播种，也可以隔行播种。

第十三节　茶园区绿肥种植方式

广东省是中国茶叶种植历史悠久的省份之一，是茶叶生产和消费大省，也是中国茶叶走向世界的重要门户。茶业作为广东农业生产的特色产业之一，是茶农增收的重要渠道，2022年广东省茶园面积达10万hm²（其中梅州、潮州、清远、河源、揭阳5个市种植面积分别为2万、1.2万、0.8万、0.8万、0.67万hm²，占全省总种植面积的75%左右），茶叶产量达15.48万t，产值1 984 263.59万元，全国排名第2位。

广东省茶叶种类较多，其中绿茶占38.24%、乌龙茶占46.90%、红茶占6%、其他茶占8.9%。近年绿茶类占总产量比重不断下降，乌龙茶比重大幅上升，红茶占比也有上升的趋势。广东省不同地区茶叶种类也各具特色。其中，粤东地区主要生产以单丛茶为主的特色乌龙茶，粤北地区主要生产以'英红九号'为主的特色红茶，粤西地区主要生产大叶种绿茶兼有红茶和特色乌龙茶，客家地区主要生产炒青绿茶，江门市新会区陈皮柑产区的特色茶柑普茶、柑红茶发展势头迅猛，深受消费者青睐。

"十四五"期间，广东省重点扶持英德红茶、潮州单丛茶、客家绿茶、江门柑茶、韶关白毛茶等优势茶品种发展。在清远、潮州、梅州、江门、韶关等茶叶重点发展区域积极开发茶食品、茶饮料、茶工业品等深加工产品及多元化特色风味茶产品。加快打造广东优质名茶品牌，做强精品茶叶，通过统一的品牌形成市场合力，扩大市场占有份额。

广东地区大部分茶园采用单一的纯茶园栽培模式，存在化肥用量大、施肥方式粗放等问题，加之茶农习惯采用清耕法管理，导致茶园土壤微生态环境改变、土壤退化，病虫害发生日益严重，严重影响了茶叶品质。合理的作物多样性种植不仅可以提高养分资源利用、作物产量与品质，而且还能增加土壤微生物群落的多样性、促进土壤生态系统的营养循环。研究已证实，茶园间作不同作物均具有明显的养分利用、产量与品质的优势。

茶园合理间套种绿肥，还可以起到保持水土、增肥促长、保持微域环境稳定的作用，还能吸引天敌、驱避害虫，提高有益天敌数量，降低主要害虫的发生数量，建设成生态茶园，实施生态控制，有利于控制病虫害的大规模发生和危害，减缓因生态系统脆弱对生物多样性构成的威胁，达到维持生态系统平衡和稳定的目的，有助于茶叶提质增效（史凡等，2022）。

广东茶园推广冬季套种箭筈豌豆、光叶苕子、紫云英、肥用油菜等绿肥；春、夏季套种猪屎豆、柱花草、百喜草、绿豆、印度豇豆、红豆、大豆、羽叶决明、圆叶决明、白车轴草、白三叶、金花菜、金盏菊、铺地木蓝等绿肥，构建茶园绿肥的周年套种技术体系，改变了茶农清除生草等传统管理模式，极大地减少了山坡或丘陵缓坡茶园中雨水冲刷和水土流失，并且茶园套种绿肥能有效增加茶园生物多样性，减少病虫草害的发生，从而提高茶园的经济效益和生态效益。

幼龄茶园在2月底可考虑播种春大豆、鼠茅草、黑麦草等。间作大豆后能够显著增加茶树根际微生物数量、增强土壤酶活性，改善了茶树根际微生物群落的组成。华南地区一年可收两季大豆，应提早播种。春季大豆一般选择在2月下旬至3月上旬前播种为好，大豆可人工进行条播、刨穴点播，有利于大豆出苗，促使出苗整齐健壮。播种要均匀，并且播种后要平覆土壤，不能盖土过多影响出苗率，一般播深3~4 cm。茶园采用双行条栽的栽培模式，即大行距1.20 m，小行距0.40 m，行内株距0.33 m。茶园间作处理，即在大行间种植3行大豆，大豆播种密度为35 cm × 15 cm（行距 × 株距），密度过大妨碍茶树生长；密度过小大豆产量低，改土效果不明显。茶园根据当地实际生产主要施用氮、磷、钾肥（施用量分别为450 kg/hm^2、60 kg/hm^2、90 kg/hm^2）以及当地一些常规的有机肥料。

豆科植物圆叶决明和白车轴草等植物根系具有固氮根瘤菌，能够进行生物固氮，增加土壤养分含量。彭晚霞等发现在茶园间作这类植物能促进水分转移至关键土层，提高水分利用率，同时对茶园微域温度具有双向调控作用。

红豆等是重要的栖境植物，具有适宜生物类群栖息的物理结构，有助于天敌类群越夏、越冬或繁殖等活动；有研究表明，间作红豆能够提高天敌东亚小花蝽的存活率和产卵量，有利于增加有益生物类群的物种数、种群数量和群落多样性，增强天敌控害效果。

多花植物罗勒等能为天敌提供生长繁殖所需的花蜜，可为有益类群（天敌或传粉者）提供食物，吸引有益生物类群，提高益害比，增强天敌对有害生物类群的捕食作用。张正群等发现在茶园间作罗勒，可为天敌提供生长繁殖所需的花蜜，草蛉、蜘蛛、瓢虫和寄生蜂的数量分别提高了9.0倍、3.3倍、1.6倍、1.4倍。

间作圆叶决明或百喜草茶园中，天敌圆果大赤螨个体数2年调查结果均显著高于自然留养杂草对照茶园，茶小绿叶蝉个体数在第1年低于对照茶园；间作圆叶决明或铺地木蓝能增加天敌茧蜂类和蜘蛛类个体数，减少尺蠖幼虫个体数；间作白三叶、金花菜或金盏菊茶园增加蜘蛛优势物种个体数，降低茶蚜个体数。

第十四节　热带经济林区绿肥种植方式

经济林是以生产干鲜果品、食用油料、饮料、调香料、工业原料和药材等为主要目的的林木，是森林资源的重要组成部分。与其他林种相比，经济林具有生产周期短、见效快、经济效益高、产品多样、加工增值潜力大、产业化前景好等特点。随着农村产业结构的调整以及多种经营活动的开展，我国经济林面积迅速扩展，产量大幅提高，已成为林业产业的重要组成部分。广东地处中国热带亚热带地区，是我国经济林的重要分布区，经济林种类多样，有板栗、橄榄、枣、杨梅等果品林，也有油茶、千年桐、乌榄等油料林，还有笋用竹、材用竹等竹林资源。改革开放以来，广东经济林发展迅速，现已成为广东林业的重要支柱产业之一，在改善生态环境、优化林业产业结构、帮助农民脱贫致富等方面发挥了积极的作用。2002年，广东省经济林面积为74.8万hm²，到2020年达到161.6万hm²，种植面积呈倍数增加。

板栗林、油茶林和笋用麻竹林是广东省具有代表性的经济林。目前，河源、肇庆、清远、韶关等地为板栗林的主产区，东源县是板栗的中心产区，2010年全县板栗种植面积1.26万hm²，其中船塘镇的板栗种植面积就有6 400 hm²，占东源县板栗种植总面积的50.8%。油茶是南方重要的木本油料树种，具有很高的经济价值，在广东省的栽培历史悠久，目前广东省的油茶栽植面积达到10 400 hm²，主要分布在河源、梅州、韶关、清远、茂名等地区，梅州是其重点产区，也是广东省目前油茶产业化发展最发达的地区。韶关、肇庆、清远、河源、梅州、茂名、揭阳等地为竹原料林重点建设区域，主要种植区有英德和揭阳市，其中揭阳市的麻竹种植面积约为6 700 hm²，年产竹笋25万t。

为了解广东省经济林地的土壤肥力状况，以促进经济林的高产稳产和可持续经营，裴向阳等选取广东省内3种典型的经济林（包括板栗林、油茶林、笋用麻竹林），对其土壤孔隙性、持水量等物理性质及氮、磷、钾等养分含量和储量进行了测定与分析。结果表明板栗林地的土壤容重较大，其孔隙度为40.30%～55.99%，田间持水量在208.37～241.29 g/kg，土壤中的有机质、氮素含量偏低，磷和钾极度缺乏，0～60 cm土层中的有机碳和氮、磷、钾储量分别为70.50、11.25、2.70、113.48 t/hm²；油茶林地的土壤容重较小，其土壤孔隙度为49.73%～53.58%，田间持水量在313.90～397.61 g/kg，土壤中的氮和钾元素含量偏低，磷元素极度缺乏，0～60 cm土层中的有机碳、氮、磷、钾储量分别为40.91、7.13、1.94、84.97 t/hm²；笋用竹林地的土壤容重不大，其土壤孔隙度为46.70%～48.16%，田间持水量在269.11～297.85 g/kg，土壤中的氮素含量较丰富，而钾素含量很低，磷元素较为缺乏，0～60 cm土层中的有机碳、氮、磷、钾储量分别为69.54、12.68、2.93、83.18 t/hm²。可见，3种经济林地土壤中的磷与钾元素均缺乏，施肥时应注重磷钾肥的施用。

一、板栗林

板栗是喜光耐旱怕积水怕盐碱的经济树种，又是木本粮食作物。它适宜栽种于弱酸性的土壤中，以pH值在5.5~6.5为最适宜，且含盐量应在0.2%以内；pH值超过7.5，含盐量超过0.3%则不宜种植。板栗种植和栽培在我国具有悠久的历史，板栗是中国南方重要的经济林种，但板栗园管理粗放，长期清耕及化肥、除草剂的大量应用，造成土壤板结、土壤微生物量碳、氮严重下降，土壤营养失衡，土壤肥力退化严重，栗果产量低、品质差。

绿肥是一种完全型肥料。大量研究表明，绿肥在提高土壤有机质含量的同时，可增加土壤碱解氮、速效磷和速效钾含量（俞益武等，2003），也可以使土壤容重下降、孔隙度和水稳性结构体增加（周开芳等，2003）。绿肥在提高土壤肥力的同时，还能减少、阻止土壤侵蚀，保持土壤质量，特别对退化地的改良具有很好的效果（刘爱琴等，1999）。

板栗园生草栽培是种植绿肥的一种方式，实行人工种草或自然生草能有效改善其生长环境，使其有机质含量增加，进而提高土壤肥力，促进栗树生长，提高产量，改善品质。栗园生草能在极大程度上减轻园地因雨水冲刷而导致的土壤表层腐殖质及盐基含量的流失。板栗园通常建在地势较高的坡地或丘陵地，在这些地区生草能极大程度地减缓水土和养分的流失，保持栗园土壤的肥沃，为提高栗园产量和果实品质提供保证。

生草栗园中草叶、草根腐烂后被土壤微生物分解，使栗园土壤中有机质含量升高，提升了土壤肥力。据报道在板栗园种植白三叶草，相比清耕园，土壤中速效氮、速效磷、速效钾含量显著提高，有机质含量提高43.65%。京东板栗无公害生产基地大力推广行间生草并树下覆草，实现了绿色无公害生产，土壤肥力提升明显，板栗产量和品质显著提高。生草栽培可以扩大栗树害虫的天敌种群，起到防治栗园虫害的目的。在板栗大豆间作园研究发现天敌数量要明显大于除草单作园；自然生草栗园能有效降低板栗红蜘蛛的虫口密度，减轻红蜘蛛为害；栗园种植黑麦草能显著增加栗钝绥螨的种群数量，对于防治针叶小爪螨效果显著。

板栗园生草模式和草种选择。板栗园立地条件差、土壤贫瘠，生草常以人工种草为主。人工种植简单、见效快、易管理；自然生草通常用于土壤条件比较好的栗园，难管理，目前没有较完善的养护管理技术。在实际生产过程中依据地理位置、气候及土壤条件可以将自然生草与人工种草模式有机结合起来，探索出适宜本地区的最优草种和搭配模式，从而实现生草的效益最大化。随着栗树的生长栗园容易出现郁闭现象，严重制约板栗的高产和高质量发展，间伐则是应对栗园郁闭现象行之有效的手段，间伐后，结合生草栽培能有效提高栗园的产量和果实品质。幼树栗园或间伐后的板栗园可实行行间生草，在生长旺盛立地条件比较好的栗园可实行全园生草。常用的生草种类有白三叶、长毛野豌豆、紫花苜蓿、大绿豆、草地早熟禾、扁茎黄芪、黑麦草、草木樨、扁蓿豆、猫尾草、野牛草、结缕草、百脉根等。据报道，在南方锥栗园种植黑麦草对园地土壤理化性质和土壤酶活性提升效果最好，能显著提高锥栗产量及品质，白三叶和紫花苜蓿次之。此外，草过高、根系过深、年生长周期过长的草种对栗树的生长发育及果实采收不利，在栗园生草栽培选择草种时要特别注意。

板栗林生草栽培综合管理。刈割能调控草种群落的发展进程，改变群落中昆虫种群的数量，利于减轻栗树病虫害的发生。此外，夏季压青可明显提高栗园土壤肥力，埋压绿肥既解决了秋季施肥难的问题，也解决了由于长期清耕导致的土壤贫瘠和板结。压肥一般采用树下沟埋法，将生草、枝叶、栗蓬等用土埋在沟内，每年7月下旬—8月下旬捡拾栗果前是最佳绿肥压青时间。生草覆盖栗园需合理进行施肥处理，施肥以穴施为主，以距栗树主干80 cm为半径做圆，沿圆边缘挖8个穴，穴深以30 cm为宜，有机肥和无机肥配合施入效果最好，施入后刈割覆盖。

果园生草能形成良好的微域环境，使土壤理化性质得到改善，有机质含量增加，显著提高果实的品质和产量，这对发展绿色可持续循环经济，保证广东省林果业生态健康发展具有重要意义。目前广东省板栗园生草技术仍然落后，必须坚持因地制宜、抓住关键时期、合理进行配套技术革新。栗园生草具有净化空气、降低噪声、美化果园的功能，优美的果园环境可以吸引游客来体验采摘的乐趣，发展旅游经济大有可为。同时也为发展林下经济提供了思路，可以在板栗树下种植矮秆作物、中药材、食用菌、山野菜等，发展立体栽培，充分利用空间和资源。此外，在栗园生草的自然选择中也可以筛选培育出高效、节水、抗旱的国产草种，这将对发展我国草业种质资源具有重要意义。

二、油茶林

油茶（*Camellia oleifera*）是山茶科山茶属常绿小乔木或灌木，为我国特有的木本食用油料树种，与棕榈、橄榄、椰子合称为世界四大木本油料树种。油茶在我国栽培历史悠久，果实功能多样化，其主要产品茶油是无污染、耐储藏的植物油，以油酸和亚油酸为主的不饱和脂肪酸达70%以上，具有极高的营养价值和保健价值，被誉为"油中珍品"；副产品茶枯经深加工可提取皂素、制抛光粉和复合饲料，茶壳经提取可以制作糠醛、栲胶和活性炭等，是集经济生态、社会效益极佳的树种。

近年来，国家重点支持适宜地区发展油茶等木本油料产业，加大对重点企业政策、资金和种植技术的扶助，油茶种植面积进一步增大。另一方面，油茶多种植于南方低丘岗地，土壤类型主要为第四纪红壤，随着林业产业结构的调整和效益林业的实施，油茶林栽培的集约化程度越来越高，大量缓坡地带被开垦种植油茶，部分企业和农户通过长期大量施用化学肥料、除草剂来保持油茶的高产出，在规定施肥标准基础上肆意加大用量，除草剂和化肥的过量施用已成为红壤地表水富营养化和浅层地下水污染的重要原因。连年大面积化肥+除草剂经营模式加剧了油茶林土壤黏重板结、土层酸化变薄，严重影响油茶的产量和出油率，阻碍油茶产业的发展。

绿肥作为一种重要的有机肥源，是指所有能翻耕进入土壤作为肥料的绿色植物，具有生物量大、管理方便、肥效快而持久等特点。通过油茶林行间/套种肥饲兼用绿肥，产生大量牧草的同时将剩余部分进行翻压。生态、经济效益显著：一方面改善了土壤结构，使土壤疏松多孔，绿肥矿化腐解后能明显提高土壤中氮磷钾等养分含量，增加土壤有机质；另一方面油茶种植区多处在亚热带季风气候区，普遍存在季节性干旱，翻压绿肥不仅能修复和改善土壤的微生态环境，还增强了土壤保水保肥能力，从而使土壤水、肥、气、热比较协调，给油茶生长创造更加适宜的土壤环境。

油茶地间种，特别是油茶幼林地间种，已经成为广泛采用的传统经营方式，其目的是提高坡地减流减沙的能力、培肥土地、改善田间小气候、防治病虫害、降低油茶林病虫害发生率。此外，广东茶区高温多湿，新建油茶园行间空隙大，而普通油茶实生苗一般种植5年后才有收益，合理间作当年便可有收益，如间种花生、大豆、蔬菜，甚至是中药材，可充分利用空隙土地，提高耕地利用率，增加单位面积复种指数。

20世纪70年代就有油茶幼林地间种绿肥的做法，包括间种豆科绿肥紫花苜蓿、光叶紫花苕子、绿豆、白三叶、紫云英、箭筈豌豆等。禾本科绿肥拥有发达的根系，可以疏松土壤、培肥地力，其C/N比较高，有利于增加土壤有机质，主要有黑麦草、苏丹草、苇状羊茅等。十字花科绿肥具有促进磷转化的作用，主要包括二月兰、油菜等。苋科绿肥一般生物量大，富钾作用强，饲草兼用，经济效益较高，主要包括籽粒苋和红苋菜。

（一）幼龄油茶园间种大豆高效种植模式

幼龄油茶园间种大豆，大豆秸秆还田后还能改良土壤养分状况，显著降低交换性铝含量，提高土壤pH值，1亩大豆一季可为土地留下20 kg的有机氮和500 kg的有机物，有效地促进了油茶树生长，增强幼龄油茶园的树势，培养树冠，为成龄油茶园的丰产打下基础。经示范种植表明，连年间种的油茶比未间种的产量提高2～4倍，同时，每年每亩园地又可以收获大豆60 kg以上，总计增加经济效益600～800元。大豆与幼龄茶油苗间作，既生产了大豆，还能起到肥地养地、减少化肥使用量，对油茶有增产效果，达到了以短养长、促进农民增收的目的，是一种生态和经济效益俱佳的高效种植栽培方式。

幼龄油菜园间种大豆的栽培技术要点如下。

（1）品种选择。试验地选择在梅州兴宁市3～5年生普通油茶实生苗茶园，茶龄相同，茶树长势良好，土壤肥力中等；大豆选用南方大豆新品种华夏5号，其特征为株型较矮、耐旱耐瘠、吸肥吸水能力不强、生长期短、抗性和丰产性好。

（2）间种方式。幼林油茶园苗种植规格为行距2.5～3.0 m，株距2.0～3.0 m，即每亩为74～130株。间作要以不影响油茶树的正常生长为前提，间作作物大豆与油茶苗的间距一般要保持50 cm以上，随着幼树长大，与树距要远些。大豆种植规格为行距50 cm，穴距10～15 cm，每穴播3～4粒，留2～3株苗，播种深度3～5 cm。

（3）适时早播。一般来说，大豆在油茶林地间种要比旱地或稻田提早5～7 d播种。春大豆一般在3月底至4月初播种，每亩播种量2～3 kg。夏种为6月中旬—7月上旬，秋种为8月上旬，每亩播种量3.5～4.5 kg；大豆在适宜的播种期内，如果水分和气候条件允许，要力争早播，有利于提高产量和品质。

（4）田间管理。需重施基肥，尤其是土壤肥力过瘦的新垦油茶园，间种作物时仍然要以有机肥作底肥。在苗期要追施稀薄的人粪尿等，并同时在基肥中加入适量的磷、钾肥，这样可以促进作物生育，尤其对作物壮秆有利。为了确保大豆高产优质，667 m²施过磷酸钙15～25 kg、草木灰15～25 kg，可提高大豆根瘤的固氮能力，改善土壤营养状况和土壤肥力，对提高大豆产量及品质都有显著的效果。

（5）大豆收获。大豆收获时注意不要伤害到油茶树。收割后，把大豆秸秆还田，不但肥效高，而且容易腐烂分解，易被油茶吸收利用，可取得小肥换大肥的良好效果。

（二）油茶林间作白三叶草、乌瓦雀稗草和豌豆技术

夏季绿肥白三叶草，待草层高30～40 cm时及时刈割，撒于土表，7～8月不刈割，直至9月底翻埋后，整地播种冬季绿肥；9月底—10月初整地开播种沟（沟宽10～15 cm，沟内每亩施干鸡粪2 500 kg），乌瓦雀稗草与豌豆相间条播，开好排水沟；冬季绿肥来年4月翻埋，重复第2个生产流程。间种3年后，发现0～20 cm土层，土壤养分含量成倍提高，减流17.0%～52.4%，减沙22.6%～57.8%，土壤物理性质显著改善。

间种的绿肥及土壤中动、植物残体是土壤养分的主要来源，绿肥还田使表层土壤养分含量连年改变；绿肥提高了植被覆盖度，活体覆盖阻截径流，提高土壤含水量，使得径流量减少。

（三）油茶树间作黑麦草、圆叶决明技术

广东省大部分地区于秋季10月初—11月初，在油茶树树冠滴水线以外（距主干约40 cm，根据树龄大小调整）施有机肥后覆土、整地，按20 kg/亩撒播黑麦草种子，播种后覆土1～2 cm。来年春季3月把黑麦草翻压。平整树冠滴水线外的行间空地，4月初按照长×宽为30 cm×30 cm的距离穴播圆叶决明，每穴播2～3粒圆叶决明种子。至9月末把圆叶决明进行翻压。此做法促进油茶生长，油茶叶片的氮、磷、钾含量明显提高，土壤速效养分、有机质含量增加。

油茶林间作注意事项：一是油茶林间作必须因地制宜地选择适宜间作的作物。应选择植株矮小、枝叶稀疏，地下部分根盘范围小、吸肥较小、适应性强的作物。二是注意病虫害的防治。油茶主要病虫害有油茶炭疽病、烟煤病、软腐病、油茶尺蠖、油茶刺绵蚧等，选择的作物应不会给油茶幼林带来病虫害，并做好防治工作。三是注意间种作物的距离，应根据不同树龄的油茶树生长情况而定。一般新栽的当年应距幼树50 cm以上间种为宜，随着幼树长大，距树要远些。

三、笋用麻竹林

广东省是我国南方重点林区，也是我国竹子生长最适宜区和重点产区。随着林业

集约化经营力度的不断加大，竹农普遍采用深翻、施肥、施用除草剂等经营措施，易造成水土流失，土壤中有机质减少，使得土壤保肥、保水能力下降，同时引发一系列环境污染问题。因此，如何减少林地肥料和化学除草剂的使用，减少林地水土流失，保持土壤肥力，实现丰产高效，保证竹林可持续经营和安全生产，成为当前亟须解决的问题。

近年来提倡生态培育，通过套种绿肥和固氮植物、引水灌溉等措施，恢复林地自我调控机制，维护林地生产力。国内许多学者对此进行了大量研究，并取得不错的成果。部分学者研究表明，绿肥具有提供养分、合理用地养地、部分替代化肥、提供饲草来源、保障粮食安全、有效改善生态环境、固氮、吸碳、节能减排等作用，是保持笋竹产品纯天然特性，提高竹林经营效益的重要措施。

黎茂彪等研究表明，绿肥在散生竹林较高的郁闭度（郁闭度0.8~0.9）条件下生长较差，但豆科耐阴性好的印度豇豆、野豌豆在散生竹林中生长盖度达80%以上，生物量达2.65 kg/m^{2}和2.35 kg/m^2；在郁闭度较低（郁闭度0.6~0.7）的丛生竹林中各绿肥生长发育正常，尤以豆科绿肥表现最好，全部能够完成生活史，且结实率也较高；从竹林中绿肥生长观察发现，加强绿肥前期水、肥等生长管理非常重要，能够有效促进绿肥在高郁闭度的竹林中正常生长发育。徐秋芳等研究表明，大绿豆和黑麦草混播，以及白三叶对改善土壤微生物特性效果最好。考虑到白三叶的耐阴性更好，建议毛竹林下种植白三叶来改善土壤的生物学性质。刘友银等针对毛竹林集约经营力度不断加大、林地经营措施等所产生的问题，在前期南方林用绿肥研究的基础上，选择30种在南方地区生长良好的豆科、禾本科等绿肥品种，经过逐步筛选，最终筛选出适宜在不同郁闭度条件下种植的绿肥品种。结果表明，适合低郁闭度（0.3~0.4）毛竹林种植的绿肥品种有：印度豇豆、印尼乌绿豆、闽引圆叶决明、福引圆叶决明、羽叶决明、日本草等；适合中等郁闭度（0.5~0.6）毛竹林种植的绿肥品种有：印度豇豆、闽引圆叶决明、印尼乌绿豆、日本草等；适合高郁闭度（0.7~0.8）种植的绿肥品种仅为印度豇豆。这些绿肥品种能在对应郁闭度的竹林下生长良好，且能够提高土壤肥力、改善林地生态环境，为竹林科学经营提供依据。

可见，在郁闭度较低的丛生竹林中，豆科、禾本科、莎草科试验绿肥均能够正常生长发育，并能获得较高的生物量；在郁闭度高的散生竹林中应选择耐阴性好的豆科绿肥品种，同时，在高郁闭度散生竹林中，绿肥种植应加强前期水、肥等生长管理，使绿肥在竹林中保持初期旺盛的长势，以促进绿肥后期的生长发育。

第十五节　建立茶、果园、热带经济林区绿肥基地

为了增加肥源，扩大绿肥作物的种植面积，可因地制宜地利用果园的园边、梯田

壁、路边、沟渠旁、塘边、荒坡、废林地等一切可以利用的零星隙地来种植绿肥作物，建立绿肥及留种的永久性基地。如我国南方在柑橘园边、路旁、房前屋后等空闲地种植金光菊、猪屎豆、山毛豆、木豆等。

第十六节　茶、果园、热带经济林区绿肥利用技术

一、就地翻压

将种植在果树株行间的绿肥作物，于初花期至花荚期用机械或畜力或用人工的方法就地直接翻压土中，任其腐烂分解，称为就地翻压。

二、刈割集中压青

刈割集中压青，是将种植在园内或园外的栽培或野生绿肥，于初花期至盛花期，用机械或人工的方法割取其地上部分，在果树的树盘下开沟压青，或结合园内深翻改土等进行集中压青。

三、果园覆盖

利用刈割的绿肥茎叶、秸秆、干草、厩肥等材料在果树周围的地面上进行覆盖，已被世界许多国家广泛采用。例如，日本水田区果园，常用稻草覆盖，幼树每株盖干草10～15 kg。美国在坡地果园也广泛采用覆盖法。我国南方的柑橘园，应用覆盖法也有悠久的历史，广东省的化州橙每年采收后，从12月至翌年1月，割芒萁（一种羊齿类植物）覆盖树盘，厚度在13 cm以上，任其自然腐烂，第2年又重新覆盖。根据当地果农的经验，若三年不进行覆盖，树势明显衰弱。此外，柑橘园也有用草皮灰、塘泥、褥草、垛粪等进行覆盖的。

覆盖法的应用条件：用死的有机物覆盖，没有与果树争水争肥的矛盾，所以覆盖的方法应用范围比较广泛，对于坡地、盐碱地、风沙地和干旱地区的果园都适用。但气候冷凉和土壤湿度大的季节和果园，则不宜采用。因为土壤长期过于湿润会使根系受到损害。冬季温度低，土壤湿度大，覆盖后春节地温回升得比较慢，果树根系容易遭受冻害。

覆盖的效果与覆盖的厚度有很大关系。各地果园可根据当地气候特点和条件，通过试验，确定适宜的覆盖厚度。果园覆盖后为某些害虫提供了隐蔽场所，应注意用药剂防治。

四、经济林生草注意事项

经济林长期种植多年生豆科或禾本科草作为覆盖作物，是国外盛行的一种土壤管理方法，叫生草制或生草栽培。

（一）国外果园生草栽培品种

果园生草栽培通常是在行间种植多年生草，国外常以种植红三叶草和白三叶草为主，白三叶草与红三叶草比较，白三叶草对土壤适应性强，耐旱、耐寒、耐瘠、耐阴，但生长量不如红三叶草，种子产量低。红三叶草一般都栽培在湿润地区。

禾本科的草种比较多，美国常用红狐芳、加拿大兰草、猫尾草、鸭茅等，日本多用野牛草和鸭茅。有的豆科与禾本科混播，有的单播。还有少数果园靠天然生草，对恶性杂草拔除或用药剂防除。

（二）应用生草栽培的条件

经济林生草与林木争水的矛盾很大，尤其在干旱季节和草的旺盛生长期显得尤为突出。因此国外有的主张，采用生草栽培的果园，年降水量应在800 mm以上，否则要进行灌溉。根据我国果园的立地条件，年降水量即使达到800 mm，但由于雨量的季节分布不均，进行生草栽培仍需要灌溉。此外，由于长年生草而土壤不翻耕，土壤透气性较差，好气性微生物活动受到抑制，土壤中硝酸态氮含量减少。为了消除这种不良影响，国外多采取割草、适当增施氮肥和定期耕翻更换草种的方法来解决。

第五章

南方绿肥专用农机装备

第一节　概述

绿肥是我国传统农业的瑰宝。绿肥种植是重要的培肥节肥、改善生态环境的技术手段，而绿肥机械化装备是提高绿肥种植和生产的关键技术手段。由于农村劳动力加速向城市转移，导致农村劳动力短缺，人工成本不断增加，绿肥的机械化作业亟须解决。

广东省各地区绿肥生产作业环节因品种、种植区域、利用方式不同而有所区别，主要作业环节包括绿肥种植播种、开沟施肥、田间管理、收割、翻压、种子收获和加工等。针对广东当前绿肥机械各环节已有的装备及作业特点，本章对各环节的机械装备进行了梳理和介绍，为广东省绿肥机械发展提供借鉴思路。

随着我国生态文明建设的推行，在保障粮食安全的前提下，落实农药化肥"双减"政策，减少农业面源污染成为一项重大工程。我国传统农业的精华——绿肥，在替代部分化学肥料、提升土壤肥力、调节生态微环境、生态控制病虫草害、减少农药使用量等方面，发挥着越来越大的作用。因此，我国在大力提倡绿肥的种植和研究。

绿肥是指通过对新鲜植物体就地翻压、异地施用或沤堆发酵用作肥料的绿色植物体，是一种清洁、可持续的有机肥源。绿肥是培养地力的重要物质基础，发展绿肥是多、快、好、省地解决养地用地和有机肥源的良好途径。由于历史原因，我国在绿肥方面的研究大多集中在绿肥种植利用模式、种质资源筛选和鉴定、提高土壤有机质的效果等问题上，在绿肥机械方面研究较少，缺乏绿肥专用机械，进而限制了绿肥种植和使用的快速恢复。根据绿肥种植环节划分，绿肥种植机械包括：绿肥播种机、绿肥植保机械、绿肥翻压机、绿肥粉碎机、绿肥收割机、绿肥种子加工机械等。其机械化作业工艺流程和相关作业机械如图5-1所示。

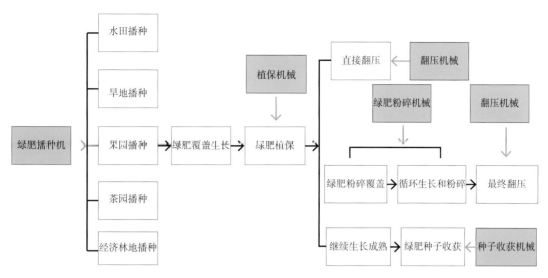

图5-1　绿肥机械化作业工艺流程

第二节　绿肥播种装备

广东地区绿肥通常根据种植时间分类，春夏种植的为夏季绿肥，秋冬种植的为冬季绿肥。其播种的方式主要分为精细播种、简化播种和粗放播种。精细播种指播种前浅旋耕，撒播或条播，再覆土（撒播，种子距离树干30以上的果树行间，撒后覆土；条播时，距树50 cm以上为宜，行距20～30 cm，播深2 cm左右）。简化播种指先撒播种子，然后浅旋5 cm左右。粗放播种指带草撒播，适合多数果园、茶园。水田水稻收割前也采用撒播。

绿肥播种过程主要包括耕整地和种植等作业环节，其配套设备或机具选择范围较大，是机械化程度较高的一个环节。

耕整地机械是最基本的农田作业机械，其中主要包括耕作机械和整地机械。耕作机械可通过对土壤耕翻以达到改善土壤结构、消灭杂草病虫害和松碎土壤的目的；整地机械是在耕整地作业后进一步细碎土块，混合土肥，平整压实地表，改善播种和种子发芽条件，为绿肥的生长发育创造良好的种床或苗床条件。机械化耕整地作业不仅工作效率高、质量好且作业面积大，同时节省人力、物力和财力。

针对南方广东丘陵地区，常用的耕整地作业机械有1LS-220型双铧犁配套手扶拖拉机、1GS8L-70型旋耕机、1GQNZ-160型履带式旋耕机、1WG6.3-110型微耕机、1GQN-200旋耕机或者1GQ-145型灭茬旋耕机等（图5-2）。上述作业机械能够将基肥与土壤混合均匀，可一次性进地完成旋耕、灭茬、整地作业。

1GS8L-70型旋耕机

1GQNZ-160型履带式旋耕机

1WG6.3-110型微耕机

1GQ-145型灭茬旋耕机

图5-2　耕整地作业机具

第三节　种植机械

　　绿肥的种植环节可选择无人机撒播或者播种机条播等。无人机播种技术是当前农业机械化快速发展的新型技术之一，利用农用无人机将种子均匀撒播在田里，优势为节本增效、劳动强度低、智能化程度高。代表机型有大疆T系列撒播无人机（如T40或T20P等）、极飞P系列农业无人机（如P100或V502023款等）（图5-3）。

大疆T系列撒播无人机 　　　　　　极飞P系列农业无人机

图5-3　撒播无人机

种子条播技术在绿肥种植中较为常用，市面上常见的机械化设备有中农机2BQX-6F型气吸式精密播种机、雷沃阿波斯2BMQF-8A型气吸式高速精量播种机、德邦大为2605型精量免耕播种机等。

国家绿肥产业技术体系吴惠昌团队研制了双匀种喷播机，2BFLA-200型开沟播种一体机等设备。双匀种喷播机解决单喷头左右摆动导致的漏播和重播问题，同时提高喷播均匀性和作业效率。其种箱容积12 L，作业宽幅10～15 m，作业效率4.5 hm²/h，净重11 kg。2BFLA-200型绿肥开沟播种一体机集碎秸浅旋、定量播种、后置独立开沟功能于一体，一次性完成旋耕、播种和开沟作业，可以保证播种后田间环沟和十字沟的开挖；液压驱动开沟组件选配，开沟动力自动离合，可按需选择开沟功能，满足不同开沟间距播种农艺要求；同时，设计棱锥形独立种箱、单通道槽穴组合式电动排种机构和多功能绿肥播种控制系统，能够实现最多4品种和16通道的自由组配，顺畅、均匀播种。适用于紫云英、二月兰、油菜、肥田萝卜、苕子、箭筈豌豆、黑麦草、田菁和山藿豆等主要绿肥均匀撒播或条播作业（图5-4）。

2BFLA-200型开沟播种一体机　　　　　旋耕播种机

中农机2BQX-6F　　　　　　雷沃阿波斯2BMQF-8A

德邦大为2605型精量免耕播种机　　　　双匀种喷播机

图5-4　播种机

第四节　绿肥田间管理装备

在绿肥生产过程中，加强绿肥作物田间管理，对提高鲜草产量和根系固氮效果有着直接的促进作用。绿肥的管理适合采用轻简管理，即节肥、培肥、压草、地表覆盖等，优选自然覆盖、切割、翻压等装备；其次是遇肥力较低的农田，采用灌溉施肥装备，同时进行绿肥生长情况监测和病虫害防治等。

节肥施肥可以选用谷上飞YR-GSF06型四旋翼遥控植保无人机、卫士WS-Z1805型多旋翼植保无人机（图5-5）。

谷上飞YR-GSF06植保无人机　　　　卫士WS-Z1805植保无人机

图5-5　植保无人机

水肥一体化灌溉设备可以选用滚移式喷灌机（图5-6），其结构简单，便于操作，是国内外均有使用的一种单元组装多支点结构的节水喷灌设备。沿着耕作方向作业，与排水、林带结合较好，对不同水源条件都适用，爬坡能力较强，并且根据地块的情况，可组装成长机组和短机组来使用，是一种在国内外都比较成熟的喷灌设备。

图5-6 滚移式喷灌机

病虫害防治可采用雷沃ZP9500型自走式喷杆喷雾机、广东省现代农业装备研究所和深圳市现代农业装备研究院联合研制的SNY-ZN03智能型喷雾机、自走式植保机械等（图5-7）。

雷沃ZP9500型自走式喷杆喷雾机　　　　　自走式植保喷雾机械

图5-7 病虫害防治喷雾机

第五节 绿肥作饲料利用装备

绿肥用于饲料的处理方式主要有切碎回收和打捆离田。草类绿肥经过收割切碎，再进行统一收集打捆，最后可进行高温发酵，用作堆肥或进行饲料加工。

一、鲜草切碎装备

常见的碎草机械有广东省现代农业装备研究所研制的3CYLZ-750自走式碎草机、泉樱QY42R-DQ遥控式割草机、日本ARC-500型遥控割草机、9ZPF-1型铡草粉碎机，该类设备高速旋转的动力刀对干草、鲜草及半干半湿的饲料草均有很好的切碎效果，鲜草的破节率可达98%以上，提高了草类绿肥的适口性及利用率，且使用操作方便（图5-8）。

3CYLZ-750自走式碎草机

9ZPF-1型铡草粉碎机

QY42R–DQ遥控式割草机

ARC-500型遥控割草机

图5-8 常见的碎草机械

二、鲜草或干草收获打捆装备

草类绿肥打捆机械推荐使用九宫YLYQ1950Ⅱ型捡拾方捆压捆机，中联重科9YZ-2200FA型自走式捡拾打捆机（配置2.2 m捡拾割台及60 kW发动机，312 mm离地间隙，450 mm宽履带，有效降低接地压力；配备针对湿草的双喂入输送结构，有效避免堵塞）（图5-9）。

YLYQ1950Ⅱ型压捆机　　　　　9YZ-2200FA型打捆机

图5-9　草类绿肥打捆机械

第六节　绿肥粉碎翻压装备

绿肥粉碎翻压技术是将绿色植物体经粉碎和翻压后再次利用，可实现节约土地成本、变废为宝和资源循环利用。农业农村部南京农业机械化研究所吴惠昌团队研制出GFY-200绿肥粉碎翻压复式作业机，主要工作部件是粉碎刀和旋耕刀，该设备直接利用旋耕装置进行绿肥作物的粉碎及旋耕翻压，实现粉碎翻压1次性作业，高效节能；沈阳农业大学王伟团队研制的4JY-100侧输式绿肥粉碎还田机，采用往复式的切割刀粉碎绿肥，可将粉碎后的绿肥茎秆从一侧输出，将绿肥堆积到果树主根上方，提高了保墒效果和对果树集中施肥的效果；该团队还研发了9GB-16型果园避障绿肥粉碎机，该装备在保证不损伤果树的前提下，可完成果树间绿肥避障粉碎作业。其他市面上常见的有旋耕埋草机、圆盘耙、小型拖拉机旋耕翻压机、茎秆切碎还田机、碎草还田机、茎秆切碎侧面覆盖机等翻压装备（图5-10）。

4JY-100侧输式粉碎机　　　　　GFY-200粉碎翻压复式作业机

9GB-16型绿肥粉碎机

拖拉机旋耕翻压作业

图5-10　草类绿肥粉碎机械

第七节　绿肥种子收获加工装备

一、种子收获装备

作物收获机械是收取成熟作物的整个植株或果实、种子、茎、叶、根等部分的农业机械。收获机械主要采用切割、挖掘、采摘、拔起和振落等方式进行收获。有些收获机械还对收获部分进行脱粒、摘果、去顶、剪梢、剥苞叶、分离秸秆和清除杂质等工序。各种联合收获（割）机则一次性完成某种作物的全部或大部分收获工序，如谷物联合收割机、玉米联合收获机、马铃薯联合收获机、甜菜联合收获机、花生联合收获机、甘蔗联合收获机等。

目前，常用的收获装备有带茎秆切碎装置的收割机，CE40联合收割机、TK100纵轴流小麦收割机、久保田PRO888半喂入联合收割机、4LAK-5.0FA收割打捆一体机等多款装备（图5-11）。

CE40联合收割机

TK100纵轴流小麦收割机

PRO888半喂入联合收割机

4LAK-5.0FA收割打捆一体机

图5-11　带茎秆切碎装置的收割机

二、种子加工装备

种子加工也叫种子机械加工。是指种子脱粒、精选、干燥、精选分级、丸粒化等机械化作业，种子加工业的发展是种子生产现代化的标志。

1. 脱粒机械

脱粒机是现代农业生产的常用机械之一，脱粒机的作用是将农民已经收割好的晒干的庄稼进行脱粒、分离和清选。脱粒，即通过庄稼和脱粒机构之间的作用进行脱粒，常见的脱粒方法有：冲击脱粒，靠脱粒机构与庄稼的相互冲击作用使庄稼脱粒，增强冲击力可以提高脱粒程度；揉搓脱粒，通过庄稼与脱粒机构之间的摩擦使庄稼脱粒，脱粒程度与摩擦力的大小有关；碾压脱粒，通过脱粒机构对庄稼的挤压达到脱粒；梳刷脱粒，当工作部件很窄时，在麦穗等作物之间形成的梳刷脱粒。

可借鉴的脱粒机械有QKT-320小型脱粒机、TSL-150A单株脱粒机等主粮作物机械化装备（图5-12）。

QKT-320小型脱粒机　　　　　　　TSL-150A单株脱粒机

图5-12　脱粒机械

2. 粗精选机械

利用绿肥种子籽粒和夹杂物在形状、尺寸、比重、表面特性和空气动力学特性等方面的差异，选出合格优良绿肥种子的机械。包括清种机和选种机，清种机用于从种子中清除夹杂物；选种机用于从清杂后的种子中精选出健壮饱满、生命力强的籽粒，必要时按种子的外形尺寸分级。

（1）旋轮式气流清种机。该设备主要部分为顶端或上侧边装有风扇，下方设有排料口的锥筒。当风扇由电动机驱动旋转时，气流从排料口向上抽吸，驱动锥筒内的叶轮旋转，混有杂质的绿肥种子由喂入斗落到叶轮上，在离心力的作用下被连续均匀地以薄层甩向靠近锥筒内壁的环形气道中，轻杂质向上飘浮，经风扇排出，重籽粒则下落至排料口排出。锥筒底部直径为0.4 m，驱动风扇的电机功率为0.64 kW，每小时可清选种子3～4 t，清洁度达99%以上。

（2）复式种子精选机。该设备采用多种清选部件，能一次完成清种和选种作业，以获得满足播种要求的种子。常用的复式种子精选机具有气流清选、筛选和窝眼筒3种清选部件。绿肥种子物料喂入后，经前、后吸风道两次气流清选，清除轻杂质和瘪弱、虫蛀的籽粒，又用前、后数片平筛和窝眼筒分别按长、宽、厚三种尺寸去掉其余杂质和过大、过小的籽粒。改变吸风道的气流速度，更换不同筛孔尺寸的平筛筛片或调节窝眼筒内收集槽的承接高度，可以适应不同的绿肥种子和不同的选种要求。

（3）重力式选种机。精选前的绿肥种子需经初步清选，籽粒尺寸比较均匀，且不含杂质。重力式选种机由振动分级台、空气室、风扇和驱动机构等组成。振动分级台的上层是不能漏过种子的细孔金属丝编织筛网，下层是带有许多透气小圆孔的底板，分级台的上方用密封罩罩住，内部形成空气室，密封罩的顶部与风扇的入口相通，因而使空气室处于负压状态，气流可自下而上穿过底板小圆孔和筛网。分级台框架由弹簧支承，纵横方向均与水平面成一倾角，并在电机和偏心传动机构的驱动下作纵向往复振动。喂入的待选种子积聚在分级台筛网上，在上升气流和振动的综合作用下，按比重大小自行分层，比重最大的种子位于最下层，直接触及筛网，因而在筛网的振动下被纵向推往高处；比重小的绿肥种子处于上层，不直接受筛网振动的影响，因而在自重的作用下向低处滑动；所有种子同时又沿筛面横向向下滑动，分别落入相应的排料口。根据绿肥品种与精选要求的不同，喂入量、台面振幅和纵横向倾角、气流压力等均可调节。常用的分级台振幅为8～12 mm，频率为300～500次/min，台面横向倾角0°～13°，纵向倾角0°～12°，筛网孔径0.3～0.5 mm。当台面种子层厚度为50 mm时，气流压力为1.32 kPa。如振幅减小，要求频率相应地增加。此外，尚有一种正压吹风式选种机，风机出风口正对分级台筛网下方。

（4）电磁选种机。在电磁场作用下按绿肥种子表面粗糙度的不同精选种子。其主要工作部件是种子磁粉搅拌器和电磁滚筒。种子、磁铁粉和适量的水一起在搅拌器中搅拌后喂向旋转的电磁滚筒，滚筒内装有固定不动的半圆瓦状磁块。表面光滑而不黏附磁粉的种子随即在滚筒的一侧滚落，粗糙籽粒的表面则黏附了磁粉，在磁块的作用下被吸附在滚筒表面，随滚筒旋转到无磁区才落下，种子表面越粗糙，附着的磁粉越多，因而吸附力越大，被带动的距离也越远。常用电磁滚筒直径400～500 mm，长500～750 mm，转速为30～45 r/min，生产率可达200～500 kg/h。

（5）摩擦分离机。摩擦分离机也称布带式清选机，利用不同绿肥种子籽粒在麻布或帆布带上摩擦系数的大小进行分离。由喂料斗、环形麻布或帆布带、上下辊轴等组成，布带安装在上下辊轴上，与地面成25°～35°的倾角，并以约0.5 m/s的速度向上转动，摩擦系数大的绿肥种子被布带带动向上，表面光滑的籽粒则沿布带下滑。

3. 丸粒化机械

绿肥种子丸粒化是在种子的表面包裹多层特殊材料，包含有杀虫剂、杀菌剂、成膜剂、保水剂、分散剂、营养剂、防冻剂、缓控释裂解剂、缓控释崩解剂和其他助剂，在综合防治病虫害、抗旱防寒、机械化播种上会有更好的效果。种子丸粒机是将大小不一的种子丸粒化变成大小一致、体积一致以满足机械化精量播种的机械。且要求种子能满足单籽率达到100%、空籽率和多籽率为0%的标准。

近年来，种子丸粒化技术在国外及国内一些地区的推广应用证明，种子经过丸粒化处理，不仅能够显著地防治病虫害、促进农作物生长发育、提高产量，而且减少环境污染，省工、省药、省种。

绿肥种子丸粒化的先决条件是进行种子和包衣物料的准备。提供丸粒化的种子应是纯净不含各种杂质，而且要具备等级种子要求的发芽率。对多胚芽种子要先剥制成单粒种，对带茸或有芒刺的种子，最好先经刷毛和抛光。物料准备包括种衣剂的选择，不同的作物，所要求的种衣剂型号不同，有效成分含量也不同，各种作物种子的适应性和敏感性有别，所以，某种作物应用某种型号种衣剂药种比例一经确定不要随意更改。

机械丸粒化以5BY-5型设备为例，先按确定的绿肥种子与药剂比例调整种箱的门板和计量陀位置，再调整药箱的液面高度和更换药勺，以毫升计，经多次测量，求其平均值，校核配比是否准确，待一切准备就绪，即可接通电源，机器开始运转。种子丸粒化处理后可直接装入聚乙烯编织袋中，种子在袋内自动成膜，不需干燥或晾晒，种子间不粘连、不结块。有一些种衣剂成膜性差，种子丸粒化处理还是要通过一定时间的自然干燥或晾晒才能装袋。在这种情况下，一定要用烘干式水分测定仪测定丸粒化后种子的含水量，从而知道是否需要干燥或晾晒。丸粒化的种子应单独存放，有专人保管，保存期间要定期检查其发芽率，在搬运、播种等生产环节中要特别注意人畜安全（图5-13）。

图5-13 5BY-5型丸粒化设备

4.干燥机械

绿肥种子可采用低温循环方式集中干燥，常用的设备可选用DF168混流式谷物干燥机、DC300批式低温循环式谷物干燥机、循环式热泵干燥机、WGHX-10移动式小型粮食烘干机等（图5-14）。

DC300低温谷物干燥机

低温混流式谷物干燥机

循环式热泵干燥机

移动式小型粮食烘干机

图5-14 粮食烘干机

第八节 水田绿肥农机装备

水田绿肥的农业机械主要有：拖拉机配套4铧水田犁、2STB-2水田精密播种机、轻型履带水田拖拉机、水田埋茬耕整机、履带式水田旋耕机、带测深施肥装置的插秧机、HH702型船式拖拉机配旋耕机、云马3GZC-1型水田除草机（图5-15）。

HH702型船式拖拉机配旋耕机

水田埋茬耕整机

图5-15 水田绿肥农机装备

第九节　山地果园绿肥农机装备

果园绿肥的机械化不仅是发展水果产业不可或缺的组成部分，也是农业机械化的重要组成部分。果园按地形主要分为丘陵山区果园、平原地区果园两种，南方多为丘陵山地，且果园模式多种多样，没有形成统一的规范化种植，亟需多功能轻简化的农机装备。

果园绿肥的主要种植模式是在果树行间种植绿肥，其绿肥的耕、种、管、收各环节均需适应果园模式的机械化装备，针对广东地区的地貌特征，选取各环节中具有代表性的农机装备，一定程度上提高果园绿肥种植的效率。

（1）广联的手扶履带自走式碎草机3SSLZ-550，采用甩刀的碎草方式，可调节甩刀除草部件，可防缠草和堵塞，根据不同高度实现仿形调节。同时采用轻型化柔性底盘设计，整机结构紧凑、重量轻，操作灵活，适用于丘陵山地、果园、温室大棚等除草作业。该机器额定功率5.5 kW，轨距500 mm，割幅550 mm，整机重量150 kg，最大倾斜角20°，刀片个数30片（图5-16）。

图5-16　手扶履带自走式碎草机

（2）滑移仿形秸秆粉碎还田机1JH1 200，采用滑移仿形悬挂式，可悬挂于拖拉机后，可进行上倾斜70°、下倾斜55°的坡面作业，作业效率高，粉碎效果好，适合果园的绿肥粉碎还田作业（图5-17）。

图5-17　滑移仿形秸秆粉碎还田机

（3）自走式多功能开沟施肥机2F-30B，该机体积小，分高低6个前进挡位和2个倒退挡位，在机器左侧手动操作；动力采用28马力单缸时风水冷柴油机或35马力时风蒸循两用柴油机，箱内全部为齿轮传动，结实耐用。开沟深度0～350 mm，开沟宽度300 mm，施肥深度200～350 mm，作业速度450～1 200 m/h（图5-18）。

图5-18 自走式多功能开沟施肥机

同时还有常州凯利发KF178FS型手扶拖拉机、三朵云履带式开沟机、9GZ-211型乘坐式割草机、奥力士RMK151型避障式割草机、玛斯特1GZL-120型多功能管理机、2FZGB-1.5SL型撒肥车等果园间作绿肥通用装备；第1.4节中的4JY-100侧输式粉碎机、GFY-200粉碎翻压复式作业机、9GB-16型绿肥粉碎机均可用于果园行间绿肥的粉碎还田。

第六章
主要绿肥作物病虫害防治

第一节　紫云英

紫云英病虫害的种类较多。虽然随着农田的不断改造和耕作制度的改变，紫云英病虫害的种类和危害程度有所变化，但主要的病虫害还是年年有发生。

一、紫云英菌核病

紫云英菌核病是一种常见的病害。该病还能侵害多种豆科绿肥和牧草作物，如苕子、蚕豆、紫苜蓿、红三叶和白三叶等。

（一）症状

主要为害茎和叶，苗期发生在近地面的茎基部，病斑呈紫红色，开始只呈小型病斑，继而扩展成水渍状，严重的全叶和全茎都受害呈水渍状而软腐，使植株上部萎倒，同时长出更多的白色菌丝向四周植株蔓延侵害。紫云英植株接触到菌丝，常受害而腐烂贴伏地面，与白色菌丝混合成一层皮，成为直径3～30 cm（或更大）不等的病穴，呈窟窿状，易与周围健株区别，群众称为"鸡窝瘟"或"牛脚瘟"。有白色菌丝布满的腐烂层约7 d以后，菌丝开始集结成鼠粪状的菌核，初呈白色，后渐呈黑褐色，同时剩在窟窿内的菌丝还会蔓延扩大侵害，直到结荚期。在健株下、中部茎叶上，菌丝还能侵入其表皮，使它呈灰白色湿腐状，以后病斑呈紫红色，继后在病部表面特别是茎的分枝处常产生菌核。到后期因组织老化，只在病茎内部呈紫红色，长白色菌丝并结成菌核，但整株较少凋萎或腐烂。

（二）病原

紫云英菌核病病原菌为杯状核盘菌［*Sclerotinia ciborioides*（Hoffm）Noack=*S.*

trifoliorum Erikson ］属子囊菌纲，柔膜菌目，核盘菌属。菌核初期白色，后期外部变黑褐色，内部灰白色。形状不一，如球形、椭圆形或不规则形。表面粗糙，一般大小为（1.5~5.0）mm×（1.5~4.0）mm。子囊盘黄褐色，漏斗状，直径2.5~6.8 mm，盘柄的长短与菌核埋在土中的深度有关。盘内有很多无色、棍棒状的子囊，大小为（156~192）μm×（12~14）μm。每个子囊内生8个子囊孢子。子囊孢子无色，单孢，椭圆形，大小为（14~20）μm×（8~10）μm。

紫云英菌核深埋在土中时可存活3年，在地表的1.5年死亡，淹没在水中的经2个月即死亡，而淹没在水中的子囊盘经3~24 h，菌丝经5 d也都死亡。子囊孢子生存期最长3 d，2 d后发芽力急剧减弱。菌核抽生子囊盘的最适温度为15℃左右，最低温度为5℃，最低湿度为30%。子囊孢子发芽的温度范围为10~30℃，以20℃为最适宜。侵入的适温也为20℃，但在0℃以下或30℃尚能生育。子囊孢子在相对湿度100%下最适于萌发。病菌耐酸碱度的范围为pH值1.8~9.3，以pH值4.7左右为最适。

（三）发病规律

病菌主要以菌核混在种子中或落在田间越夏和越冬，至当年晚秋和翌年春季温度适宜时，菌核萌发长出子囊盘和菌丝，一般秋季发芽的约占75%。菌核凡是抽出菌丝的，不长子囊盘；长出子囊盘的，不长菌丝；而两者对温度的要求几乎是一样的。除已萌发及腐烂死亡的菌核外，其余的菌核可以越冬，到次年3月气温上升到15℃以上时，仍可长出菌丝或子囊盘。另在10月和3月将已长菌丝或子囊盘的菌核分别对紫云英进行接种，24 h后，接种长菌丝菌核的处理，菌丝侵入紫云英茎叶，4 d后幼苗基部腐烂倒下，直至死亡粘在土面，5 d后死苗部位又长出菌丝，继续扩大侵染；但接种长子囊盘菌核的处理，从幼苗到枝茎伸长期，都未发现有烂脚死苗现象，只是到了结荚后期才有部分植株枝茎腐烂或枯死。由此初步认为，我国造成菌核病侵染的，主要是菌核长出的菌丝的侵染蔓延，除此之外子囊盘也会散出子囊孢子进行传播。

紫云英菌核病的发病进程，大体上可分以下2个阶段。

（1）侵害幼苗阶段。当菌核随种子于秋季播于田中后，部分菌核吸水膨胀，长出菌丝，侵入幼苗，起初形成暗绿色病斑，随后逐渐烂株倒苗。此时因苗小往往不为人们注意，到以后又长出菌丝，反复扩大侵染，扩展死苗的范围。以后随气温下降，菌丝蔓延渐趋缓慢。在日平均气温5~10℃时，病菌尚能长出菌丝为害；降到0~5℃时，只少量蔓延，到0℃以下的冰雪天，才停止蔓延，但菌丝并不会冻死。到了翌年2月，紫云英田又可见被害死苗形成"鸡窝瘟"。

（2）迅速扩大为害阶段。每年开春后，随着雨水增多和气温回升，病苗上的菌丝大量蔓延侵害，部分去年留下的菌核也长出菌丝蔓延。菌丝遇太阳暴晒10 h虽能瘪缩和死亡，但由于开春后植株已生长旺盛，茎叶茂盛荫蔽，下部湿度大，因此菌丝常在基部扩大为害，造成烂茎死株，并影响到开花结荚，或荚少籽瘪。

（四）防治方法

1. 种子处理

（1）用盐水（或泥水）选种。用15%盐水选种后播种的，在田间几乎没有发生菌核病，最高发病率也只有0.02%；而未经盐水选种的，则发病率达16%。可见，用15%盐水选种，有较好防治菌核病的效果，但需注意的是：选种的操作过程要迅速，以防盐水浸久后，部分菌核下沉除不掉；再则，盐水选种后要再用清水洗去盐分。

（2）冷水温汤浸种。紫云英菌核抗湿热能力较弱，将混有菌核的种子先在冷水中浸3 h，然后在54℃的温水中浸10 min，对紫云英种子无不良影响，但能杀死菌核。

（3）药剂拌种。紫云英种子用杀菌剂福美双拌种，能明显阻止菌核子囊盘的形成，对紫云英的发芽率和幼苗的初期生长有促进作用。拌药量因菌核大小而异，大菌核（平均60 mg/个）用药量是小菌核（平均30 mg/个）的2～3倍。拌种应在播种时至播前一星期进行为宜。

（4）硫酸浸种。紫云英种子用7%～8%硫酸溶液浸种3.5～4.0 h，不但发芽率和发芽势好，而且几乎全部菌核腐烂且不会发生子囊盘。

2. 实行轮作

在连作、早播、播种量过大和田间排水不良、湿度过大等情况下，紫云英菌核病就会加重，如果与禾本科作物轮作，并做好合理密植和开沟排水等工作，可抑制发病。

3. 药剂防治

菌核病发生在春季，可用啶酰菌胺、腐霉利、甲基硫菌灵、多菌灵等进行防治，效果显著。

二、紫云英白粉病

紫云英白粉病是我国南方常见的一种真菌性病害，以两广、福建、赣南、湘南等地为害最严重。整个生育期都会发病，以中、后期为害较重。

（一）症状

主要为害叶片，最初在叶面上零星出现小斑点，同时有白色粉状的病菌出现，以后逐渐向四周扩大，形成一层白粉，为病菌的分生孢子和菌丝；随之菌丝在叶肉内侵害繁殖，还可透过叶背形成病斑，并产生白粉状的分生孢子层。病叶严重受害后逐渐卷缩，直至枯萎。在病害严重时，嫩茎和花荚都会遭侵害，而形成短枝或枯枝、落花以及小荚和瘪荚，降低产草量和产种量。

（二）病原

紫云英白粉病病原初步鉴定为半知菌粉孢属的一种（*Oidium* sp.）。菌丝表生，分生孢子梗无色透明，一般有两个柄细胞，直立，大小（41.5 ~ 49.8）μm × 8.3 μm。分生孢子无色透明，卵形或椭圆形，单孢，大小（26.6 ~ 41.5）μm × 16.6 μm，内有纤维体，成串生于短而不分枝的孢子梗上，自上而下成熟，飞散传播。

（三）发病规律

紫云英白粉病寄主广泛，互为菌源，以分生孢子借风雨传播，造成初次和再次侵染。有报道指出，该病在过于干旱或低洼积水之田发病较多，尤其是前期生长不良或过于茂密和后期多雨时，发病严重。

（四）防治方法

1. 栽培措施

开好排水沟，防止田间积水，但过分受旱时，也应合理灌水，以经常保持土壤湿润。

2. 药剂防治

可用三唑酮（粉锈宁）、吡唑醚菌酯、苯醚甲环唑等，在初病期或初病盛期喷雾，效果都很好。

三、紫云英轮斑病

紫云英轮斑病又叫紫云英轮纹斑病或斑点病。整个生育期都会为害，春季为害最严重，对种子产量有较大影响。

（一）症状

发病植株中、下部的茎叶受害较重。叶上生淡褐色的圆形或不规则形病斑，有时斑内稍带轮纹，斑的边缘淡紫褐色，病健分界明显，在病斑中部产生暗灰色霉斑。该病开始发病时，呈针头状大小的褐色小点，生长差的或在一般脚叶上，往往一个叶片可达20 ~ 30个小点，很少扩大；但在生长肥大的叶片上，只有1 ~ 3个较大病点，直径2 ~ 3 mm。还有一种青枯型的急性病斑，比正常病斑大，灰绿色，无茶褐色边缘，与健部无明显分界，发展后可使叶片的一半或全部萎蔫枯死，这种症状多发生在生长嫩绿茂盛的高产田中，致病后的病叶易于干枯，特别是发生在复叶柄上的红褐色长型病斑，危害更大，数天里可使叶片全部枯萎脱落。发生在茎秆和花梗上的病斑，为红褐色和茶褐色窄条状梭形斑，长约0.5 cm，稍凹陷，有时几个病斑联合成大型病斑，表皮组织干腐后，使茎稍有缢缩，严重时，全茎枯死。

（二）病原

病原是真菌黄芪匍柄霉菌（*Stemphylium astragali* Yoshii），分生孢子梗单生，或2 ~ 3根束生，有1 ~ 4个隔膜，很少分枝，黄褐色，顶端逐渐膨大产生分生孢子。分生孢子成熟后，呈椭圆形、球形、卵形等，有纵横隔膜。孢子黄褐色，表面布满细刺。主要以分生孢子在病部越冬。

（三）发病规律

扩展的速度与多雨和田间湿度有密切关系，一般生长好的田，发病轻于生长差的。

（四）防治方法

1. 栽培措施

开好排水沟，降低地下水位和田间湿度，并增施磷、钾肥，以增强植株的抗病能力。

2. 药剂防治

发病时可用多菌灵或硫菌灵药液喷雾，效果十分明显，同时可兼治菌核病。

四、其他病害

紫云英病害除上述三种主要的以外，还发现有紫云英结瘿病、紫云英白斑病、根结线虫病、萎缩病、锈病、叶斑病，细菌性斑点病，但危害都较轻。

五、蚜虫

为害紫云英的蚜虫为苜蓿蚜（*Aphis medicaginis* Koch.），属同翅目、蚜科（Aphididae），除为害紫云英外，还为害紫花苜蓿、苕子、蚕豆、豇豆、扁豆、花生和洋槐等豆科植物。

（一）为害状

苜蓿蚜的成虫和若虫喜欢趋集到紫云英顶部的嫩芽、嫩叶和花蕾上为害，大量繁殖时，也聚集到嫩茎和花序上为害，以刺吸式口器插入植株组织中吸取汁液，使茎叶萎缩，植株生长停滞，矮小，落花落荚，或结荚少、籽粒轻，严重时造成成片枯死，很容易造成紫云英种子产量严重损失。

（二）形态特征

1. 有翅胎生雌蚜

体长2 mm左右，黑色有光泽。触角淡黄色，第一、第二节及其他各节的端部黑褐色，第三节有大小不等的圆形感觉圈4~7个，以5~6个为常见，第六节鞭部长为颈部的1倍。足黄白色，但腿节、胫节末端黑褐色，跗节黑色。腹管粗大，黑色，上有覆瓦状纹，尾片较大，端部圆钝，两侧各有长毛2~3根。

2. 无翅胎生雌蚜

大小色泽似有翅胎生雌蚜，触角较短，第三节无感觉圈，第五节后半部及第六节黑色。若蚜体灰黑色，较瘦，腹部分节清楚。

3. 槐蚜

体较大而圆，一般无翅雌蚜体长2～2.8 mm，有翅雌蚜体长2～2.6 mm，触角6节，成虫全体黑色，腹部膨大宽圆，分节不很明显，体背黑色有光泽，腿胫节各具2段，透明白色，跗节分叉。腹管长圆筒形，浅黑色。

（三）生活习性

当气温在14～24℃、相对湿度70%～80%时，对其繁殖最为有利，一般7～10 d就能繁殖一代。在定虫定株的接虫观察中，每只蚜虫每天胎生6只小蚜虫，而小蚜虫生长6 d即为成虫，又会胎生小蚜虫。在长江中、下游地区苜蓿蚜的危害有2次高峰期，第一次在10—11月，当气候干旱和气温适宜时，还可延续到12月上、中旬。在此期间，成虫和若虫在一株紫云英的顶芽嫩叶上为害时，其繁殖的后代也都群集在该株上吸食液汁，使植株生长萎缩停滞，以后迅速爬迁到周围的植株上繁殖，吸汁为害。除少部分有翅蚜虫飞到远处株上繁殖外，绝大部分在原株周围繁殖为害，形成被害中心。在中心部位，受害严重的数十或数百株成片枯萎死亡，而生长嫩绿的田受害又较重。第二次高峰出现在3—5月间，是繁殖迅速和为害最严重的时期。主要为害心叶和花蕾，在花序、嫩荚和嫩茎上也密集吸取营养液，造成花器发育不良，重的即落花落荚。在广东和福建等华南地区，以在11月到次1月天气干旱时为害较重，春季因雨水多，通常为害不严重。

（四）防治方法

着重要防治紫云英留种田的蚜虫，在留种区的农民已普遍采用了药剂治虫的措施，并取得较好效果，但随着对紫云英利用功效的不断开发，对药剂治虫也不断改革，许多地方对紫云英留种不仅要求种子产量提高，而且要通过花期放养蜜蜂，增加蜜糖、蜂王浆和花粉等产量。在大面积推广放蜂过程中，常出现放蜂与农药治蚜的矛盾，尤其在过去采用乐果、乙氯杀螨粉、溴氰菊酯和甲胺磷等农药治蚜，虽治了蚜虫，但也杀死大量蜜蜂。可用吡虫啉或噻嗪酮加上增效剂混合喷施，可彻底防治。

六、蓟马

为害紫云英的蓟马种类较多，主要有端带蓟马（*Taeniothrips distalis* Karny）、丝带蓟马［*Taeniothripssjostadti*（Trybon）］、黄带蓟马（*Scirtothrips* sp.）、花蓟马［*Frankliniella intonsa*（Trybom）］、黄胸蓟马（*Thrip* sp.）、黑腹蓟马（*Frankliniella* sp.）等，均属缨翅目、蓟马科（Thripidae）。其中以端带蓟马最为常见，为害也较严重。它们广泛分布于长江中、下游以及南方各省。蓟马能为害紫云英、苕子、苜蓿、猪屎豆等多种豆科绿肥作物，也能为害蚕豆、豇豆和花生。其中以紫云英受害最重，它也是紫云英留种田的重要害虫。

（一）为害状

蓟马的成虫和若虫均具有锉吸式口器，能锉伤植株组织，吸取液汁。主要为害紫云英的嫩芽、嫩叶和花器，嫩叶被害后先出现斑点，继而卷曲枯萎，生长点被害后，顶芽不长，也不开花。一般花器被害最重，损失最大，往往从现蕾开始到整个开花期，都会受害。以成虫和若虫躲在花心内，用口器锉伤子房或插入花器内吸食液汁，使子房受损破坏，不能结实，花冠也萎缩。花瓣基部被锉伤使花瓣脱落。嫩荚被害后也会脱落或形成畸形瘪子。为害轻时，常使种子减产2～3成，重则颗粒无收。

（二）形态特征

1. 端带蓟马

体型最大。雌性成虫长1.6～1.76 mm。体黑色。触角8节，第三、第四节呈倒花瓶状，端部各有一个大而圆的感觉区域和长形呈倒"V"形感觉锥，第五、六节外侧各有一个小的感觉锥，第六节内侧中央着生一长感觉锥，达第七节顶端。单眼3个，呈三角形排列，三角形连线内缘各有1根长单眼鬃。前翅暗褐色，基部和近端处色淡。上脉共有鬃20根，其中18根位于基部和中部，两根位于端部又称端鬃。下脉鬃15～18根。腹部第二至第七节背面近前缘有一黑色横纹，第八节后缘仅2侧有栉毛。

2. 丝带蓟马

体形和色泽极似端带蓟马，仅体稍小，色较淡。触角第三节色淡。单眼间鬃位于三角形连线外缘。前翅淡灰色，中央有暗褐色带，顶端色暗褐。

3. 黄带蓟马

雌成虫体长0.9～1.1 mm。是为害紫云英的蓟马中最小的一种。全体黄色，易与花器混淆。触角8节，第一节淡黄色，第二节黄色，第三节到第五节基部淡黄，其余皆为黄褐色。翅灰色，前翅上脉鬃9根，其中基半部7根，近先端1根，中央1根。单眼的半月状纹鲜红色。

4. 黄胸蓟马

体小，长约1.2 mm，头和腹黑色，胸部黄褐色。

5. 黑腹蓟马

雌成虫体长1.3～1.6 mm。触角的第三至第五节的基部淡黄，其余各节褐色。头、前胸淡黄色，腹部黑褐色。单眼间鬃在三角形连线上。

6. 花蓟马

为多食性花器害虫，又名台湾蓟马，主要在我国长江以南发生。雌成虫体长1.3 mm，棕褐色。头胸部黄褐色。触角粗状，第三节长为宽的2.5倍，第四、第五节基部黄褐色，第一、第二、第五节（基部除外）及第六至第八节均灰褐色。前胸前缘有长鬃1根，前缘中部有稍长鬃1对，后缘角有粗鬃2根。前翅前后脉鬃等距连续。雄成虫淡黄色，长约1 mm。触角各节色泽与雌成虫类似。腹部末端圆钝，微向背面翘起，最后

2 ~ 3节间膜内部有一明显的橘红色"U"形睾丸。

（三）生活习性

喜欢群集在叶背和茎皮裂缝中。开春后先为害嫩叶，到紫云英开花后转入花中，它有趋集新鲜花朵的习性，故新鲜花朵越多的，虫口也越多。以后大量产卵繁殖，卵产于花萼和花梗组织内，若虫孵出后即侵入花器中取食，老熟后钻入5 ~ 10 mm深的表土中化蛹。紫云英终花后迁到猪屎豆、豇豆、扁豆、山毛豆和水蓼等植物的花上生活。

紫云英蓟马的发生量受气候和食料的影响很大。在低温多雨的春季，当气温降至10℃以下时，即不活动；天气转晴后，气温上升到14 ~ 16℃时，又逐渐活跃；到20 ~ 23℃，相对湿度75%左右，正值紫云英盛花时期，则繁殖最快，为害最凶。若在这样温、湿度保持几天，蓟马迅速大量繁殖，往往每朵花中会有蓟马5 ~ 6头，多的达10多头。短期内的为害可使花瓣掉落，以后子房也被害掉落。也为害已结籽的荚，造成落荚。严重遭害的留种田，有时会使全田花、荚被毁。但若气候不适宜，蓟马繁殖就很慢，为害就比较轻。

（四）防治方法

首先必须严格做好大田的检查预测，即在紫云英现蕾期、初花期、盛花期、终花期、初荚期和盛荚期结合气候分析，进行定期检查。当花朵的含虫率达到5%左右，每个花序平均有虫5只时，即应发布虫情预报，进行喷药，以利及早抑制，防止其流行猖獗。

采用辟蚜雾（抗蚜威）杀灭蓟马的效果可达98%以上（但不能杀其卵），而且可兼治蚜虫，又能保护蜜蜂在留种田中自然采蜜。

七、潜叶蝇

为害紫云英的潜叶蝇有两种：紫云英潜叶蝇（*Phytomyza peniculatae* Sasakawa）和豌豆潜叶蝇（*P. horticola* Goureau），均属双翅目、潜叶蝇科。紫云英潜叶蝇在我国南方各地都有发生，是紫云英留种田的主要虫害之一；其食性较杂，对豌豆和油菜、萝卜等十字花科植物也能为害，但以紫云英受害最重。豌豆潜叶蝇为多食性害虫，主要为害十字花科植物，有时也为害紫云英，经常和紫云英潜叶蝇混合发生，但为害较轻。

（一）为害状

幼虫在紫云英叶片内潜食叶肉，随着取食的进展，在叶片表皮下爬通成弯曲的白色潜道，沿途尚留有细碎的粪粒，一般在紫云英生育的中、后期为害最重。发生多时，在一张小叶片内聚集几头甚至10多头虫，使潜道彼此交通，以致全叶枯萎。发生严重时，留种田呈成片枯焦，结荚减少，籽粒不饱满，影响种子的产量和质量。

（二）形态特征

紫云英潜叶蝇的成虫像小苍蝇，一般体长1.5～2.0 mm。头部黄白色至灰白色。胸部黑褐色，中胸两侧具黄褐色纵条斑。背中鬃呈两行排列，在其侧方常伴有1～2行稀疏刚毛。小盾片黑褐色而背面中部略带黄色。腹部褐色至黑褐色，微覆细粉。卵纺锤形，长0.5 mm，宽0.16 mm，乳白色，表面有纵横皱纹，腹面略平，中央有脊，一端有两个小突起，呈"八"字形。幼虫蛆状，体柔软，长约3 mm，黄白色，圆筒形；初孵化为乳白色，后变淡黄色。头部略小，口钩黑色，上具2齿。前胸和腹末节的背面各有气门1对，前气门端各有10～16个球状指突，后气门显著突出，有12个球状指突。蛹长卵圆形，稍扁，一般长1.75～2 mm，初为淡黄色，后变鲜黄至黄褐色，蛹壳坚硬。体前端的前气门呈管状而较尖，后气门突出在体末背面，较分离。

（三）生活习性

若降雨量在40 mm以上，会促使它繁殖，虫量猛增。若3—4月气温回升迟，又遇干旱，潜叶蝇繁殖就慢而少，为害则轻。

（四）防治方法

一般采取药剂防治，应先检查虫情，做好预测预报，抓准关键时刻喷药，以及早控制其盛发。可采用高效、低毒的农药，如辟蚜雾、吡虫啉或敌百虫等兑水喷雾防治。喷药的适期一般掌握在紫云英留种田普遍开第一档花到半花半荚期间最好。通过检查，平均每株有幼虫和蛹5只以上之后的5～7 d内喷药效果较佳。水源方便的留种田，若遇干旱天气，也可结合抗旱灌水淹过心叶3 h后排水，可以淹死潜叶蝇的幼虫和蛹，效果很明显。

八、地老虎

地老虎俗名地蚕、土蚕、黑地蚕、切根虫或草子虫等，属鳞翅目、夜蛾科。它在全国各地都有发生，除为害紫云英外，还为害苕子、大小麦、豆类、棉花、花生、烟草和蔬菜等，是一种杂食性害虫。

为害紫云英的地老虎有小地老虎（*Agrotis ypsilon* Rottemberg）和大地老虎（*A. tokionis* Buler）两种，其中以小地老虎为害较重。以雨量丰富、气候温和、土壤湿润和杂草多的长江流域和东南沿海地区发生最多。

（一）为害状

低龄幼虫常取食幼苗的心叶或子叶，或将叶片咬成许多小孔或缺刻。3～6龄随着虫龄的长大，取食量剧增，特别是进入5～6龄的幼虫，不但取食量大，大多还咬断紫云英茎的下部，把全株拖入地表下或洞中，造成田间断苗缺株。

（二）形态特征

1. 小地老虎

成虫体长17~23 mm，翅长40~54 mm，头、胸部暗褐色，腹部灰褐色。雌蛾触角丝形，雄蛾双栉齿形。前翅前缘黑褐色，并具6个灰白色小点，内横线内方及外横线外方多为淡茶褐色，两线之间及外缘部分为暗褐色；肾状纹、环状纹和短棒状纹周围有黑边，在肾状纹外侧凹陷处有一尖端向外的黑色三角形纹，与亚外缘线上2个尖端向内的黑色楔形斑相对；亚基线、内横线、外横线以及亚外缘线均为双条曲线。后翅灰白色，翅脉及近外缘茶褐色；缘毛白色。卵馒头形，顶部有一小突起，直径约0.5 mm，卵壳表面有许多排列整齐的格子花纹，初期乳白色，后渐变黄褐色。幼虫黄褐色至暗褐色，背线明显，长成的幼虫长35~38 mm，体表粗糙，密布黑色小突起。腹部末端背面有一块近似三角形的肛上板，上有明显的黑纹。幼虫一般6龄。蛹体长18~24 mm，宽6~7.5 mm，红褐或暗褐色，具光泽，腹部的第四至第七节背面前缘深褐色，具有刻点，腹端具臀刺一对。

2. 大地老虎

成虫体长20~25 mm，体色和翅上的花纹与小地老虎相似，但翅上无三角形黑斑，前翅前缘2/3部分是黑褐色阔带。幼虫体长有55~61 mm，黄绿褐色，肛上板无黑纹。蛹赤褐色，第三至第五腹节比胸部和其他腹节大，第一至第三腹节侧面有横沟。

（三）生活习性

以蛹或老熟幼虫在紫云英田中越冬，其幼虫常在夜间爬出取食并咬断紫云英幼嫩茎叶，受惊即蜷缩假死。一般都潜居在紫云英植株下。1~3龄幼虫不入土，常栖息在寄主叶背或表土上，4龄开始白天潜入表土下，夜间或阴雨的白天爬出活动取食。5~6龄幼虫性极残暴，有相互残杀习性。老熟幼虫都钻入表土下3~7 cm深土中化蛹。成虫喜食糖醋，对黑光灯趋性较强，一般产卵在近地面的茎叶上。

（四）防治方法

应在幼虫期撒毒土杀灭之，可用敌百虫拌土撒施，效果达90%以上。

九、潜秆蝇

潜秆蝇（*Agromyza phaseoli* Goguillett）又叫豆秆蝇、秆蛀蝇。属双翅目、潜蝇科，是华南地区为害紫云英的较重要害虫。潜秆蝇除为害紫云英外，也为害大豆、绿豆、四季豆、菜豆和苕子等豆科植物。

（一）为害状

幼虫蛀入紫云英嫩芽和嫩叶的叶柄基部为害，吸收液汁，破坏嫩芽和叶柄组织使其腐烂成一小窝，外部肿大，以后枯萎。幼苗期受害即全株枯死，造成缺苗。分枝期以后受害的，分枝也往往枯死，植株茎叶发红，生长矮小，影响产量。撕开被害的叶柄和嫩芽，可见到白色幼虫。蛀洞红褐色，充满黄褐色的排泄物。

（二）形态特征

成虫为一小蝇，体长2.1～2.6 mm，黑色，头、胸、腹部密生长短粗细不一的刚毛。头部半圆形，复眼巨大，鲜红色或红褐色。触角短，末节肥大而钝；触角芒呈刚毛状。胸部发达。前翅膜质透明，有纵脉6条、横脉3条。雌虫腹部较大，圆锥形，末端产卵管突出；雄虫腹部较小，三角形，尾端尖锐。卵长0.4 mm，椭圆形，两头略尖，色淡白，壳有粗糙纵纹。老熟幼虫蛆形，长2.8～3 mm，淡黄或乳白色，口钩黑色，头上方和尾端各有一对呼吸器，前呼吸器较细，末端稍宽阔；后呼吸器较粗，末端成两个分叉。蛹长2.3～2.5 mm，长椭圆形，黄褐色，头与末端黑褐色。各体节缝有一列钩刺，于体背中断，在断口稍后还有一短行小刺。前后呼吸器明显可见。

（三）生活习性

潜秆蝇年发生6代，紫云英出苗后，成虫在白天陆续飞到紫云英田，产卵于顶部嫩芽和嫩叶上，一般经2～3 d孵化为幼虫，钻入嫩芽或叶柄基部进行为害，使新芽新叶枯萎。老熟幼虫在茎内化蛹。成虫羽化飞出，常停在叶片上下。潜秆蝇一般多发生在9—12月，其中早播田比迟播田为害严重，旱地又比水田严重，到翌年2—3月又出现第二次高峰，但为害较轻。以后转移到大豆、绿豆、四季豆等田里为害。夏秋季种植大豆、绿豆的田地及其附近的紫云英田，往往受害都较重。

（四）防治方法

水源方便的田地，可结合抗旱灌水淹过心叶3 h后排水，以淹死潜秆蝇的幼虫和蛹，效果明显。也可用敌百虫药液喷雾。

十、紫云英叶甲

紫云英叶甲（*phvtodecta sculellaris* Baly）又叫草子金花虫、草子虫、乌壳鸠等，属鞘翅目、叶甲科。

（一）为害状

幼龄虫食害嫩芽和花蕾，幼龄虫及成虫食害叶片、花朵、叶柄、嫩叶和嫩荚等，使全株缺叶枯萎。

（二）形态特征

成虫体长4.7～5.3 mm，椭圆形，有金属光泽，前胸和鞘翅均有黄褐至暗红色或黑色等变色，但鞘翅以黑色占多数。幼虫纺锤形，长6.5～7 mm，老熟幼虫的头棕褐色，腹部灰黄色。蛹长约5 mm，黄色，腹部末端有2个刺状突起。

（三）生活习性

一年发生一代，以成虫在坟堆、小树丛下的杂草和石缝中越夏和越冬。成虫和幼虫都有假死性。

（四）防治方法

留种田应选在距离虫源较远的地方。虫害发生时，用敌百虫兑水喷雾。

十一、紫云英象虫

紫云英象虫（*Sitona tidratis* Herbst）又叫二带根瘤象、草子象鼻虫、象甲，属鞘翅目、象甲科。一般以山边田受害较重，对紫云英留种田危害较大。此外，还为害苕子等豆科绿肥。

（一）为害状

成虫为害紫云英叶片、嫩芽，被害叶片呈缺刻，甚至支离破碎。发生多的地方，刚出土的幼苗子叶即被吃光，嫩茎被咬断，造成缺苗。在紫云英开花结荚期，成虫啃食花器、嫩荚，可降低种子产量达二三成。幼虫也为害根部，影响养分和水分吸收，造成植株衰老枯萎。

（二）形态特征

成虫体长3.5～4.5 mm，体黄褐色或黑褐色。头部向下延伸似象鼻状。复眼黑褐色。前胸背部有4条灰黑色纵线，在背中部的两条较宽，侧面的两条较窄。鞘翅上具有规则的黑褐色小斑块。卵散生，椭圆形，长0.6～0.8 mm；初产时呈乳白色，后变淡黄色；孵化前变为黑褐色。幼虫体长4～8 mm，乳白色；头部淡褐色；体表有淡黄色细毛；胸足退化。蛹长椭圆形，淡黄色，长3.8～6 mm，管状喙紧贴在腹面，腹部末节有向内弯曲的刺突1对。

（三）生活习性

象虫每年发生一代，以成虫在杂草丛生的草皮和石缝间隙中越夏。各虫态的历期是：卵期7～19 d，幼虫期121～240 d，蛹期8～25 d，成虫寿命极长，一般为143～230 d。成虫多在阴雨天、夜间或早、晚取食，晴天中午躲在紫云英植株基部、稻根丛间和土壤裂缝处。紫云英种子收获后，迁到田埂或附近山上。

（四）防治方法

简便而有效的方法是掌握幼虫孵化始盛期，采用药剂杀灭之，可用敌敌畏、敌百虫药液喷雾。

第二节　苕子

一、叶斑病

病原（*Ouularia* sp.）系小卵孢霉属真菌，发病初期先在中、下部叶片上出现褐色小点，进而扩大成近圆形边缘不清晰的暗褐色病斑，病斑周围退绿变黄，在病斑背面有白色霉状物，为病菌无性繁殖体。病菌寄生力强，不论新老叶片俱可侵染，罹病叶片极易脱落，严重影响结荚和籽粒饱满，是发生普遍、危害严重的病害。药剂防治措施以用50%多菌灵可湿性粉剂1 500倍液、80%代森锰锌400倍液、75%甲基硫菌灵可湿性粉剂1 500~2 000倍液喷施。三种药剂都能减低病叶率，提高饱荚率，增加千粒重和产种量。

二、轮纹斑病

与叶斑病发生时期相仿，病原（*Botrytis* sp.）系葡萄孢属真菌，病斑椭圆形，有明显轮纹，中心呈暗褐色，四周色较线，边缘清晰，空气潮湿时在叶背面生出灰绿色霉，为病菌的无性世代。发病初期在叶片上出现一个褐色小点，逐步扩展成轮纹状褐斑，在气候干燥时也可不形成轮纹。病组织经分离培养，能长出大量菌丝体和较少黑色菌核。另一种病斑发病初期在叶片上也为褐色小点，四周并有一银白色云雾状圈，叶片发病后，健部继续发育，病部停止生长，使叶片发生畸形。防治时，可用多菌灵、百菌清和福美双等药剂在发病初期喷洒。

三、黄色枯叶病

病原（*Aepernaria* sp.）系交链孢属真菌，发病初期主要在基部复叶上，早期症状先从小叶的尖端发黄发黑，然后枯死脱落，以后在中、下部小叶形成若干个不规则而带长形的病斑，其中心淡褐色或灰白色。边缘深褐色，宽度不整齐，常数个病斑并连为花斑，罹病后小叶易脱落，仅留下复叶柄。此病亦可浸染上部嫩绿的叶片，起初隐约可见白色病斑雏形，然后扩大为白色斑块。四周为水渍状圈纹，小叶随即脱落，潮湿时在病斑背面长出黑色霉层，即病菌分生孢子，浅灰色，头端大，后端略小，并延长成短柄状，头尾相连成串。防治措施同叶斑病。

四、茎枯病

病原（*Colletotrichum* sp.）系毛盘孢属真菌，病斑主要发生于茎的基部离地面

3～4 cm处，椭圆形，茶褐色，稍凹陷，发病后上部叶片发黄，生长缓慢，当病斑扩展围绕茎蔓1周时，茎组织全被破坏，仅留下纤维，病部以上枯死，潮湿时在病部可见病菌的分生孢子盘。此病多出现于苕子生长的中后期，分布不普遍，仅限于低洼潮湿的田块。防治措施同叶斑病。

五、白粉病

病原（*Oidium* sp.）系白粉真菌，常年较少发生。病菌为白色病斑（分生孢子）盖没小叶，后期还有黑色小点（闭囊壳）出现，病害蔓延迅速，小叶感病很快枯黄并相继脱落。防治措施同叶斑病。

六、褐斑病

病原（*Ascochyta* sp.）系壳二孢属，发病初期在荚果上产生黄白色小点，周围紫色，病斑扩大后，在病部产生很多黑色小点，即病菌分生孢子器。此病能破坏整个荚果，使籽粒瘪而小，严重失去发芽力；亦能在花梗上为害，使部分花序不能结荚，或结荚不饱满。茎秆发病时病斑灰白色，四周褐色，在灰白色病组织表面，有黑色小点（分生孢子器），但不突破表皮外露。防治措施同叶斑病。

七、蚜虫

聚集在叶子背面或植株顶部吸食嫩茎叶液汁，使植株萎缩，影响正常的生长发育，使鲜草及种子减产。秋冬及春季均有发生，气候干旱，株间相对温度低于70%，易盛发为害。冬春干旱时，稻田灌水1～2次，促进苕子生长并可抑制蚜虫盛发，药剂防治可选用吡虫啉、氯氰菊酯、噻虫嗪、氟啶虫胺腈或乐斯本等进行防治，用喷雾器均匀喷洒，注意交替使用，防止害虫产生抗药性，同时保证充分发挥增效、兼治的效果。

八、潜叶蝇

越冬成虫在叶背组织内产卵，幼虫在叶内取食叶肉，形成白色弯曲潜道，严重时植株早衰，使鲜草或种子减产，多在春季发生为害。药剂防治同蚜虫。

九、蓟马

怕阳光，白天躲在花内，傍晚夜间外出活动，用口刺插入子房内吸食液汁，造成落花，影响种子产量。药剂防治可选用乙基多杀菌素（艾绿士），或联苯菊酯+吡虫啉喷雾。

十、斜纹夜蛾

常在苕子生长后期发生，幼虫暴食茎叶、花荚，严重时将全田吃光，对苕种田危害很大。成虫抗药力强，防治要在产卵初期、盛期各防治1~2次。可用糖（6份）、酒（1份）、醋（3份）、水（10份）加适量敌百虫配制成毒液，盛于平底盆中，置1.6 m高处，每亩放2~3盆诱杀成虫。用虱螨脲、氟啶脲、除虫脲或高效氯氟氰菊酯药液喷雾防治幼虫。

十一、红蜘蛛

留种地发生较多，用棉秆作支架的留种地受害更为严重。红蜘蛛能使叶子一片枯白，种子品质与产量都受到严重影响。防治措施同蚜虫。

十二、苕锯蜂

幼虫食苕子花，严重时，种子无收，可用敌百虫粉喷粉或加干土撒施，对1~2龄幼虫有效。

第三节　田菁

田菁的虫害主要有蚜虫、斜纹夜蛾、豆芫菁、地老虎、卷叶虫、金龟子等。

蚜虫对田菁的危害较大，一年可发生数代，一般在田菁生长初期危害最重，多发生在干旱的气候条件下，轻则抑制其生长，严重时可使整株萎缩甚至凋萎而死亡。可用抗蚜威或吡虫啉等喷雾防治。

斜纹夜蛾是南方一种很重要的害虫。在田菁生长期中，可发生2~3代，取食田菁茎叶。在广东发生盛期，如不及早防治，几天内可把田菁枝叶吃光，因而应抓紧幼龄虫的杀治。可用乙基多杀菌素或氯虫苯甲酰胺等喷雾防治。

卷叶虫也是田菁一种重要害虫。多在田菁苗后期或花期为害。受害时叶片卷缩成管状，取食叶片组织，严重时有半数以上叶片卷缩，抑制田菁的正常生长，可用阿维菌素防治。

田菁菟丝子寄生危害，严重时整株被缠绕而影响生长。发现时应及时将被害株连同菟丝子一并除去，以防扩大。

田菁病害主要有疮痂病。南方多于7月底至8月初始发。病菌以孢子传播，由寄主伤口或表皮侵入。此病对田菁茎、叶、花、荚均能危害。茎秆受害时,扭曲不振,复叶畸形卷缩,花荚萎缩脱落。可叶面喷洒波尔多液进行防治。

第四节 柽麻

一、枯萎病

柽麻枯萎病是我国柽麻种植地区的一种危害十分严重的病害。对柽麻留种影响很大,轻则减产,重则绝收。

(1)病情与症状。植株苗期染病,叶片凋萎枯死。到成株及开花期染病,一般下部叶片发黄逐渐脱落,茎枝变黄绿色或半边青半边枯黄,叶片凋萎,以后植株逐渐枯死,病株茎部生出白色或粉红色霉状物。剖视病茎主要是维管束受到损害。

枯死病株的根系由白色变为褐黄色,其木质部呈黄白色,髓部由淡绿色变为浅褐色,韧皮部呈浅褐色半腐烂状。

(2)病原菌。柽麻枯萎病菌,属于潮湿镰刀真菌(*Fusarium udum* Butter var. *crota-lariae Padwick*)。

(3)侵染途径与发病因素。据研究,柽麻种子和土壤带菌是发病的主要来源,种子带菌在生茬地上枯萎病株率为10%~46%,而柽麻连作多年的地块发病率为73%~90%,严重时甚至绝收。

播种的柽麻种子萌发后,土壤中的病原菌或黏附在种子上的病原菌,从幼苗根毛或侧根处侵入主根,病菌先在主根木质部导管内繁殖,然后向韧皮部侵入,并在木质部与韧皮部内发展,使维管束变黑,植株很快失水凋萎而枯死,在死亡植株茎秆表面产生一层粉红色孢子层,在田间随着雨水、机械接触等发生再侵染。

柽麻枯萎病发病轻重与下列因素关系极密切:①与温、湿度的关系。枯萎病菌生长的适宜温度是20~30℃,最适宜温度为27~28℃,10℃以下或35℃以上,生长很缓慢,5℃以下或40℃以上,停止生长,60℃经10 min死亡。病菌侵害寄主的温度范围在15~30℃。在相对湿度为66%时,对病菌发展不利,如湿度提高到87%以上有利于孢子萌发侵入。②土壤含水量对病菌的侵染影响很大。③早播发病重、晚播发病轻。④柽麻种子由于来源、产地不同,抗病力有一定的差异。⑤病菌的再侵染。主要是由雨水将病株上的孢子自上而下冲刷或将带菌的水滴随风飞溅到邻近的柽麻秆上或由雨水流入下游土中进行再侵染。

(4)防治方法。播种时可用多菌灵进行种子消毒,苗期用甲基硫菌灵喷雾1~2次防治。

加强植物检疫工作，严格保护无病区，禁止病区苎麻种子调入无病区。

实行轮作倒茬，发病地块5年内不再种苎麻，或者由旱作改为水田，可以减轻枯萎病对苎麻的危害。

增施磷钾肥对增强抗病能力也有很好效果。

二、豆荚螟

豆荚螟属鳞翅目、螟蛾科，以幼虫为害蛀食苎麻幼嫩种子，使种荚大量脱落或有荚无籽，是苎麻留种的主要害虫。

1.生活史与田间消长情况

苎麻产地豆荚螟一年发生4～5代，也有一部分第四代幼虫，越冬蛹在第二年3月中旬或4月下旬孵化成成虫，最早出现的成虫主要在豌豆、箭筈豌豆和苕子等荚果上产卵，形成第一代幼虫为害，第二、第三代幼虫为害春播苎麻，第三、第四代幼虫为害夏播苎麻，尤以第三代幼虫为害最重，造成苎麻种子减产最大。

各虫态历期与温度关系密切，温度高则历期短，反之则长。

豆荚螟发生消长与环境条件关系十分密切，据各地观察结果，在高温干旱气候下虫口发生量大，为害就重，降水多虫口密度小，为害就轻。

2.防治方法

（1）作好豆荚螟的预测预报，抓住关键时期及时打药。

特别要在现蕾前用高效氯氟氰菊酯喷雾1～2次；结荚期在豆荚螟产卵孵化期，可用辛硫磷或溴氰菊酯进行喷雾，每隔7～10 d喷1次，连喷2～3次。

（2）采取多次灌水，促进土里化蛹的幼虫死亡。

7—8月降雨多，土壤水分充足，则入土化蛹的幼虫死亡率高，下一代发生量则相应下降。如果7—8月干旱少雨，适当进行灌水也可以减轻下一代豆荚螟的危害。

（3）保护和利用天敌。

已发现有生物防治作用的大腿蜂和杀螟杆菌等寄生在幼虫体内，可减少豆荚螟发生。

第五节　苜蓿

一、苜蓿叶斑病

发生在叶片上，严重时造成叶片大量脱落。病斑呈圆形，直径1.5～2 mm，病斑中央有褐色子囊盘，子囊盘在落叶上越冬，次春子囊内放出大量的孢子再继续为害。

二、苜蓿黄斑病

受害叶片及幼茎部分黄萎，病斑长椭圆形，橘黄色，严重时造成大量落叶。

三、露菌病

受病株叶片幼茎部黄萎，叶背的霜霉状物是传播病害的孢了囊，受害叶片黄后脱落。在气候温暖而湿度较大时易发病。在苜蓿幼苗期，特别是密度较大时发病多。病菌在越冬芽和落叶上越冬。

四、锈病

常发生在第一茬草后的再生草叶片上，呈锈色突起的孢子堆。有碍苜蓿再生草的生长发育，对二茬草品质影响很大。

五、黑茎病

受害植株茎上出现大量深黑色病斑，严重时可引起植株腐烂死亡。这种病在雨水较多的季节易发生，主要危害再生草。

六、菟丝子

是一种寄生植物，它的种子发芽出土后，蔓丝缠绕在苜蓿枝叶上进行寄生生活。黄色蔓丝蔓延很快，在短期内可传遍大片苜蓿。苜蓿被寄生后生长很慢，甚至枯死，危害很大。

防治苜蓿病害的方法有：

（1）早春返青前清除田间残枝，用火烧掉。在苜蓿生长期中如发现菟丝子，应立即拔掉病株或割掉茎叶，防止蔓延。

（2）清除田间杂草，减少传染来源。

（3）增施磷、钾肥，增强苜蓿长势。

（4）注意田间灌水和排水工作，清除菟丝子发生的环境条件。

（5）如留种圃发生菟丝子，要用波尔多液喷洒，严加控制，勿使在大田蔓延。

（6）选育抗菟丝子品种。

（7）清除苜蓿种子中的菟丝子种子。可利用菟丝种子表面粗糙的特点，将毛制袋斜放，使苜蓿种子从毛袋上溜过，菟丝子种子容易附在毛袋上，这样反复几次，可将绝大部分菟丝子种子清除，但不彻底，在苜蓿幼苗期还要多检查几次，发现有菟丝子寄生立即拔除，用火烧掉，防止蔓延。

七、蚜虫

蚜虫是苜蓿发生较普遍的虫害，多集中于苜蓿幼嫩部分为害。吸吮苜蓿的汁液，苜蓿受害后，嫩茎、叶卷缩。可用辛硫磷和灭虫多轮流喷洒，既可消灭蚜虫，还能预防出现抗药性。

八、盲椿象、浮尘子、蓟马

这几种虫在苜蓿生长期内大量发生，吸吮苜蓿汁液，受害叶片皱缩或成穿孔状，对苜蓿再生草的新芽和叶片危害很大。苜蓿盲椿象常使花、蕾凋萎干枯，引起大量落花掉蕾，使苜蓿结实率大大下降，损失可达50%～80%。防治办法是在苜蓿返青前将残枝收集起来烧掉，也可用溴氰菊酯或吡虫啉等喷雾。苜蓿最后一次刈割时，把草茬割低，以减少茬内虫卵在地里越冬数量。

九、蛴螬

苜蓿地较长期内不耕作，蛴螬较多，它蛀食苜蓿根部，影响苜蓿的正常生长和发育。可喷洒药物或撒布毒谷防治。

十、没食子蜂

没食子蜂蛀食苜蓿种子。当苜蓿结荚期，即产卵于幼嫩的种子内，幼虫蛀食种子，羽化后将种子咬一小孔再飞出去为害，一般为害率可达25%左右。防治方法：可将苜蓿种子没在水中，有虫的种子轻，漂浮在水面，取出用火烧掉，或将种子放在碾米机上碾磨刻伤，有虫的种子都被碾坏，越冬幼虫也全部被杀死，也可用熏蒸剂杀灭。

第六节 蚕豆

一、蚜虫

蚜虫主要为害蚕豆嫩梢，吸吮茎叶汁液，使茎秆扭曲，梢部凋萎，不能开花结荚。在南方栽种冬蚕豆，如播期过早，前期生长茂密，秋冬温暖干旱又灌溉不好的情况下，往往蚜虫发生为害严重。

蚜虫防治方法。应掌握播种适期和加强田间管理，南方播种不宜过早，北方不应太迟，如天气土壤干旱，在蚕豆苗期要适当灌水，保持土壤湿润，可以减轻为害程度。如害虫已大量发生，可用吡虫啉、高效氯氟氰菊酯或氯虫·噻虫嗪等，每隔7 d喷1次，连喷2～3次。

二、地老虎

属鳞翅目、夜蛾科地下害虫，以幼虫为害，常大量咬断幼茎基部，造成严重缺株。一般幼苗生长茂密，田间覆盖大的虫口密度也较大。旱地比水稻田虫害较重。

地老虎的防治。可用苗期短时间灌水，迫虫出洞人工捕捉。清晨巡视，见咬断的幼株，即在附近扒开土穴捕杀。还可傍晚在地面覆盖蓖麻叶、桐叶等，害虫出穴后常藏于叶下，第二天早晨揭开叶片捕杀。也可选择药物防治。

三、蚕豆象

属鞘翅目，幼虫成虫均长期为害蚕豆籽粒。

防治蚕豆象最主要的措施是：收种的蚕豆必须在较强的阳光下彻底晒干。化学防治方法同豆蚜。

四、枯萎病

枯萎病包括根腐、茎基腐和立枯等三种类型。在高温多雨的南方栽种冬蚕豆，以根腐与茎基腐最为严重。在过湿的稻田土壤上更易发病。最初是侧根全部腐烂变黑，随而蔓延到主根和茎基部，叶片也逐渐变黑色脱落，最后整株干枯死亡。立枯病则发生在过干燥或肥力较差的旱地上，生长衰弱的蚕豆也较易侵染。病状表现最初是叶色变浅绿，再变淡黄，随而叶尖及边缘焦枯。基部叶片自下而上出现卷曲凋萎而脱落，只剩下叶柄和叶的中脉，最后茎秆亦全部变黑枯干而死。

防治方法最重要的是加强田间管理工作。首先控制好土壤的干湿度，南方稻田栽培，则要注意适当灌溉，保持土壤一定湿润度，防止过于干燥。其次是适量施一些有机肥，既可增加土壤肥力，亦有利于病害的预防。此外，蚕豆田还应避免连作，实行3年以上的轮栽制度。在犁耙整地时施用适量石灰，以降低土壤酸度兼土壤消毒，倘已发现病株要及早拔除烧毁。在发病初期，可用多菌灵、双效灵、丙环唑，或噻菌灵+敌磺钠药液浇灌豆田。发病严重的田块，7～10 d后再浇灌1次。

五、赤斑病

赤斑病主要侵害蚕豆的叶片，其次是茎部，也能为害荚和花。冬播蚕豆于11—12月即可发现病害，在较低位的叶上，出现赤色小圆斑点。但入冬以后气温降低，病情发展缓慢，而到春暖后，特别是遇梅雨季节，发病逐渐明显，病斑随之扩大，中央部分渐变凹陷，而边缘微隆起呈赤褐色，雨湿的叶片，病斑融合，常长出灰色霉层，呈铁青色而腐烂。以后蔓延到叶柄、茎和花荚部。病情严重时，可全株霉腐变黑，枯死，并出现扁圆形黑色的菌核。受病的花则变黑褐色，干腐焦枯而脱落。病荚有赤色小斑，最后在荚壳上有坚硬粒状黑色突起的小菌核，紧紧固定在荚壳上。

赤斑病的发生、发展，与天气有密切的关系，雨量和大气湿度，是病情发展的直接因素。此外，温度亦有一定的影响。而缺钾、酸性、黏重和排水不良的土壤，也都是致病的诱因。

赤斑病以应农业防治为主，药剂防治为辅。发病初期可以选择使用多菌灵兑水喷雾防治，每间隔7～10 d使用一次，连续使用2～3次。

六、锈病

蚕豆锈病虽不如根腐和赤斑病危害严重，但发生比较普遍。

锈病主要为害蚕豆的叶片、叶柄，也可以蔓延到茎和荚。初期是先在叶的两面，出现淡黄色小斑点的夏孢子堆。逐渐变为黄褐色疱疹状突起，表皮破裂后，散出锈褐色粉末状夏孢子。如夏孢子堆数目不多，叶片仍可正常生长，如果发病严重，叶面满布夏孢子堆时，往往全叶被黄色锈末所覆盖，就会逐渐由低部位叶向高部位叶发展，并蔓延到叶柄和茎部。直接影响蚕豆正常的生长。而且后期叶片、叶柄和茎部的病斑，还会产生黑褐色的大型冬孢子堆，形成明显突起的肿斑，表皮破裂后，散出黑褐色粉末的冬孢子，严重的往往使蚕豆茎叶早枯。

锈病的防治。以防为主，首先应从栽培管理措施方面考虑。蚕豆锈病主要发病在夏孢子堆时期。而在14～24℃的气温，95%左右的相对湿度，特别是在春季梅雨，阳光不足，叶面上被一层水膜，田间湿度近于饱和的环境下，更利于夏孢子繁衍发病。所以，蚕豆田要注意通风透光，避免过于潮湿的田间小气候、过密的种植规格，尽可能选用早熟种，并尽早种植。

发病初期可以选择使用甲酸灵·锰锌或三唑酮这两种农药，交替使用，每间隔10 d使用1次，连续使用2～3次，效果显著。

附　录

附录一　绿肥作物学名名录

紫云英（*Astragalus sinicus* L.），豆科（Leguminosae）黄芪属（*Astragalus*），二年生草本植物，又称翘摇、红花草、草子。紫云英原产地为中国，紫云英是一种重要的绿肥作物，含有丰富的氮、磷、钾元素，其固氮能力强，利用效率高。

蓝花苕子，豆科（Leguminosae）巢菜属（*Vicia*）的一个种，越年生或多年生草本植物。中文学名广布野豌豆，又称蓝花草（湖南）、草藤（湖北）、肥田草（广西）、苕子、大苕（四川）、苕豆（江西），原产中国，越年生种主要分布在南方各省，尤以四川、云南、湖北、贵州等省较为普遍，栽培历史悠久。为水土保持绿肥作物。

肥田萝卜，十字花科（Brassicaceae）萝卜属（*Raphanus*），一年生或越年生草本植物。又名满园花、茹菜、大菜、萝卜青等。主要以冬绿肥栽培于长江以南的湖南、江西、广西、广东、福建、湖北和浙江西部地区。是一种十字花科越年生的菜、肥、饲兼用绿肥，在我国有着悠久的栽培历史。

白三叶，豆科（Leguminosae）车轴草属（*Trifolium*），多年生草本植物，又称白车轴草、荷兰翘摇、三叶草，含多种营养物质和矿物质元素，具有很高的饲用、绿化、遗传育种和药用价值，可作为绿肥、堤岸防护草种、草坪装饰，以及蜜源和药材等用途。

绛三叶（*Trifolium incarnatum* L.），豆科车轴草属，一年生草本植物，又称绛车轴草、地中海三叶草，是一种适应性强的优良牧草，绛车轴草含氮量高、腐烂分解快，可用作稻田绿肥。

金花菜，豆科（Leguminosae），是一年生或越年生草本植物，又名黄花苜蓿、刺苜蓿、草头。金花菜原产于地中海地区和印度。我国浙江、江苏、安徽、湖北、四川、上海、江西等地有野生也有栽培，用作水稻、棉花复种或间/套种和果、桑园间作绿肥。

蚕豆（*Vicia faba* L.），豆科（Leguminosae）野豌豆属（*Vicia*），一年生豆科草本植物。又名胡豆，还有南豆、佛豆、寒豆、罗汉豆、马豆等别名。蚕豆是世界上第三大重要的冬季食用豆作物，营养价值较高，其蛋白质含量为25%～35%。此外，作为固氮作物，蚕豆可以将自然界中分子态氮转化为氮素化合物，增加土壤氮素含量。是粮食、蔬菜和饲料、绿肥兼用作物。

豌豆（*Pisum sativum* L.），豆科（Leguminosae），一年生草本植物。又称青豆、麦豌豆、寒豆、雪豆、毕豆、回鹘豆等。原产于数千年前的亚洲西部、地中海地区，是世界重要的栽培作物之一。茎叶能清凉解暑，可作绿肥、饲料或燃料。

山黧豆，豆科（Leguminosae），一年生或越年生草本植物。又名香豌豆。是一种粮食、饲草和绿肥兼用作物。其中作绿肥栽培的有2种：普通山黧豆、扁荚山黧豆。多数分布在北半球温带地区，见于中国的野生种约有30种。多数为多年生，主要分布在东北、内蒙古、华北和西北等地。

绿豆（*Vigna radiata*），豆科（Leguminosae），一年生直立草本。又称青小豆、植豆等，绿豆的品种很多，我国南北各地均有栽培，仅河南省农家品种即达150多个。全株是很好的夏季绿肥。

秣食豆，豆科（Leguminosae），一年生草本栽培植物，又名马料豆、饲料豆、泥豆。原产于中国，主要用作饲料和绿肥。

豇豆［*Vigna unguiculata*（L.）Walp.］，豆科（Leguminosae），又称角豆、带豆、挂豆角。一年生缠绕、草质藤本或近直立草本植物。可以抑制杂草、提供氮源、改良土壤、保持水土，用作饲草。

乌豇豆，豆科（Leguminosae），一年生草本植物，又称眉豆、黑饭豆、黑豇豆，原产地在亚洲南部，后引进中国长江以南各省，现已扩种至江淮一带。是一种粮食、绿肥、饲草兼用作物。

印度豇豆，豆科（Leguminosae），别名菜豆、长豆、豆角、菜豆仔、裙带豆、红公豆，本品种原产地亚洲热带地区。其根部常有根瘤菌共生，可固定大气中的氮素，因此可作农田绿肥。

白花灰叶豆，豆科（Leguminosae），灌木状草本，又称灰叶豆、短萼灰叶豆、灰毛豆、印度豆等。原产于亚洲热带地区。20世纪30年代初，引入中国广州试种。优良的绿肥植物，改良土壤效果好。20世纪60年代，广东省主要作为幼龄橡胶园、柑橘园的绿肥覆盖作物。

大青叶，豆科（Leguminosae）猪屎豆属（*Crotalaria*），又称大猪屎青、凸尖野百合、野靛叶。直立灌木状草本植物。马来西亚、印度、缅甸、泰国、越南、中国及菲律宾均有分布。对土壤选择不严，是红壤改良的先锋绿肥植物。

香豆子，豆科（Leguminosae），又称胡芦巴、香草、香豆、芸香。一年生草本，鲜草含氮量在0.6%左右，绿肥作物，翻压土中对后熟作物有明显增产效果。

木豆，豆科（Leguminosae）木豆属（*Cajanus*），又名树黄豆、柳豆、鸽豆或豆蓉，直立小灌木。普通为一年生，在南方也可以越年生和多年生。叶可作家畜饲料、绿肥。

胡枝子，豆科（Leguminosae），又名扫皮、随军茶。多为直立灌木或半灌木型。胡枝子原产于中国，分布于黑龙江、吉林、辽宁、河北、内蒙古、山西、陕西、甘肃、山东、江苏、安徽、浙江、福建、台湾、河南、湖南、广东、广西等地区。可作绿肥及饲料。

葛藤，豆科（Leguminosae）葛属（*Pueraria*），缠绕藤本，植物共约15种，我国

约有7种。分布于广西、广东、福建、台湾和海南，国外越南也有。热带牧草，茎叶富含蛋白质，营养丰富，可作绿肥，也可供放牧利用、刈割青饲。

红豆草，豆科（Leguminosae），多年生草本植物，又称普通红豆草、驴食豆、驴食草、驴喜豆、牧草皇后、圣车轴草。红豆草是优良的牧草，根上有根瘤，固氮能力强，能改善土壤性质，增加土壤养分，是优良的绿肥植物。

鼠茅草，禾本科（Gramineae）鼠茅属（*Vulpia*），一年生草本植物，分布于山东、安徽、河南、山西、陕西等地区，是一种改善土壤生态环境的绿肥作物。鼠茅草地上部呈丛生的线状针叶生长，自然倒伏匍匐生长，长期覆盖地面，既可防止土壤水分蒸发，又能避免地面被太阳暴晒，增强果树的抗旱能力。

百脉根，豆科（Leguminosae）百脉根属（*Lotus*），多年生草本，别名：牛角花、五叶草、都草、黄金花、鸟距草。百脉根自然分布广泛，主要分布于欧亚大陆温暖湿润地带。具根瘤菌，有改良土壤的功能，百脉根也是一种绿肥植物。

繁缕，石竹科（Caryophyllaceae），一年生或二年生草本，别名：鸡儿肠、鸡肠草、鹅儿肠、鹅耳伸筋、鹅肠菜。全国广布，茎、叶及种子供药用，嫩苗可食，也可作为绿肥。

荠荠菜，十字花科（Brassicaceae），一年或二年生草本，别名：地米菜、地菜、护生草、沙荠、粽子菜、荠、枕头草、荠菜、菱角菜，全国均有分布。江苏、安徽及上海郊区均有栽培。生长于田野、路边及庭院。其营养价值很高，也具有很高的药用价值。

早熟禾，禾本科（Gramineae），一年生或冬性禾草，别名：小鸡草，早熟禾其茎叶柔软，有一定的营养价值，是优良饲料，常用于饲养牲畜。具有良好的均匀性密度和平滑度，适用于建造各类草坪。

艾菊叶法色草，田基麻科（Hydrophyllaceae）法色草属（*Phacelia*），一年生草本植物，起源于南美洲和北美洲，主要分布在北美西部的森林、灌木丛和干燥的空旷地区。艾菊叶法色草是一种多功能的绿肥，适应区域广泛，耐寒耐旱，生长迅速。在黏土、沙土、泥炭土甚至石质土壤均能生长良好，可疏松致密土壤，加固轻质土壤，降低土壤酸度。

鸭茅，禾本科（Gramineae），多年生草本植物。鸭茅春季发芽早，生长繁茂，至晚秋尚青绿，含丰富的脂肪、蛋白质，是一种优良的牧草，但适于抽穗前收割，花后质量降低。

多变小冠花，豆科（Leguminosae）小冠花属（*Coronilla*），多年生草本，又称小冠花、绣球小冠花。它匍匐地丛生，枝叶茂密，抗逆性强，是较好的覆盖绿肥，也是反刍动物有价值的高蛋白饲草。

肿柄菊，菊科（Compositae）肿柄菊属（*Tithonia*），又名臭菊、太阳花和假向日葵等。为菊科肿柄菊属一年生或多年生灌木状草本植物，原产于墨西哥，我国福建、广东、云南等省也有分布。肿柄菊根际能产生有机酸和磷酸酶释放到土壤中，使磷的有效性增加，绿肥翻压入土壤中后很快被分解。

黄花耳草，茜草科（Rubiaceae）耳草属（*Hedyotis*），又名败酱耳草，为一年生或越年生草本植物。产于广东、云南、贵州等省，生于空旷草地上。

油菜，它不是一个种，而是十字花科（Brassicaceae）芸薹属植物（*Brassica*）中的若干种。一年或二年生草本，通常区分为三大类型：白菜型油菜、芥菜型油菜、甘蓝型油菜。种植油菜可以增加土壤的有效氮与有机质含量，其原因可能是种植植物后，其枯枝落叶、残留根系、根系分泌物、代谢过程，均有利于土壤有机物质的增长。

黑麦草，禾本科（Gramineae）黑麦草属（*Lolium*），为多年生和越年生或一年生禾本科牧草及混播绿肥。广泛分布于克什米尔地区、巴基斯坦、欧洲、亚洲暖温带、非洲北部。是各地普遍引种栽培的优良牧草。

大米草，禾本科（Gramineae）米草属（*Spartina*），为多年生直立草本植物。原产于欧洲，中国正在沿海扩大引种栽培。该种是优良的海滨先锋植物，耐淹、耐盐、耐淤，在海滩上形成稠密的群落，有较好的促淤、消浪、保滩、护堤等作用。秆叶可饲养牲畜，用作绿肥、燃料或造纸原料等。

马桑，马桑科（Coriariaceae）马桑属（*Coriaria*），俗名阿斯木、胡麻叶、蛤蟆柴、千年红、马鞍子，为马桑科马桑属植物，系多年生落叶丛生灌木。分布于中国云南、贵州、四川、湖北、陕西、甘肃、西藏，印度及尼泊尔地区也有分布。马桑叶可作为柞蚕的食物。

荆条，马鞭草科（Verbenaceae）牡荆属（*Vitex*）植物，俗名荆棵、黄荆条，落叶灌木或小乔木。荆条适应性强，分布广泛，资源丰富，是绿化荒山、保持水土的优良乡土灌木。

二月蓝，十字花科（Brassicaceae）诸葛菜属（*Orychophragmus*），又名诸葛菜、紫金菜、菜籽花等。一年生或二年生草本，分布于中国东北、华北及华东地区，朝鲜亦有分布，生长在平原、山地、路旁或地边。用于铅、铝污染地区的美化，还可应用于自然式带状花坛、花境的背景材料，岩石园的耐瘠薄植物。

山野豌豆，豆科（Leguminosae）野豌豆属（*Vicia*），又名宿根巢菜，别名野豌豆、芦豆苗，俗称楞豆秧。多年生草本植物。产于东北、华北、陕西、甘肃、宁夏等地，山野豌豆为优良牧草，牧畜喜食，且繁殖迅速，再生能力强，是防风固沙水土保持的绿肥作物之一。

苦豆子，豆科（Leguminosae）槐属（*Sophora*），多为灌木状，多年生宿根性植物。多生于干旱沙漠和草原边缘地带，苦豆子耐旱耐碱性强，生长快，在黄河两岸常栽培以固定土沙。

飞机草，菊科（Compositae）泽兰属（*Eupatorium*），别名泽兰，又称山兰，直立性草本，近似小灌木。原产于美洲，第二次世界大战期间曾引入中国海南。

白花鬼香菊，菊科（Compositae），一年生草本，又称咸虾花、白花草、白毛苦、白花臭草。一种原产于非洲境内的特色植物品种，后引入中国，全株可以入药，可清热解毒以及消炎止血，是一些地域花坛以及植物景区中的重要景观植物，也是城市路边常见的绿化植物。

骆驼蓬，白刺科（Nitraiaceae）骆驼蓬属（*Peganum*），俗名臭蒿子、黑老鸦爪、臭蓬，多年生草本。骆驼蓬生长在荒漠地带干旱草地、绿洲边缘轻盐渍化沙地、壤质低山坡或河谷沙丘。骆驼蓬是干旱、半干旱、荒漠及半荒漠地区家畜冬季的饲料之一。

满江红，槐叶蘋科（Salviniaceae）满江红属（*Azolla*），又名红萍、常绿满江红、多果满江红，是多年水生草本植物。分布于华东、中南、西南及河北等地，生长于池沼、水沟或水田中。可用作稻田肥料和畜禽饲料，也可药用。

水葫芦，雨久花科（Pontederiaceae）凤眼莲属（*Eichhornia*），又名凤眼莲、水荷花、水绣花、野荷花、洋水仙等。是一种多年生水生草本植物，原产南美洲。凤眼莲是监测环境污染的良好植物，它可监测水中是否有砷存在，还可净化水中汞、镉、铅等有害物质。凤眼莲对净化含有机物较多的工业废水或生活污水的水体效果非常理想。

水浮莲，天南星科（Araceae）大薸属（*Pistia*），别名大薸、大萍叶、水荷莲，是一种多年生浮生草本植物。全球热带及亚热带地区广布。大薸全株可作猪饲料。

水花生，苋科（Amaranthaceae）莲子草属（*Alternanthera*），又名喜旱莲子草、革命草、花生草、水苋菜、东洋草等。多年生宿根性草本植物。原产地巴西。生在池沼、水沟内，可作饲料。

固氮蓝藻，是蓝藻门、蓝藻纲下分布在21个属中的一群低等藻类植物。是一类进化历史悠久、革兰氏染色阴性、无鞭毛，含叶绿素，能进行产氧性光合作用的大型单细胞原核生物。将固氮能力较强的蓝藻放养在水稻田中，可以增加土壤中的含氮量，为水稻提供更多的氮素营养，是我国南方的一种很好的水田绿肥。

柱花草，属于豆科（Leguminosae）笔花豆属（*Stylosanthes*），别名巴西苜蓿、热带苜蓿，多年生草本植物。原产于拉丁美洲，因其产量高、草质好、易于种植等特点，成为热带和亚热带地区广泛种植的优良牧草。

田菁，豆科（Leguminosae）田菁属（*Sesbania*），一年生或多年生，多为草本、灌木，少有小乔木。又名普通田菁、青茎田菁、碱菁、涝豆。中国长江流域和华北地区种植面积较大，南部各地区都有栽培。是典型的传统夏季绿肥和改良盐碱地的先锋绿肥作物，茎叶还可作饲料。

猪屎豆，豆科（Leguminosae）猪屎豆属（*Crotalaria*），俗名黄叶百合，多年生草本或呈灌木状。生长在海拔100～1 000 m的荒山草地及砂质土壤之中。在道路绿化、花坛造景、草坪边坡等园林绿化上具有一定的价值。

山毛豆，豆科（Leguminosae）灰毛豆属（*Tephrosia*），别名白灰毛豆。多年生小灌木。耐寒、耐瘠、耐热、耐酸性强，能适应在高温干燥的红壤山坡丘陵旱地，或荒山荒地及公路边、基围边等阳光充足开阔的地方生长，不耐阴，不适宜低温环境。在道路绿化、花坛造景、草坪边坡等园林绿化上具有一定的价值。

多花木蓝，豆科（Leguminosae）木蓝属（*Indigofera*），别名野蓝枝、马黄消。直立灌木，生长于海拔600～1 600 m的山坡草地、沟边、路旁灌丛中及林缘。多花木蓝除具有改良土壤、增加土壤肥力的作用外，也是水土保持植物。可作牛、羊、兔的优质青饲料，还可作为薪柴利用。

圆叶决明，豆科（Leguminosae）决明属（*Senna*），一年生或多年生草本植物。

原产于美洲的巴拉圭、墨西哥、巴西、阿根廷等国，在福建、广西、广东等南方地区推广种植。耐瘠、耐旱、耐酸、抗铝毒，对土壤要求不严，适宜热带、亚热带红壤区种植，可作为新开红壤地的先锋作物。

崖州硬皮豆，豆科（Leguminosae）两型豆属（*Amphicarpaea*），一年生草本植物，其主要分布于海南省西南部沿海一带的低丘坡地、滨海台地和滨海阶地，是海南特有的农家品种，适合在幼龄胶园等种植园覆盖种植，或作为改造瘠薄荒山和石质山地造林绿化的先锋植物。

蝴蝶豆，豆科（Leguminosae）蝶豆属（*Clitoria*），亦称巨瓣豆、尖叶藤。多年生缠绕性草本。根系发达，茎蔓生，分枝多，枝条逆时针方向卷曲缠绕。中国海南、台湾、广东、广西、云南、福建等地有栽种。喜高温、湿润，不耐低温霜冻，耐阴，多作橡胶园、油棕园的覆盖作物，覆盖层厚30～50 cm，冬不落叶。茎叶刈割作青饲料或制干草，或翻压作绿肥。

铺地木蓝，豆科（Leguminosae）木蓝属（*Indigofera*），又名穗序木蓝、十一叶木蓝。一至多年生草本，原产于印度、斯里兰卡、越南、泰国以及热带非洲西部。繁殖方式主要有播种、分株。花期9月，果期11月至翌年1月。生长适温20～30 ℃，不择土壤，喜湿润、耐旱。适作地被植物、庭院美化、大型盆栽、绿肥等。

木蓝，豆科（Leguminosae）木蓝属（*Indigofera*），俗名靛、蓝靛、槐蓝等，直立亚灌木，野生于山坡草丛中，南部各省时有栽培。分布于华东及湖北、湖南、广东、广西、四川、贵州、云南等地。

波斯菊，菊科（Asteraceae）秋英属（*Cosmos*），又名格桑花、秋英、扫地梅，波斯菊的学名有美好、和谐之意。一年生或多年生草本，原产墨西哥，原为秋花的短日照植物。适合作花境背景材料，也可植于篱边、山石、崖坡、树坛或宅旁。

硫华菊，菊科（Asteraceae）秋英属（*Cosmos*），别名黄秋英、黄花波斯菊、硫黄菊、硫磺菊、黄芙蓉等。为一年生草本，黄秋英原产墨西哥和巴西。常见栽培于中国各地的庭院中。

柽麻，豆科（Leguminosae）猪屎豆属（*Crotalaria*），又名菽麻、太阳麻、印度麻、自消容。直立，一年生草本植物。中国福建、台湾、广东、广西、四川、云南有分布，江苏、山东有栽培。生长在海拔50～2 000 m的生荒地路旁及山坡疏林中。因含有丰富的氮、磷、钾，有改良土壤之效，是优良的夏季绿肥作物。

苦罗豆，豆科（Leguminosae），草本或亚灌木，别名：光萼猪屎豆、光萼野百合、南美猪屎豆。含有丰富的氮、磷、钾，是很好的绿肥植物，我国南方常作为橡胶园的覆盖植物。

羽扇豆，豆科（Leguminosae），又名鲁冰花，一年生草本或多年生小灌木，喜光和温暖湿润气候，具有氮同化功能，能大量固氮，根系吸收性能极强，多作牧草和绿肥。植株覆盖地面，可防止冲刷。分布地中海地区的意大利、西班牙等国有一年生的野生型。苏联、荷兰、比利时、美国等地栽培较多。

巨瓣豆，豆科（Leguminosae）巨瓣豆属（*Centrosema*），多年生草质藤本。巨瓣豆原产于热带南美洲，分布于东南亚各国。中国广东、海南、台湾、江苏、云南有引种栽培。巨瓣豆喜温热湿润的气候条件。为优良绿肥和覆盖植物，茎叶可作饲料。

矮刀豆，豆科（Leguminosae）刀豆属（*Canavalia*），一年生夏季绿肥作物。可作饲料、肥料兼用。具有耐旱、耐贫瘠、适应性广、病虫害少、抗逆性较强的特点。

宜春泥豆（泥豆），秋大豆的一种类型。种皮多褐色，种子吸水快，植株矮小，一般30~50 cm，分枝多，生育期120 d左右。中国主要分布在浙江、安徽、江西三省南部及福建省北部。南方稻区主要用于作绿肥、饲料和豆酱、豆豉等。

黑饭豆，蝶形花科菜豆属（*Phaseolus*），又名黑小豆、黑芸豆、乌饭豆、乌青豆。民间多称黑小豆和马科豆，因它色黑形小故称黑小豆。黑小豆原产于美洲的墨西哥和阿根廷，我国在16世纪末才开始引种栽培。

合萌，豆科（Leguminosae）合萌属（*Aeschynomene*），俗名镰刀草、田皂角，一年生亚灌木状草本。分布于中国华北、华东、中南、西南等地。喜温暖气候，常野生于低山区的湿润地、水田边或溪河边。对土壤要求不严，可利用潮湿荒地、塘边或溪河边的湿润处栽培。该种为优良的绿肥植物。在南方，可套种在稻田作为当季水稻追肥或下季作物的基肥。

蓝花豆，豆科（Leguminosae）蝶豆属（*Clitoria*），俗名蝶豆、蝴蝶花豆、蓝蝴蝶，攀缘草质藤本。原产于印度，世界各热带地区极常栽培。中国广东、海南、广西、云南（西双版纳）、台湾、浙江和福建等地均有引种栽培。全株可作绿肥。

海南毛蔓豆（又名毛蔓豆），豆科（Leguminosae）毛蔓豆属（*Calopogonium*），缠绕或平卧草本。原产于南美洲热带地区，中国海南、广东、广西、福建南部及云南等地有引种栽培。较广泛地分布于湿润的热带国家。毛蔓豆用作饲草，为牧牛所喜食。毛蔓豆早期生长快而旺盛，覆盖层厚，间植容易，易于结出根瘤，抑制杂草的能力强，常用作橡胶、柑橘、可可等树园及保护荒原隙地的覆盖作物。

四棱豆，豆科（Leguminosae）四棱豆属（*Psophocarpus*），一年生或多年生攀缘草本植物。分布于中国云南、广西、广东、海南和台湾。原产地可能是亚洲热带地区，现亚洲南部、大洋洲、非洲等地均有栽培。四棱豆嫩荚和嫩叶作为蔬菜食用，种子和地下块根可作粮食，茎叶是优良的饲料和绿肥。

金光菊，菊科（Asteraceae）金光菊属（*Rudbeckia*），俗名黑眼菊，多年生草本植物。原产北美，性喜通风良好、阳光充足的环境，对土壤要求不严，但忌水湿。金光菊株型较大，盛花期花朵繁多，且落叶期短、开花观赏期长，花期长达半年之久，因而适合公园、机关、学校、庭院等场所布置，亦可做花坛、花境材料，也是切花、瓶插之精品。此外也可布置草坪边缘成自然式栽植。

小葵子，菊科（Asteraceae）小葵子属（*Guizotia*），一年生草本植物。小葵子起源于埃塞俄比亚，19—20世纪先后引入德国、瑞士、法国、捷克斯洛伐克、俄罗斯、加拿大和中国。小葵子属喜温暖气候的短日照作物，适宜亚热带环境，对土壤要求不严。小葵子作绿肥，养分齐全、肥效持久。鲜草含氮0.34%、磷0.17%、钾0.78%，翻耕入土3 d后开始腐烂释放速效养分供后茬作物吸收，节约化肥投入53%，增产粮食20%。

附录二　绿肥作物田间试验记载项目及标准

1　基本情况记载

1.1　供试绿肥种类、品种和来源。

1.2　试验田概况

1.2.1　土壤：名称、质地、酸碱度、排水性、地下水位、肥力等级。必要时分析：有机质、全氮、全磷、速效磷、速效钾等含量。

1.2.2　耕作：前作种类、产量；前作收后土地耕翻整理的日期、方法、质量。

1.2.3　播前准备：畦长、畦宽，排水设施及其规格，土壤墒情，种子处理情况，接种根瘤菌与否及其方法。

1.3　栽培管理经过

1.3.1　播种：播种日期、播种量、播种方法。

1.3.2　施肥：基、追肥的种类和施用期、用量和用法。

1.3.3　灌排：灌水次数、日期和水层深浅，排水作业经过及受渍受涝情况。

1.3.4　中耕除草：次数和日期。

1.3.5　间苗去杂：次数和日期。

1.3.6　病虫：种类、发生时期、受害状况、防治方法及效果。

1.3.7　自然灾害情况和损失。

2　物候期记载

2.1　出苗期：以子叶或真叶（如苕子）出土展开为标准。试验区内出苗数达总苗数的10%左右为出苗始期，达50%左右为出苗期，达75%左右为齐苗期。

2.2　分枝期：以主茎分枝节上的芽有一片真叶展开为标准。有10%植株出现分枝为分枝初期，有50%为分枝期。

2.3　返青期：开春后有75%植株产生新枝、新叶的时期。

2.4　伸长期：有50%以上植株的茎枝开始伸长，并出现明显节间的时期。

2.5　现蕾期：以肉眼能见花蕾为准。有10%茎枝现蕾为现蕾初期，有50%茎枝现蕾为现蕾期。

2.6　开花期：有25%茎枝开始开花为初花期，有75%开花为盛花期，有75%茎枝停止开花为终花期。

2.7　结荚期：有10%茎枝开始有荚为初荚期，50%茎枝结荚为结荚期。

2.8　成熟期：有75%以上荚果变为该品种固有成熟时颜色的日期。

3 生育动态考查

3.1 出苗数：齐苗后，条播或点播的在一小区内查2～3个样段，每段长50～100 cm，撒播的查2～3点，每点1～2 m²，重复2次，计算每亩出苗数。

3.2 出苗率：计算出苗率前应先测定种子纯度、千粒重、发芽率等，计算每亩种子实际出苗数为理论出苗数的百分率。

3.3 缺株：对缺苗的小区，在检查出苗数的同时，并用分级法记载缺苗的严重性及其所占面积。

    Ⅰ级：实有苗数相当于理论苗数的50%～70%。

    Ⅱ级：实有苗数相当于理论苗数的30%～50%。

    Ⅲ级：实有苗数相当于理论苗数的10%～30%。

    Ⅳ级：实有苗数低于理论苗数的10%。

    Ⅴ级：全部缺苗。

3.4 单株分枝数：分枝数包括主茎在内，匍匐性冬绿肥在离地面10 cm内，计算其分枝数；直立型品种数其主茎上的分枝数。冬绿肥在越冬前、返青期、现蕾期、盛花期（或收草期）和收种期各调查1次。夏绿肥在分枝期、现蕾期、盛花期（或收草期）和收种期各调查1次，每次取20～30株。前期的调查也可以在田间固定小样内计数实苗数时，数其总分枝数，再以实苗数除之。必要时可分别调查单株的1～3次分枝数。

3.5 越冬率：于越冬前后，在田间固定的小样区、段内数计。

3.6 株高增长情况：测量从地下分枝节或地面至最高叶片尖端或花序顶端的距离。冬绿肥分为越冬前、返青期、现蕾期、盛花期（或收草期）和收种期各调查1次。夏绿肥分为分枝期、现蕾期、盛花期（或收草期）和收种期各调查1次。每次取样20～30株。

3.7 株重增长情况：一般仅测地上部，每次取样20～30株，测定鲜重和干重（经70 ℃左右烘干至恒重）。冬绿肥分为越冬前、返青期、收草期各调查1次。

4 经济性状考查

4.1 鲜草利用期

4.1.1 收草日期：按照绿肥产量最高时及当地多数茬口的利用期来确定实际收草日期。

4.1.2 鲜草产量，应全区收割计产。若大区对比，测产面积为亩，重复2次。

4.1.3 收草时取样20～30株，考查株高、分枝数、株重等，方法同上。

4.1.4 实苗数：在原先定的小样区内，挖出苗后检查实际生存的株数或在收割时取样检查。

4.1.5 茎粗：在每个分枝最粗处测量之，每小区测20个茎枝。

4.1.6 茎、叶比例：叶片包括嫩荚、卷须，茎秆包括花梗、叶梗、枝茎，分别烘干称重，计算出茎、叶的重量比例。

4.1.7 干草率：取定量鲜样，经烘干后称至恒重，求其干重为鲜重的百分率。

4.1.8 植株养分测定：以干样测定，必要时可换算成鲜样含量。作肥料用测定其氮、磷、钾等含量，作饲料用测定各种营养成分含量。

4.1.9 根重：收草后测定土壤耕作层根系的鲜重与干重，每小区取样2个点，每点1 m²。

4.1.10 主要根群分布深度，收草后从土壤剖面上观察记载主要根群在土层中分布的深度和密集程度。

4.1.11 根瘤情况：一般在现蕾期考查（取样方法要细致，以能把全部根瘤取出为准），每小区取样20～30株。观察记载根瘤数、根瘤重、着生部位、有效瘤数、形状、色泽等。

4.1.12 茎秆木质化程度：分4级：Ⅰ.茎梗柔嫩。Ⅱ.基部开始木质化。Ⅲ.下部木质化。Ⅳ.茎秆大部木质化。

4.1.13 再生力：在头次刈割后10 d和再次割草时，观察记载再生情况，如再生株数、单株分枝数、株高、株重等。

4.2 种子收获期

4.2.1 收获日期：指实际收种的日期。

4.2.2 每亩有效株数：在收割后每小区挖出根茬，数计株数，样区大小、数量与查出苗数同，再换算成每亩株数。

4.2.3 收种时每品种或每处理各取10～30株，考查株高、分枝数、有效分枝数。再从其中取20～30个分枝查：始荚高度、终荚高度、每枝花序数、每枝结荚花序数、每枝荚数、粒数、重，每序结荚数，每荚粒数（取100个荚计数，重复2次），千粒重（重复2次，2次重量差不超过3%）等。

4.2.4 裂荚性：在成熟期测定，分为低（成熟不裂荚）、中（成熟时在晴天中午拨动植株有部分裂荚）、高（成熟时大部分自然裂荚）3级。

4.2.5 理论产量：根据理论产量与实际产量的差距，进一步验证每亩有效株数和考种数据等与实际情况的差距。

4.2.6 种子产量：每小区全部收割脱粒、晒干扬净、计产。金花菜、草木樨等分带壳和不带壳2种产量。若大区对比，测产单位为亩，重复2次。

5 特性考查

5.1 抗寒性：在返青前目测其受害程度，分5级记载。

  Ⅰ级：叶尖及部分小叶枯黄；

  Ⅱ级：有较多叶片枯黄；

  Ⅲ级：部分分枝枯黄；

  Ⅳ级：地上部大部分枯黄；

  Ⅴ级：大部分植株冻死。

5.2 耐旱性：在天气连续干旱情况下，根据植株长势，叶片深绿、凋萎和茎枝死亡等情况，目测受害程度。分为强（生长正常）、次（部分叶片变深绿并有凋萎现象）、差（生长停滞部分茎枝枯萎）、弱（部分植株死亡）4级记载。

5.3　耐湿性：在受涝渍时调查，根据叶片发黄枯萎和植株死亡等情况，分为强（生长正常）、次（下部叶片发黄，发生枯萎）、差（叶片发黄枯萎较普遍，部分分枝枯萎）、弱（根系腐烂，枝叶较多枯萎）4级记载。

5.4　耐阴性：观察在间、套种情况下耐阴的能力。分为强（生长正常）、次（生长缓慢，茎叶黄瘦）、差（生长停滞，植株矮小）、弱（植株有死亡现象），对荫蔽度需用照度计测定透光率。

5.5　对土壤的要求：观察其对土壤盐分、酸碱度、质地等最适宜的范围和能忍受的范围，以及对土壤肥瘠和缺素的反应等。

5.6　抗病虫害能力：除记载病虫害名称和发生日期外，目测比较不同品种间的危害程度，分为强、次、中、差、弱5级记载。

附录三　广东省绿肥新品种评定标准、评定多点品比试验规范

一、广东省绿肥新品种评定标准

申请评定的绿肥品种符合《广东省农业农村厅农作物品种审定与评定办法》相关规定，产量与同类绿肥对照品种相当，鲜植物体（鲜草）内含有氮（N）、磷（P_2O_5）、钾（K_2O）成分且符合下列条件之一的可以通过评定：

1. 耐热性较强，在广东省夏季种植可以正常生长。

2. 耐寒性较强，在广东省冬季种植可以正常生长。

3. 耐阴性较好，在广东省果园、茶园、林地种植可以正常生长。

4. 有单个特殊功能性状可利用。

（广东省农作物品种审定委员会办公室于2022年9月1日发布）

二、广东省绿肥作物品种评定多点品比试验规范

1. 试验周期：不少于2个生产周期。

2. 试验点设置：跨地市域3个点以上。试验点要有区域代表性，选择地势平坦、地力均匀、避免污染、前茬作物一致、排灌方便、无畜禽干扰的田块。

3. 小区设计：绿肥品种采用随机区组排列，3次重复，小区面积不少于15 m^2；要绘制种植图。

4. 试验操作：试验地田间操作质量应当均匀一致。同一重复的同项工作应当在一

天之内完成。

5.试验的调查和记载：参试品种地点、播种期、出苗期、初花期、盛花期、成熟期、播种至利用期天数、全生育期。

6.标准图片：拍摄代表品种特征的单株、群体图片，要有对照品种作比较。

7.品质检测：鲜植物体（利用期）养分含量测试报告。

8.试验总结报告：包括参试品种、试验时间、试验地点、气候条件、土壤条件、栽培方式、亩产量、抗病性、抗逆性、生育期等内容。品种评述重点详述参试品种与对照品种相比较的优缺点。

（广东省农作物品种审定委员会办公室于2023年3月28日发布）

附录四　南方绿肥谚语

广东地区在隋唐时期就已经开始有绿肥利用。由于南方气温高，雨水多，各类植物生长茂盛，给利用绿肥带来了便利，其绿肥利用经验也很丰富。长期以来，南方的农民用精炼生动的语言，凭借易说、易懂、易记，创造和总结出了绿肥栽培、利用等农业谚语。这些农谚来源于农民群众的生产实践，反映着当时的生产力和生产关系，经过世代相传，反复验证，今天能保留下来的多属农民认为见效的东西，并具有科学价值，它闪耀着劳动人民智慧的光芒。

"绿肥是个宝，瘦田变肥田，死土变活土，产量年年高。"
"种田种到老，不忘红花草。"
"要想水稻长得好，年年都要种红花草。"
"栽禾无别巧，只要红花草。"
"粪草粪草，庄稼之宝。"
"冬草肥田，春草肥禾。"

说明绿肥紫云英在我国水稻产区的重要作用。紫云英原产我国，栽培历史悠久。南方的农民俗称紫云英为红花草、花草、红花紫。广东的连县、连南、乐昌、阳山、乳源等县有种植紫云英或萝卜青的习惯，连县种植紫云英有200多年的历史。

"一年红花紫，三年地脚好。"
"绿肥压三年，薄田变肥田"

连年种植翻压施用绿肥，能使土壤有机质增加。

"农家三件宝：猪粪、牛粪、红花草。"

"花草窖河泥，稻谷胀破皮。"

"要使田稻好，塘泥加花草。"

"草无泥不烂，泥无草不肥。"

说明农村有机肥料主要是猪粪、牛粪、塘泥、绿肥，其中绿肥紫云英种植面积大，鲜草产量高，对培肥地力、提高水稻产量有着重要作用。

"花草花蜜好，田肥谷粒饱。"

"花草是个宝，蜜甜稻米香。"

绿肥紫云英除作为绿肥外，又是很好的蜜源植物，紫云英蜂蜜质量好。

"花草薄薄摊，豆饼抵一担。"

"铺灰一年好，铺草三年肥。"

指绿肥异田踩青利用的效果。紫云英鲜草踩青，有胜似施饼肥的效果。

"种子掺一掺（三花混播），产量翻一番。"

"地上三层楼，地下三盘银。"

指南方等省的红壤低产田，素有以紫云英为主适当混播一些肥田萝卜、油菜、辣芥菜等混播的做法。这样既能提高绿肥鲜草产量，又能使绿肥养分平衡，协调养分供应。

"头年瞎，二年差，三年发。"

绿肥紫云英新区播种的成功经验是进行根瘤菌接种和增施磷肥。若不采取这些措施，则第一年很难种成，第二年生长很差，需要连种三年，随着根瘤菌的增加，紫云英的长势才能变好，高产。

"寒露种草不算早，霜降种草长不好。"

"秋分种花草，寒露正及时。"

"寒露花草，霜降麦。"

指五岭以南地区绿肥紫云英播种的适宜时期。

"既有发芽水，不让水浸芽。"

"湿田发芽，软田扎根，润田成苗。"

对晒田过硬的稻田，在紫云英播前，要灌水润田，使田面变软，以利种子吸水发芽扎根。子叶开展后，要求土壤通气良好，而又足墒。

"握籽少，撒籽快，跨步匀，单向撒。"

指的是分厢匀播的播种方法。绿肥种子小而光滑，要少抓匀撒才能达到出苗整齐均匀。

"有收无收在于沟，绿肥高产勤于管。"

绿肥播种之前，整田播种的要开沟作畦，稻田套播的，要先落干田水，收稻后及早开沟分厢，沟沟相通，主沟上下丘对口，以防绿肥受渍。

"花草不用肥，只要冬天撒地灰。"
"花草不要肥，撒灰如着被。"

草木灰富含钾素营养，绿肥性喜磷钾。因此，冬肥增施草木灰符合紫云英的需肥特点，是一项有效的增产措施。

"绿肥盖稻箕，好比盖棉被。"

指的是割稻后在绿肥上覆盖碎稻草对保持土壤水分和防止霜冻具有良好作用。

"春雷一响，绿肥猛长。"

开春打雷，这个时候绿肥快速生长。

"花草沤花，肥料到家。"
"汇花不汇籽。"
"草压花，麦压芒，菜压角。"

指的是紫云英翻压的适宜时间为盛花期，此时鲜草产量高，单位面积收获的肥分量也大。

"花草开上二档花，正好下田去翻压。"

绿肥紫云英在开二棚花时，正是盛花期的标准，也是翻压的最佳时期。

"不瘦不猛，选上留种。"

绿肥紫云英留种田应选择土壤肥力中等，过瘦过肥的田块，产种量都不高。

"九成黑荚十成收，十成黑荚九成丢。"
"十成产量八成收，稍有疏忽过半丢。"

指绿肥紫云英留种田应掌握适期收获，精收细打。紫云英成熟后极易落荚，种子细小，草种比大，收获脱粒时往往会造成田间落荚损失和秸秆、荚皮夹带种子损失，要认真克服，作到适期收获，反复脱粒，丰产丰收。

主要参考文献

曹卫东，包兴国，徐昌旭，等，2017. 中国绿肥科研60年回顾与未来展望[J]. 植物营养与肥料学报，23（6）：1450-1461.

曹卫东，黄鸿翔，2009. 关于我国恢复和发展绿肥若干问题的思考[J]. 中国土壤与肥料（4）：1-3.

陈怀满，2018. 环境土壤学[M]. 北京：科学出版社.

陈三友，1997. 广东冬种黑麦草的现状与发展对策[J]. 中国草地（6）：4.

陈尚溶，1982. 黄豆栽培技术[M]. 广州：广东科技出版社.

丁声俊，1980. 大豆：人类的重要植物蛋白资源[J]. 世界农业（4）：26-30.

广东省地方史编纂委员会，2002. 广东省农业志[M]. 广州：广东人民出版社.

广东省农业科学研究所，1959. 南方绿肥栽培[M]. 广州：广东人民出版社.

广东省农业科学院土壤肥料研究所，1980. 田菁[M]. 北京：农业出版社.

广东省土壤肥料总站，1994. 绿肥在现代农业中的地位[J]. 热带亚热带土壤科学，3（1）：7.

广东省土壤肥料总站，1994. 绿肥在现代农业中的地位：论广东绿肥的发展前景[J]. 热带亚热带土壤科学，3（1）：1-7.

广东省志编纂委员会，2014. 广东省志1979—2000年（农业志）[M]. 北京：方志出版社.

广东种业编委会，2022. 广东农作物种业[M]. 广州：广东经济出版社.

郭甜，何丙辉，蒋先军，等，2012. 新银合欢篱对紫色土坡地土壤有机碳固持的作用[J]. 生态学报，32（1）：190-197.

何铁光，2020. 广西绿肥[M]. 北京：中国农业出版社.

胡济生，1980. 高蛋白作物：翼豆[J]. 世界农业（3）：1-3.

蒋尤泉，2007. 中国作物及其野生近缘植物（饲用及绿肥作物卷）[M]. 北京：中国农业出版社.

焦彬，1986. 中国绿肥[M]. 北京：农业出版社.

黎茂彪，刘爱琴，李福全，2005. 竹林经营中绿肥种植与绿肥品种筛选试验[J]. 华东森林经理，19（4）：19-21.

李明，姚东伟，陈利明，2004. 我国种子丸粒化加工技术现状（综述）[J]. 上海农业学报（3）：73-77.

林多胡，顾荣申，2000. 中国紫云英[M]. 福州：福建科学技术出版社.

刘国芬，2001. 施肥养地域农业生产100题[M]. 北京：金盾出版社.

刘友银，2013. 毛竹林套种绿肥品种的筛选[J]. 亚热带农业研究，9（3）：145-150.

马锞，马会勤，2019. 广东无花果栽培现状及发展建议[J]. 中国热带农业（1）：16-18，25.

南京大学大米草及海滩开发研究所，1980. 开发海滩的先锋植物：大米草[J]. 农业科学通讯（3）：24.

裴向阳，钟凤娣，张兵，等，2014. 广东省三种典型经济林地土壤性状和养分储量研究[J]. 经济林研究，32（3）：42-47.

彭晚霞，宋同清，邹冬生，等，2008. 覆盖与间作对亚热带丘陵茶园生态的综合调控效果[J]. 中国农业科学（8）：2370-2378.

全国农业技术推广服务中心，2011. 南方秸秆还田技术[M]. 北京：中国农业出版社.

史凡，黄泓晶，陈燕婷，等，2022. 间套作功能植物对茶园生态系统服务功能的影响[J]. 茶叶科学，42（2）：151-168.

苏强，陈闯，魏源，等，2023. 果园生草及其在板栗上的应用概述[J]. 现代农村科技（4）：54-56.

孙守如，朱磊，栗燕，等，2006. 种子丸粒化技术研究现状与展望[J]. 中国农学通报（6）：151-154.

孙醒东，1958. 重要绿肥作物栽培[M]. 北京：科学出版社.

汪杨军，2008. 新银合欢固氮植物篱护埂技术[C]//小流域综合治理与新农村建设论文集. 成都：九州出版社.

王得伟，王伟，廖结安，等，2020. 北方绿肥翻压工艺流程及相关机械现状与对策[J]. 草业科学，37（10）：2152-2164.

王飞，李想，2015. 秸秆综合利用技术手册[M]. 北京：中国农业出版社.

王宏航，2018. 绿肥种植与利用[M]. 北京：中国农业科学技术出版社.

王松元，1982. 绿肥和土壤肥力的关系[M]. 广州：广东省科技情报所.

韦仲新，1978. 国外胍尔豆研究综述[J]. 热带植物研究（6）：47-51.

卫克勤，高太宁，闫志清，1999. 我国脱粒机产品质量的现状及对策[J]. 农机试验与推广（2）：1-3.

吴惠昌，游兆延，高学梅，等，2017. 我国绿肥生产机械发展探讨及对策建议[J]. 中国农机化学报，38（11）：24-29.

肖植雄，2018. 广东耕地[M]. 北京：中国农业出版社.

徐秋芳，姜培坤，王奇赞，等，2009. 绿肥对集约经营毛竹林土壤微生物特性的影响[J]. 北京林业大学学报，31（6）：43-48.

徐燕千，霍应强，1982. 大叶相思栽培及其利用研究[J]. 热带林业科技（1）：21-30.

杨俊岗，申阳，张冬梅，2009. 田菁出口种子检验及加工技术的研究[J]. 种子，28（10）：118-119，123.

杨俊岗，2005. 信阳紫云英研究[M]. 北京：中国农业科学技术出版社.

杨俊岗，2013. 中国绿肥种子出口技术手册[M]. 北京：中国农业科学技术出版社.

杨柳平，2011. 梅州市幼龄油茶园间种大豆高效种植模式[J]. 现代园艺（10）：35-36.

杨旺，赵劲飞，陈云生，等，2021. 果园绿肥粉碎翻压装备研究现状分析[J]. 新疆农机化（3）：28-31.

叶细养，1997. 广东绿肥留种春归何处[J]. 热带亚热带土壤科学（4）：302-304.

张兵，储双双，林佳慧，等，2016. 广东3种典型种经济林的经营现状及效益分析[J]. 经济林研究，34（4）：25-31.

张晓东，2020. 绿肥作物种植与利用技术[M]. 北京：中国农业出版社.

张晓明，杨智斌，赵子华，等，2020. 茶园不同显花植物访花昆虫群落组成及优势种活动规律[J]. 生态学杂志，39（7）：2364-2373.

张正群，孙晓玲，罗宗秀，等，2014. 14种植物精油对茶尺蠖行为的影响[J]. 茶叶科学，34（5）：489-496.

张正群，孙晓玲，罗宗秀，等，2012. 芳香植物气味及提取液对茶尺蠖行为的影响[J]. 植物保护学报，39（6）：541-548.

中国农业机械化科学研究院，2020. 农业生产全程全面机械化解决方案[M]. 北京：企业管理出版社.

中国农业科学院郑州果树研究所，1983. 果园绿肥及其栽培利用技术[M]. 沈阳：辽宁科学技术出版社.

朱益帜，2019. 锥栗园生草栽培技术研究[D]. 长沙：中南林业科技大学.